机电类专业系列丛书

互联网+创新型“十四五”精品教材

机电一体化技术

（微课版）

主　编　朱建龙　穆宝章　盖希峰

副主编　李世瑾　吴嘉琪　逄云峰　邓金艳

徐勇光　吴慧敏　马莲芝

哈爾濱工程大學出版社

Harbin Engineering University Press

内 容 简 介

本书系统地介绍了机电一体化技术的应用，通过图形说明、训练任务实施、拓展训练和问题解析等环节，提升学生对机电一体化技术的应用能力。本书共8章，主要包括机电一体化概述、机械本体技术、传感与检测技术、自动控制基础、可编程逻辑控制器技术及应用、接口技术、伺服系统、机电一体化技术的应用。

本书既可作为应用型本科、职业院校电气自动化技术、机电一体化技术专业的教材，也可作为相关技术人员的参考书。

图书在版编目（CIP）数据

机电一体化技术 ： 微课版 / 朱建龙，穆宝章，盖希峰主编. —哈尔滨 ： 哈尔滨工程大学出版社，2024. 6.

ISBN 978-7-5661-4405-8

I. TH-39

中国国家版本馆 CIP 数据核字第 2024T3Z747 号

机电一体化技术（微课版）

JIDIAN YITIHUA JISHU（WEIKE BAN）

策划编辑 张林峰

责任编辑 章银武

出版发行 哈尔滨工程大学出版社

社　　址 哈尔滨市南岗区南通大街 145 号

邮政编码 150001

发行电话 0451-82519328

传　　真 0451-82519699

经　　销 新华书店

印　　刷 三河市中晟雅豪印务有限公司

开　　本 787 mm×1 092 mm　1/16

印　　张 15

字　　数 384 千字

版　　次 2024 年 6 月第 1 版

印　　次 2024 年 6 月第 1 次印刷

书　　号 ISBN 978-7-5661-4405-8

定　　价 49.80 元

http://www.hrbeupress.com

E-mail:heupress@hrbeu.edu.cn

前　言

党的二十大报告指出，“坚持尊重劳动、尊重知识、尊重人才、尊重创造，实施更加积极、更加开放、更加有效的人才政策”“着力形成人才国际竞争的比较优势，加快建设国家战略人才力量”“深化人才发展体制机制改革……把各方面优秀人才集聚到党和人民事业中来”。

机电一体化是微电子技术在向机械工程领域渗透过程中形成并发展起来的一门综合性技术学科，承载了四次工业革命的精华。为了在当今激烈的技术、经济竞争中占据优势，世界强国纷纷将机电一体化的研究和发展作为一项重要内容列入本国的科技战略发展规划。本书的编写旨在满足新形势下的教学需要，本书具有以下特点。

（1）实用性和适用性强。本书的编写以我国当前工业生产中应用最为广泛的机电一体化控制设备为载体，通过分析设备的机械结构和电气控制原理，来加深学生对知识点和技能点的掌握。

（2）图文并茂、识图知理。本书以培养机电一体化应用型人才为目标，在注重基础理论讲述的同时，突出实用性、针对性和先进性，并给出大量工程实例，力图培养学生的实践动手能力，使其能够解决工程中常见的控制问题，从而体现高等职业教育的特点。

（3）知识形成、技能形成。本书的编写遵循循序渐进的方式，规避传统机电一体化教材以学科知识构成进行编写的弊端，从普通的机电一体化技术应用到复杂的机电一体化技术应用，将机电一体化控制知识点与技能点的应用系统地分解到每一章节中，使学生能系统地掌握图文知识并具有操作技能，更加符合高等职业教育的培养目标。

本书由无棣县职业中等专业学校朱建龙、穆宝章、盖希峰担任主编，由泰安技师学院李世瑾、南阳农业职业学院吴嘉琪、国网河南能源互联网电力设计院有限公司逄云峰、黄冈职业技术学院邓金艳、周口职业技术学院徐勇光、河南农业职业学院吴慧敏、广西南宁技师学院马莲芝担任副主编。本书相关资料可扫封底二维码或登录 www.bjzzwh.com 下载获得。

编者在编写本书的过程中参考了大量资料，在此向相关人员表示感谢。由于编者水平有限，书中难免存在不足之处，恳请广大读者批评指正并提出宝贵意见。

编　者

目　录
CONTENTS

第 1 章　机电一体化概述

本章导读

机电一体化是由计算机技术、信息技术、机械技术、电子技术、控制技术、光学技术等相融合构成的一门独立的交叉学科。随着计算机技术的迅猛发展和广泛应用，机电一体化技术获得前所未有的发展，目前正向智能化、模块化、网络化、微型化以及光机电一体化方向发展，应用范围愈来愈广。

学习目标

◎知识目标

（1）掌握机电一体化的定义。

（2）了解机电一体化的产生、分类和特点。

（3）掌握机电一体化系统基本的组成部分。

（4）了解机电一体化的发展现状和趋势。

◎能力目标

（1）具备多渠道获取机电一体化技术相关知识的能力。

（2）具备获取机电一体化技术新知识的能力。

◎素质目标

能运用所学知识分析和解决工作中的问题。

◎思政目标

激发学生国家情怀与民族荣誉感，进而将自身职业发展和价值理念与社会主义高质量建设统一。

1.1 机电一体化的基本知识

机电一体化又称机械电子学，英文名称为“mechatronics”，它是由英文机械学“mechanics”的前半部分与电子学“electronics”的后半部分组合而成的，体现了机械与电子技术的紧密结合。机电一体化一词最早出现在1971年日本《机械设计》杂志的副刊上。随着机电一体化技术的快速发展，机电一体化的概念被人们广泛接受和普遍使用。1996年，美国出版的“WEBSTER”大词典收录了这个日本造的英文单词，这不仅意味着“mechatronics”这个单词得到了世界各国学术界和企业界的认可，而且还意味着“机电一体化”的优势和思想被世人所接受。

机电一体化的定义

1.1.1 机电一体化的定义

一般认为，机电一体化是一门利用微电子技术来控制机械装置的学科，属于交叉学科。机电一体化的技术基础是来自机械设计和微电子控制，并配合电脑软件。因此是整合了机械学、电子学、信息科学和计算机技术等相关领域的一种多学科融合的技术。现今，机电一体化已经从机械工程的附属学科独立成为一项前沿科学技术，也代表了一个国家科学技术的总体发展水平。

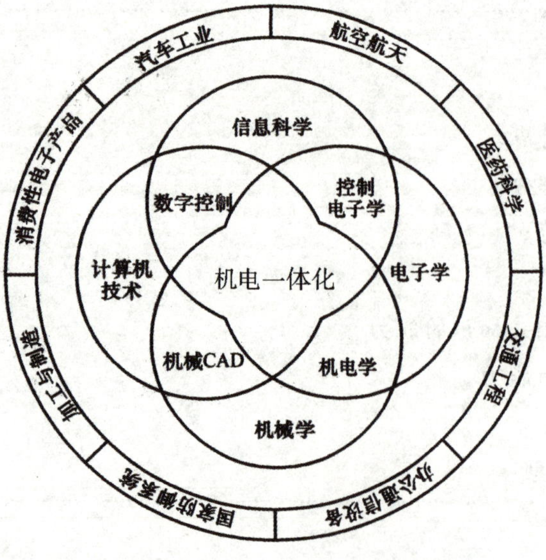

图 1-1 机电一体化涉及的学科与技术领域

机电一体化包含了三重含义：首先，机电一体化是机械学、电子学、信息科学和计算机技术等学科相互融合而形成的学科，如图1-1所示。其次，机电一体化是一个发展中的概念，早期的机电一体化就像其字面所表述的，主要强调机械技术与电子技术的结合，即将电子技术融入机械技术中而形成新的技术与产品。随着科学技术的不断进步和发展，以计算机技术、通信技术和控制技术为特征的信息技术，即所谓的3C（computer、communication、 control）技术渗透到机械技术中，丰富了机电一体化的功能和含义，现代的机电一体化也不仅仅指机械、电子与信息技术的结合，还包括光（光学）机电一体化、机电气（气压）一体化、机电液（液压）一体化、机电仪（仪器仪表）一体化等。最后，机电一体化表达了技术之间交叉融合的学术思想，强调各种技术在机电产品中的相互协调和支持，追求系统的总体最优，换句话说，机电一体化是多种技术学科有机结合的产物，而不是它们的简单堆砌和叠加。

从机电一体化所涉及的内容和目的来讲，机电一体化包括机电一体化技术和机电一体化产品（或系统）两个方面。机电一体化技术是从系统工程的思想出发，将机械、电子、信息等相关技术有机结合起来，以实现系统或产品整体最优的综合性技术。机电一体化技术主要包括基础支撑技术和使机电一体化产品得以实现、使用和发展的技术。机电一体化技术是一个技术群组的总称，包括机械技术、传感与检测技术、自动控制技术、信息处理技术、伺服驱动技术、接口技术、系统总体技术等。机电一体化产品与机电一体化系统是两个相近的概念，通常机电一体化产品指独立存在的机电结合产品，而机电一体化系统主要指依附于主产品或设施上的部件系统，这样的系统实际上也是一种特殊形式的机电一体化产品。机电一体化产品是由机械系统与电子系统及信息处理单元有机结合，赋予了产品新功能和新性能的高科技产品。由于在机械本体中融入了电子技术和信息技术，与纯粹的机械产品相比，机电一体化产品的性能得到了根本性的提高，具有满足人们使用需求的最佳功能。

基于以上论述，机电一体化可定义为：在机械的主功能上以引入电子组件作为传感、信息及控制的特征，并将机械装置与电子装置用相关软件有机结合而形成的技术或所构成的系统。也可简单理解为广义的机械工程与电子工程相结合的技术，以及应用这些技术的机械电子装置。

1.1.2　机电一体化的产生

科技进步和社会需求是任何事物产生和发展的前提，机电一体化这一新事物的产生和发展也不例外。机械技术、计算机技术、微电子技术等的发展为机电一体化的产生奠定了良好的基础，而人类社会对生产和生活产品在质量和品种上的要求不断提高是机电一体化蓬勃发展的动力。

机电一体化的产生和发展经历了一个漫长的过程。在“机电一体化”这一概念形成之前，世界各地的科技人员已经为机械与电子技术的有机结合做了大量工作，研究和开发了很多机电一体化产品，如电子工业领域的雷达伺服系统，机械工业领域的数控机床、工业机器人等，为“机电一体化”这一概念的形成奠定了基础。

机电一体化作为一门新兴的边缘学科，始于 20 世纪 80 年代，目前它已经逐渐成为机械工程的重要研究领域，代表着机械工业技术革命的前沿方向。

1.1.3　机电一体化产品的分类

现代社会中，机电一体化产品比比皆是。在日常生活中，使用的全自动洗衣机、智能空调、扫地机器人等都是典型的机电一体化产品；在机械制造领域中，广泛使用的各种数控机床、工业机器人、三坐标测量仪及全自动仓储设备也是典型的机电一体化产品；在现代生产生活中，不可或缺的汽车更是机电一体化技术成功应用的典范，汽车上广泛应用和正在开发的机电一体化系统达数十种之多，特别是发动机电子控制系统、防抱死制动系统、自适应悬架、适时四驱、主动安全等机电一体化系统在汽车上的应用，使得现代汽车的乘坐舒适性、行驶安全性及使用环保性能都得到了很大的提升；在农业工程领域，机电一体化技术也获得了越来越广泛的应用，如拖拉机自动驾驶、拖拉机作业机组中农具耕深的自动调节、联合收割机脱粒清选部件工作状态监控与调整、温室环境自动调控；在国防领域，机电一体化技术更是支撑了几乎全部高精尖军事装备的设计、制造和使用。

机电一体化产品的种类繁多，应用范围也十分广泛，可以按照以下标准进行分类。

1. 按照机电结合的程度和形式分类

（1）功能附加型：如数控机床、全自动洗衣机、电子秤、防抱死制动系统。

（2）功能替代型：如电子缝纫机、电子照相机、石英钟。

（3）机电融合型：如传真机、磁盘驱动器、机器人、数控加工中心。

2. 按照产品的主功能实现形式分类

（1）数控机械类：以机械装置为主执行机构，如数控机床、机器人、全自动洗衣机。

（2）电子设备类：以电子装置为主执行机构，如电火花加工机床、线切割机、超声波加工机以及激光测量仪。

（3）机电组合类：电子技术与机械技术有机结合，如 CT 扫描仪、自动售货机。

（4）电液伺服类：以液压为主执行装置，如万能材料试验机、精密锻造机。

（5）信息控制类：用于镜像信息，如传真机、磁盘内存、录音机、复印机。

3. 按照技术应用领域分类

如工业生产类、运输包装类、储存销售类、社会服务类、家庭日常类、科研仪器类、国防武器类。

1.1.4　机电一体化技术特点

机电一体化技术的本质是将电子技术引入机械控制中，也就是“利用传感器检测机械运动，将检测信息输入计算机，经计算得到能够实现预期运动的控制信号，由此来控制执行装置”，其中最关键的是“经计算得到能够实现预期运动的控制信号”。这项工作就是开发计算机软件。软件开发是指研究计算机程序的内容，并通过键盘将程序输入计算机，不需要用螺栓和螺母来重新组装机械，只用电烙铁焊接电子线路或者修改程序就可灵活地改变机械的运动。在计算机上，利用适当的软件进行控制，无论如何复杂的运动都可以实现。机电一体化技术具有以下特点。

1．体积小、质量小

随着半导体、集成电路（integrated circuit，IC）技术和液晶技术的发展，控制装置与测量装置可以做成原来质量和体积的几分之一甚至几十分之一，迅速向轻型化和小型化发展。

2．速度快、精度高

随着半导体和集成电路的飞速发展，大规模集成电路（large scale integrated circuit，LSI）和超大规模集成电路（very large scale integrated circuit，VLSI）应运而生。在电路集成度提高的同时，处理速度和响应速度也迅速提高，这样机电一体化装置总的处理速度就能够充分满足实际应用的需要。同时，机电一体化技术的应用推动了超精密加工技术的进步，使其与高精度加工和精密运动控制相适应。

3．可靠性高

由于激光和电磁应用技术的发展，传感器和驱动控制器等装置已采用非接触式代替接触式，避免了原来机械接触式存在的注油、磨损、断裂等问题，使可靠性得到大幅度提高。

4．柔性好

由 CNC 机床和机器人的例子可以知道，通过计算机软件就可以任意确定动作。例如，只要改变程序就可以实现最佳运动；同样也可以很容易地增加新的运动，具有很强的可扩展性。因为不需要变更硬件就能够调整运动，所以能够很容易地适应多样化的新用途，在应用上非常方便。

机电一体化技术的上述各项特点，使得其产品具有节能、高质、低成本的共性。

1.2　机电一体化系统的基本组成

1.2.1　机电一体化系统的功能组成

传统的机械产品主要解决物质流和能量流的问题，而机电一体化产品除了需要解决物质流和能量流的问题外，还要解决信息流的问题。机电一体化系统的主要功能就是对输入的物质、能量与信息（即工业三大要素）按照要求进行处理，输出具有所需特性的物质、能量与信息。

任何一个产品都是为满足人们的某种需求而开发和生产的，因而都具有相应的目的功能。机电一体化系统的主功能包括变换（加工、处理）、传递（移动、输送）、储存（保持、积蓄、记录）。主功能又称执行功能，是系统的主要特征部分，完成对物质、能量、信息的交换、传递和储存。机电一体化系统除了具备主功能外，还应具备动力功能、检测功能、控制功能、构造功能等。

1. 加工机

加工机是以物料搬运、加工为主，输入物质（原料、毛坯等）、能量（电能、液能、气能等）和信息（操作及控制指令等），经过加工处理后主要输出改变了位置和形态的物质的系统（或产品）。例如，各种机床、交通运输机械、食品加工机械、起重机械、纺织机械、印刷机械、轻工机械等。

2. 动力机

动力机（其中输出机械能的为原动机）是以能量转换为主，输入能量（或物质）和信息，输出不同能量（或物质）的系统（或产品）。例如，电动机、水轮机、内燃机等。

3. 信息机

信息机是以信息处理为主，输入信息和能量，主要输出某种信息（如数据、图像、文字、声音等）的系统（或产品）。例如，各种仪器、仪表、计算机、传真机及各种办公机械等。

图 1-2 以典型机电一体化产品——数控机床（CNC 机床）为例，说明机电一体化产品的内部功能构成。其中，切削加工是 CNC 机床的主功能，是实现其目的所必需的功能。电源通过电动机驱动机床，向机床提供动力，实现动力功能。位置检测装置和 CNC 装置分别实现检测功能和控制功能，其作用是实时检测机床内部和外部信息，并据此对机床实施相应控制。机械结构所实现的是构造功能，使机床各功能部件保持规定的相互位置关系，构成一台完整的 CNC 机床。

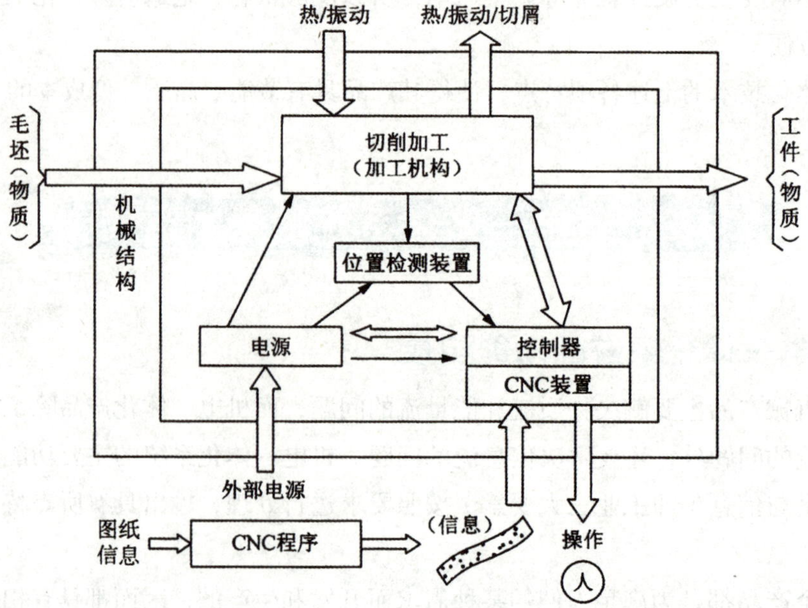

图 1-2 CNC 机床内部功能构成

1.2.2 机电一体化系统的构成要素

机电一体化系统一般由机械本体、动力部分、传感检测部分、执行机构、控制及信息单元组成，各部分之间通过接口相联系。从机电一体化系统的功能看，人体是机电一体化系统理想的参照物。构成人体的五大要素分别是头脑、感官、四肢、内脏及躯干。头脑处理各种信息并对其他要素实施控制；感官获取外界信息；四肢执行动作；内脏提供人体所需的能量（动力），维持人体活动；躯干的功能是把人体各要素有机地联系为一体。可以看到，机电一体化系统内部五部分的功能与人体的上述功能相同。机电一体化系统的构成要素及实现功能，如图 1-3 所示。机电一体化系统的基本组成可用图 1-4 所示的实例进行描述。

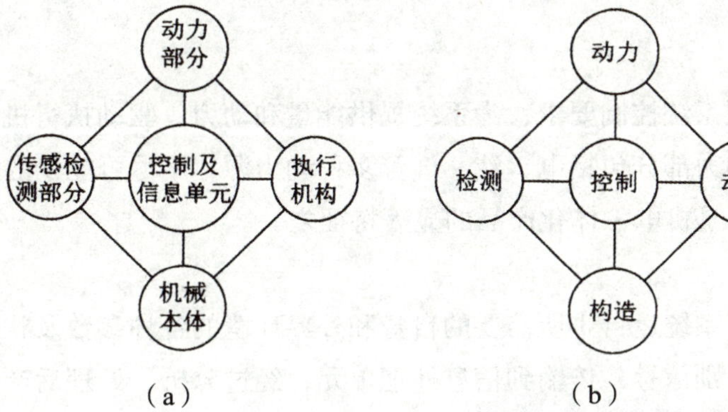

图 1-3　机电一体化系统的构成要素及实现功能

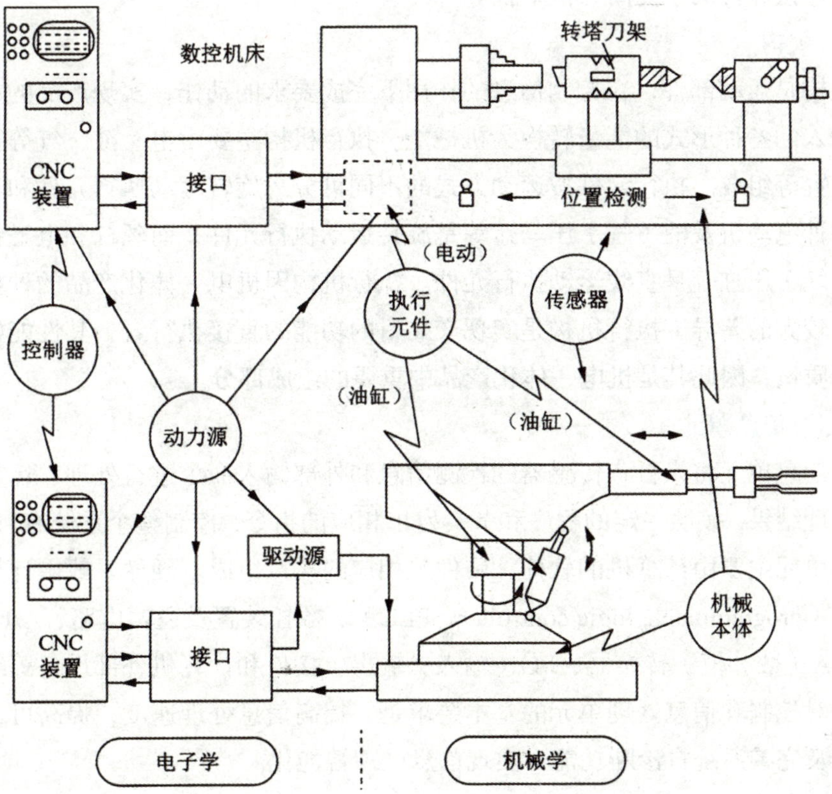

图 1-4　机电一体化系统五大要素实例

1. 机械本体

机械本体包括机械结构装置和机械传动装置。机械结构装置是机电一体化系统的机体，用于支承和连接其他要素，并把这些要素合理地结合起来，形成有机整体。机电一体化系统的机械结构装置包括机身、框架、连接等。机电一体化系统中的机械传动装置不再仅仅是转矩和转速的变换器，其成为伺服系统的组成部分，必须根据伺服控制的要求进行选择和设计。由于机电一体化产品技术性能、水平和功能的提高，机械本体要在机械结构、材料、加工工艺性及几何尺寸等方面适应产品高效率、多功能、高可靠性和节能、小型、轻量、美观等要求。

2. 动力部分

动力部分是按照系统控制要求，为系统提供能量和动力，驱动执行机构工作，完成预定主功能的装置。动力部分包括电、液、气等多种动力源。用尽可能少的动力输入获得尽可能多的功能输出，是机电一体化产品的显著特征之一。

3. 传感检测部分

传感检测部分对系统运行中所需要的自身和外界环境的各种参数及状态进行检测，并将检测结果变为可识别信号，传输到信息处理单元，经过分析、处理后产生相应的控制信息。传感检测部分的功能一般由专门的传感器及转换电路完成，对此部分的要求是体积小、便于安装与连接、检测精度高、抗干扰等。

4. 执行机构

执行机构是运动部件，在控制信息的作用下完成要求的动作，实现产品的主功能。执行机构将输入的各种形式的能量转换为机械能。执行机构主要由电、液、气等执行元件和机械传动装置等组成。执行元件按运动方式的不同可分为旋转运动执行元件和直线运动执行元件。各种电动机及液（气）压马达等是旋转运动执行元件，而丝杠和电磁铁、压电驱动器、液（气）压缸等是直线运动执行元件。执行机构因机电一体化产品的种类和作业对象不同而有较大的差异。执行机构是实现产品目的功能的直接执行者，其性能好坏决定着整个产品的质量，因此其是机电一体化产品中重要的组成部分。

5. 控制及信息单元

控制及信息单元将来自各传感器的检测信息和外部输入命令进行处理、运算与决策，根据信息处理结果，按照一定的程序和节奏发出相应的指令，控制整个系统有目的地运行。控制及信息单元主要由计算机的软件、硬件及相应的接口组成。硬件一般由计算机、可编程序控制器（programmable logic controller，PLC）、数控装置及逻辑电路、A/D（模 / 数）转换器、D/A（数 / 模）转换器、I/O（输入 / 输出）接口和计算机外部设备等组成。机电一体化系统对控制和信息处理单元的基本要求是，提高信息处理速度，提高可靠性，增强抗干扰能力及完善系统自诊断功能，实现信息处理智能化。

以上五部分通常称为机电一体化的五大构成要素，在实际中有时机电一体化系统的某些构成要素是复合在一起的。机电一体化产品的五大部分在工作时相互协调，共同完成所规定的目的功能。在结构上，各组成部分通过各种接口及相应的软件有机地结合在一起，构成一个内部匹配合理、外部效能最佳的完整产品。

1.3 机电一体化共性关键技术

如前所述，机电一体化是在传统机械技术的基础上由多种学科相互交叉、渗透而形成的一门综合性技术学科，所涉及的领域非常广泛，要深入进行机电一体化研究及产品开发，就必须了解并掌握这些相关技术。一般来讲，常规机电一体化共性关键技术主要有机械技术、传感与检测技术、自动控制技术，信息技术、伺服驱动技术、接口技术、系统总体技术。

1.3.1 机械技术

在机电一体化学科中的机械技术又称精密机械技术，是机电一体化的基础，机电一体化产品的主体及主功能都是以机械结构与机械动作来呈现的。机电一体化系统中的机械技术着眼于如何与机电一体化的体系相适应，如何与其他功能模块相协调，并利用其他高新技术更新传统的机械学及机械设计的概念，实现结构、材料、性能以及功能上的改变，满足减小质量、缩小体积、提高精度和刚度、统筹兼顾性能与功能平衡的要求。

1.3.2 传感与检测技术

传感与检测技术指与传感器及其信号检测相关的电子技术。传感与检测系统用于将被测量变换成系统可识别的、与被测量有确定对应关系的电信号，并以规范的形式传送至信息处理器，实现机电一体化系统对外界环境及自我状态的感知。该系统是自动控制、自动调节的关键及必要组成部分。传感与检测技术同计算机技术相比发展相对缓慢，从某种角度上讲是制约机电一体化技术进一步提升的瓶颈。机电一体化要求传感与检测系统能快速、精确地获取信息并能经受各种严酷环境的考验，但是由于目前传感与检测技术在某些特殊信号的感知及某些常规信息的精确感知方面还不理想，使得部分机电一体化产品不能达到满意的效果或无法完成设计。因此，加快传感与检测技术的研究对机电一体化整体水平的提高具有十分重要的意义。

1.3.3 自动控制技术

自动控制技术是控制论的技术实现与工程应用，可通过具有一定控制功能的自动控制系统来完成某种控制任务，保证某个过程按照预想进行，或者实现某个预设的目标。它以状态空间法为基础，研究多输入、多输出、参变量、非线性、高精度、高效能等控制系统的分析和设计问题。由于被控制对象种类繁多，所以控制技术的内容极其丰富，包括高精度定位控制、速度控制、自适应控制，以及自诊断、校正、补偿与示教再现。自动控制技术的难点在于自动控制理论的工程化与实用化，这是由于现实世界中的被控制对象往往与理论上的控制模型之间存在较大差距，使得从控制设计到控制实施往往要经过多次反复的调试与修改才能获得较为满意的结果。随着微型计算机的广泛应用，自动控制技术已与计算机技术紧密联系在一起，成为机电一体化中重要的共性关键技术。

1.3.4 信息技术

信息技术是在计算机技术和通信技术的支持下用以获取、加工、存储、变换、运算、判断、决策、显示和传输等信息管理与信息处理的技术，包括硬件与软件两个方面，是先进生产力的代表。信息技术的广泛应用使信息所蕴含的重要生产要素和战略资源属性得以发挥，使人们能更高效地进行资源的优化配置，从而推动传统产业不断升级，提高社会劳动生产率和社会运行效率。在机电一体化产品中，信息处理单元指挥整个体系的运行，是机电一体化系统的中枢，信息处理是否准确、及时，直接影响到产品工作的质量和效率。信息技术是促进机电一体化技术和产品发展最活跃的因素。

1.3.5 伺服驱动技术

伺服驱动装置用于实现控制信号到机械动作的迅速而准确响应，对系统的动态性能、稳态精度、控制质量具有决定性的影响。伺服驱动技术的主要研究内容是执行元件及其驱动控制装置。执行元件根据所使用的能源类型（有电动、气动、液压以及三种能源组合等类型），常见的有电气／电液马达、脉冲气／液压缸、步进电动机、直流伺服电动机和交流伺服电动机，其中电动执行元件应用最为普遍。伺服驱动单元上端通过电气接口与信息处理器相连，接受指令，由驱动控制装置转换后驱动执行元件，并通过机械接口向下与机械传动和执行机构相连，实现规定的驱动动作。

1.3.6 接口技术

接口技术是将机电一体化系统中各要素及功能模块融合为综合系统、成为有机整体的专门技术及实现途径。接口可分为机械接口、电气接口、人机接口三大类。机械接口用于机械与机械、机械与电气装置的连接，电气接口用于实现系统间电信号连接，人机接口提供人与机电系统间的交互界面。简单地说，接口就是机电一体化各子系统之间以及子系统内各模块之间相互连接的硬件及相关软件协议。从某种意义上讲，机电一体化系统的设计就是运用接口技术进行相关学科领域功能模块的技术组装过程。

1.3.7 系统总体技术

系统总体技术是一种从整体目标出发，用系统工程的观点和方法，将对象系统的整体分解成相互有机联系的若干功能单元，并以功能单元为子系统进行细化分解，逐一确定可行的技术方案，然后把功能和方案组合后进行统一分析、评价和优选，从而实现对可靠性、经济性、标准化、系列化等总体优化设计的综合应用技术。系统总体技术是最能体现机电一体化优势和特点的关键技术，其原理和方法随着相关支撑技术的发展也在不断地发展和完善。

1.4　机电一体化技术的主要应用领域

机电一体化技术经过 50 多年的发展，在结构、功能、操作和控制精度上都迅速提高，具体表现如下。

（1）总线式、模块化、紧凑型的结构，即采用多 CPU、多主总线的体系结构。

（2）开放性设计，即硬件体系结构和功能模块具有层次性、兼容性，符合接口标准，能最大限度地提高用户的使用效益。

（3）面向车间的数控编程（WOP）技术和智能化系统能提供面向车间的编程和实现二维、三维加工过程的动态仿真，并引入在线诊断、模糊控制等智能机制。

（4）大容量存储器的应用和软件的模块化设计，不仅丰富了数控功能，也加强了数值控制（CNC）系统的控制功能。

（5）能实现多过程、多通道控制，即具有一台机床同时完成多个独立加工任务或控制多台和多种机床的能力，并将刀具破损检测、物料搬运、机械手等控制都集成到系统中去。

（6）系统的多级网络功能加强了系统组合及构成复杂加工系统的能力。

（7）以单板、单片机作为控制机，并由专用芯片及模板组成结构紧凑的数控装置。

1.4.1　计算机集成制造系统

计算机集成制造系统不是现有各分散系统的简单组合，而是全局动态最优综合。它打破了原有部门之间的界限，以制造为基干来控制“物流”和“信息流”，实现经营决策、产品开发、生产准备、生产实验生产经营管理的有机结合。企业集成度的提高可以使各种生产要素之间的配置得到更好的优化，各种生产要素的潜力得到更大的发挥。

1.4.2　柔性制造系统

柔性制造系统是计算机化的制造系统，主要由计算机、数控机床、机器人、料盘、自动搬运小车和自动化仓库等组成。它可以随机地、实时地、按量地按照装配部门的要求，生产其能力范围内的任何工件，特别适用于多品种、中小批量、设计更改频繁的离散零件的批量生产。

1.4.3 工业机器人

第 1 代工业机器人亦称示教再现机器人，只能根据示教进行重复运动，对工作环境和作业对象的变化缺乏适应性和灵活性。第 2 代工业机器人带有各种先进的传感元件，能获取作业环境和操作对象的简单信息，通过计算机处理、分析，做出一定的判断，对动作进行反馈控制，表现出低级智能，已开始走向实用化。第 3 代工业机器人即智能工业机器人，具有多种感知功能，可进行复杂的逻辑运算、判断和决策，在作业环境中独立行动，与第 5 代计算机关系密切。

本章小结

机电一体化是在机械主功能、动力功能、信息功能和控制功能上引进微电子技术，并将机械装置与电子装置用相关软件有机结合而构成系统的总称。本章主要介绍机电一体化系统的组成、接口的分类、机电一体化技术的关键技术，以及机电一体化技术的主要应用领域。

思考练习

1．简述机电一体化的定义和特点。

2．机电一体化的发展经历了哪几个阶段？各个阶段的技术特征是什么？

3．机电一体化系统的基本功能要素有哪些？功能各是什么？

4．简述机电一体化的共性关键技术。

5．列举各行业机电一体化产品的应用实例，并分析各产品中相关技术的应用情况。

第 2 章　机械本体技术

本章导读

机电一体化系统或产品中的机械部分称为机械本体，它是机电一体化系统或产品的基础与核心。与传统的机械相比，典型机械本体的结构形式与动作形成方式有其鲜明的特点，并具有稳定性好、精度高、动作响应快的总体性能。

学习目标

◎知识目标

（1）了解机械运动形式和机构特征，以及机电一体化中的机械系统及其基本要求。

（2）掌握带传动张紧装置的设置方法，滑动螺旋传动的类型，提高螺旋传动精度的措施。

（3）掌握滑动摩擦导轨的类型、特点、导轨间隙的调整方法和提高导轨耐磨性的措施。

（4）了解机械支承结构的特点、材料选择方法并掌握支承件的设计原则。

（5）了解机械执行结构的特点、工作方式和结构形式。

◎能力目标

（1）能分析典型机电一体化产品的结构及其运动形式。

（2）能认知机电一体化产品的机械支承结构及特点。

◎素质目标

掌握本专业所必需的基本理论和基本技能，具有较快适应岗位实际工作的能力和素质。

◎思政目标

培养学生具有深厚的爱国情感、国家认同感、中华民族自豪感。

2.1 机械本体概述

机械是由机械零件组成的，能够传递运动并完成某些有效工作的装置。机械由输入部分、转换部分、传动部分、输出部分及安装固定部分等组成。通用的传递运动的机械零件有齿轮、齿条、蜗轮、蜗杆、带、带轮、曲柄和凸轮等。两个零件互相接触并相对运动，就形成了运动副，由若干运动副组成的具有确定运动的装置称为机构。就传动而言，机构就是传动链，从系统动力学方面来考虑，传动链越短，越有利于实现系统整体最佳的目标。当必须保留一定的传动件时，在满足强度和刚度的前提下，应力求传动件轻、薄、细、小、巧，这就要求采用特种材料和特种加工工艺。

智能制造的发展历程

2.1.1 机械运动与机构

把某一物体看作一个质点时，其运动可以分为平面运动、螺旋运动、球面运动等。平面运动是指与某一平面平行移动的运动，包括旋转运动和线运动。其中，旋转运动是指以平面为轴，并与该平面轴保持一定距离的平面运动；线运动是指在平面上沿直线或曲线移动的运动。前者称为直线运动，后者称为曲线运动。螺旋运动是指物体在围绕某一轴线做旋转运动的同时，还沿着该轴线做直线运动。球面运动是指物体在与圆心保持一定距离的球面上移动的运动。当物体不受外力作用时，在平面上将处于静止状态；在外力作用下，物体将会产生运动。根据所施外力的不同，物体的运动可分为等速运动、不等速运动和间歇运动等。等速运动可分为单方向运动和往复运动，加速运动是一种不等速运动，间歇运动是指每隔一定时间自行停止的运动。

机电一体化产品的运动包括沿特定轴的旋转运动、沿规定轴线的直线运动及平面运动等。

一台机械要由若干零件组成，在构成机械的各种部件中使用了各种通用的零件，就是所谓的机械零件。具有代表性的主要机械零件可分为紧固零件、传动零件和支承零件。多种机械零件的有机组合构成了机构。当机构中的一个零件产生运动时，机构中的其他零件将对应产生一定的运动。连杆机构、凸轮机构、间歇机构是机械中常用的三种机构。例如，牛头刨床就是利用连杆机构原理把做旋转运动的摆杆曲柄机构变换成做往复直线运动的滑块曲柄机构来进行刨削的；汽车发动机利用凸轮机构的不同形状来改变直线运动的行程，从而加强对燃烧效率的控制；装配生产线的间歇运动及旋转平台的分度利用间歇机构把原轴的连续旋转运动断续地传递到从轴，使从轴实现间歇性的往复运动。

2.1.2　机电一体化中的机械系统及其基本要求

在机电一体化机械系统设计时，除考虑一般机械设计要求之外，还必须考虑机械结构因素与整个伺服系统的性能参数、电气参数的匹配程度，以获得良好的伺服性能。

概括地讲，机电一体化机械系统应主要包括以下几个机构。

1. 传动机构

机电一体化机械系统中的传动机构不仅是转速和转矩的变换器，是伺服系统的一部分。它要根据伺服控制的要求进行选择设计，以满足整个机械系统对伺服性能的要求。因此，传动机构除了要满足传动精度的要求外，还要满足小型、轻量、高速、低噪声和高可靠性的要求。

2. 导向机构及支承机构

导向机构及支承机构的作用是为机械结构提供良好的导向和支承性能，为机械系统中各运动装置能安全、准确地完成其特定方向的运动提供保障，一般指导轨、轴承等。

3. 执行机构

执行机构是完成操作任务的直接装置。执行机构根据操作指令的要求在动力源的带动下完成预定的操作。一般要求它具有较高的灵敏度、精度，以及良好的重复性和可靠性。计算机的强大功能使传统的作为动力源的电动机发展为具有动力、变速与执行等多重功能的伺服电动机，从而大大简化了传动机构和执行机构。

除了以上几个机构外，机电一体化系统的机械部分通常还包括机座、支架、壳体等。传统机械系统一般由动力件、传动件、执行件加上电气、液压和机械控制等部分组成，而机电一体化机械系统是由计算机协调和控制的，用于完成包括机械力、运动和能量流等动力学任务的机械和（或）机电部件相互联系的系统。其核心是由计算机控制的，包括机、电、液、光、磁等技术的伺服系统。机电一体化机械系统存在机械装置、执行器及驱动器之间协调与匹配问题，对执行器提出了更高的要求。

从总体上讲，机电一体化机械系统除了满足一般机械设计的要求外，还必须满足以下几种特殊要求。

（1）高精度。精度是机电一体化产品的重要性能指标。对于机械系统设计来说，精度主要是指执行机构的位置精度，设计时要考虑结构变形、轴系误差和传动误差，以及温度变化的影响。

（2）小惯量。传动件本身的转动惯量会影响系统的响应速度及稳定性。大惯量会使机械负载增大、系统响应速度变慢、灵敏度降低、系统固有频率下降，容易产生谐振，并使电气驱动部分的谐振频率降低，阻尼增大。反之，小惯量则可使控制系统的带宽做得比较宽，快速性好、精度高，同时还有利于减小用于克服惯性载荷的伺服电动机的功率，提高整个系统的稳定性、动态响应和精度。

（3）大刚度。机电一体化机械系统要有足够的刚度，弹性变形要限制在一定范围之内。弹性变形不仅影响系统精度，而且影响系统结构的固有频率、控制系统的带宽和动态性能。

与传统机械系统设计一样，机电一体化机械系统设计也包括机械传动设计和机械结构设计部分，但是机电一体化的特征决定了机电一体化机械系统设计有其自身的特点，其特点如下。

① 机械传动设计的特点。机械传动设计的任务是把动力机产生的机械能传递到执行机构中，机电一体化机械系统中机械传动系统的设计是面向机电伺服系统的伺服机械传动系统设计。根据机电有机结合的原则，机电一体化系统中采用了调速范围大、可无级调速的控制电动机，从而节省了大量用于变速和换向的齿轮、轴承和轴类零件，减少了产生误差的环节，提高了传动效率。因此，使机械传动设计得到了简化，每一个机械传动都由单的控制电动机、传动机构和执行机构组成的子系统来完成，各个运动之间的传动关系由计算机来统一协调和控制。因此，机电一体化机械传动系统具有传动链接短、传动惯量小、线性传递、无间隙传递等设计特点。

② 机械结构设计的特点。机电一体化的机械结构属于传统机械技术的范畴，在满足伺服系统对其稳、准、快要求的前提下，从整体上说应逐步向精密化、高速化、小型化和轻量化的方向发展，因此在进行结构设计时应综合考虑各个零部件的制造、安装精度，结构刚度，稳定性及动作的灵敏性和易控性。机电一体化机械系统设计对具体零部件的设计提出了更高更严的要求，如采用合理的截面形状和尺寸，采用新材料和钢板焊接结构来提高支承件的静刚度。

2.2 传动机构

2.2.1 传动机构的性能要求

传动机构是一种把动力机产生的运动和动力传递给执行机构的中间装置，是一种转矩和转速的变换器，其作用是使驱动电动机与负载之间在转矩和转速上得到合理的匹配。在机电一体化系统中，伺服电动机的伺服变速功能在很大程度上代替了传动机构中的变速机构，大大简化了传动链。在机电一体化系统中，机械传动装置已成为伺服系统的组成部分，因此机电一体化机械系统应具有良好的伺服性能，要求机械传动部件精度高、摩擦小、转动惯量小、刚度大、阻尼合理，并满足精密、高速、小型、轻量、低噪声和高可靠性等要求。

1. 传动机构的性能措施

为了达到以上要求，机电一体化系统的传动机构主要采取了以下措施。

（1）减小反向死区误差，如采取措施消除传动间隙、减少支承变形。

（2）采用低摩擦阻力的传动部件和导向支承部件，如采用滚珠丝杠、滚动导轨、静压导轨。

（3）选用最佳传动比，以减少等效到执行元件输出轴上的等效转动惯量，提高系统的加速能力。

（4）缩短传动链，提高传动与支承刚度，以减小结构的弹性变形，如用预紧的方法提高滚珠丝杠副和滚动导轨副的传动与支承刚度。

（5）采用适当的阻尼。系统产生共振时，系统的阻尼越大，振幅越小，并且衰减较快。但是，阻尼过大，系统的稳态误差也会增大，精度降低。所以，在设计传动机构时要合理地选择阻尼。

2．传动系统的技术发展

随着机电一体化技术的发展，在满足了对传动机构一般性能要求的基础上，传动系统的设计与研究聚焦于以下几个方面。

（1）精密化。虽然不是越精密越好，但是为了适应产品的高定位精度等要求，对机电一体化系统传动机构的精密度要求越来越高。

（2）高速化。为了提高机电一体化系统的工作效率，传动机构应能满足高速运动的要求。

（3）小型化、轻量化。在精密化和高速化的要求下，机电一体化系统的传动机构必然要向小型化、轻量化的方向发展，以提高其快速响应能力，减小冲击，降低能耗。

2.2.2　丝杠螺母传动

丝杠螺母副是能实现旋转运动和直线运动转换的机构。丝杠螺母传动按照螺母与丝杠之间的配合方式，可分为滑动丝杠螺母传动和滚动丝杠螺母传动。滑动丝杠螺母传动机构的优点是结构简单、加工方便、成本低、能自锁；缺点是摩擦阻力大、易磨损、传动效率低，低速时易出现爬行现象。滚动丝杠螺母传动机构的滚动体为球形时又称为滚珠丝杠副，其优点是摩擦系数小、传动效率高、磨损小、精度保持性好。由于具有以上优点，滚珠丝杠螺母副在机电一体化系统中得到了广泛应用；滚珠丝杠螺母副的缺点是结构复杂、制造成本高、安装调试比较困难并且不能自锁。这里主要介绍滚珠丝杠螺母副。

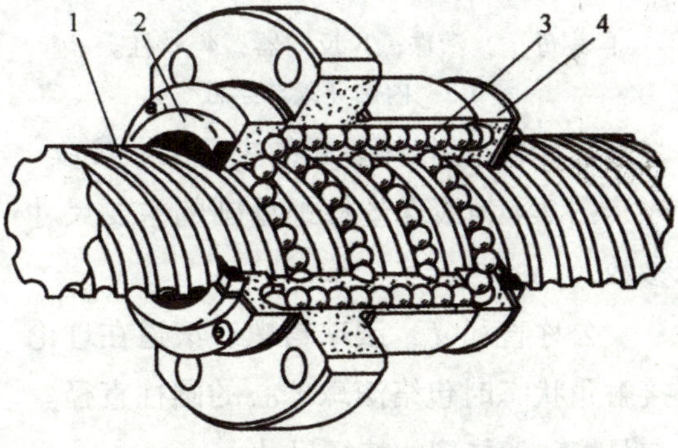

1- 丝杠；2- 端盖；3- 滚珠；4- 螺母。

图 2-1　滚珠丝杠螺母副的组成

1．滚珠丝杠螺母副的组成和特点

滚珠丝杠螺母副由带螺旋槽的丝杠与螺母及中间传动元件（滚珠）组成。如图 2-1 所示。丝杠转动时，带动滚珠沿螺纹滚道滚动，为防止滚珠从滚道端面脱出，在螺母的螺旋槽两端设有构成滚珠循环返回通道的滚珠回程引导装置，从而形成滚珠流动闭合通路。

滚珠丝杠螺母副与滑动丝杠螺母副相比，除了上述优点外，还具有以下特点。

（1）运动平稳，灵敏度高，低速时无爬行现象。

（2）定位精度和重复定位精度高。

（3）使用寿命长，为滑动丝杠螺母副的 4 ～ 10 倍。

（4）不能自锁，可逆向传动，即螺母为主动，丝杠为被动，将直线运动变为旋转运动。

2. 滚珠丝杠螺母副的结构类型

滚珠丝杠螺母副中滚珠的循环方式有两种：内循环和外循环。

（1）内循环方式的滚珠在循环过程中始终与丝杠表面保持接触，螺母 1 上安装的反向器 3 接通相邻滚道，使滚珠成若干个单圈循环，如图 2-2 所示。这种形式结构紧凑、刚度好、滚珠流通性好、摩擦损失小，但制造较困难。内循环方式适用于高灵敏、高精度的进给系统，不宜用于重载传动。

（2）外循环方式的滚珠在循环过程结束后通过螺母外表面上的螺旋槽或插管返回丝杠螺母间重新进入循环。图 2-3 为外循环滚珠丝杠。在螺母外圆上装有螺旋形的弯管 1，其两端插入与螺纹滚道 3 相切的两个内孔，用弯管的端部引导滚珠 4 进入弯管构成滚珠的循环回路。压板 2 的作用是固定弯管。这种形式结构简单、易于制造、承载能力较大，但径向尺寸较大。外循环方式目前应用最为广泛，也可用于重载传动系统中。

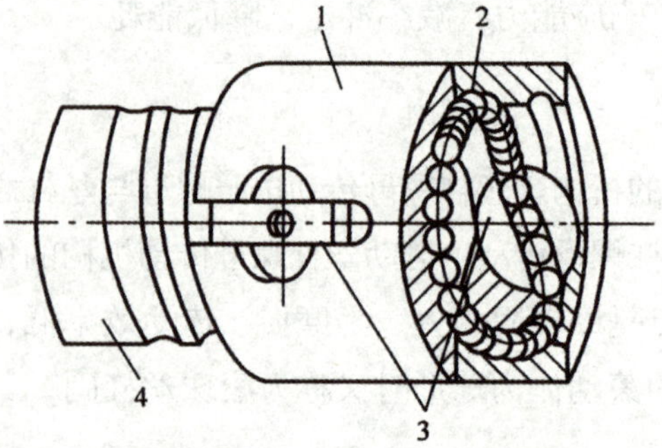

1- 螺母；2- 滚珠；3- 反向器；4- 丝杠。

图 2-2　内循环滚珠丝杠

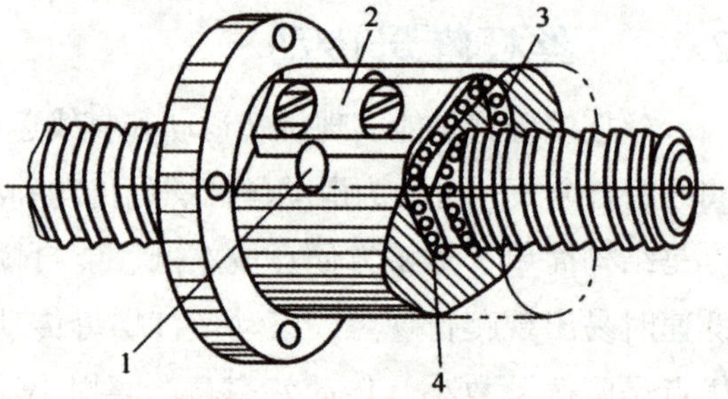

1- 弯管；2- 压板；3- 滚道；4- 滚珠。

图 2-3　外循环滚珠丝杠

3. 滚珠丝杠螺母副的主要尺寸参数

图 2-4 为滚珠丝杠螺母副的主要尺寸参数。

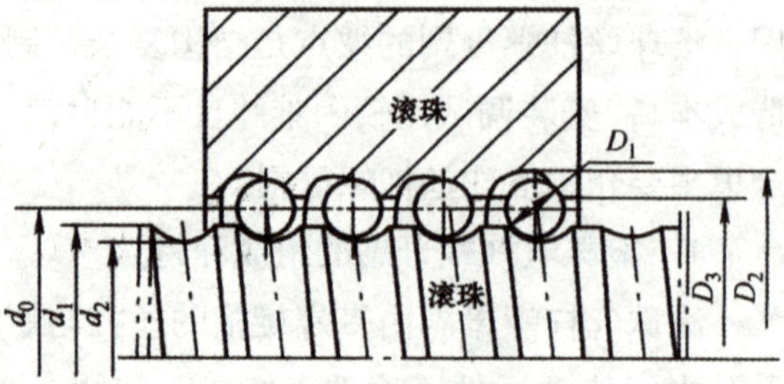

图 2-4　滚珠丝杠螺母副主要尺寸参数

公称直径 d_0：滚珠与螺纹滚道在理论接触角状态时包络滚珠球心的圆柱直径。它是滚珠丝杠副的特征尺寸。

基本导程 P_h：丝杠相对螺母旋转 2π 弧度时，螺母上基准点的轴向位移。滚珠丝杠的导程越小，精度越高，但是承载能力也小。

行程 l：丝杠相对于螺母旋转任意弧度时，螺母上基准点的最大轴向位移量。

此外还有丝杠螺纹大径 d_1、丝杠螺纹小径 d_2、滚珠直径 D_1、螺母螺纹大径 D_2、螺母螺纹小径 D_3、丝杠螺纹长度 l_s 等。

基本导程的大小应根据机电一体化产品的精度要求确定，精度要求高时应选取较小的基本导程。滚珠的工作圈数和滚珠数量 N 由试验得到，一般第一圈、第二圈、第三圈分别承受轴向载荷的 50%、30%、20% 左右。因此，工作圈数一般取 2.5（或 2）～3.5（或 3），滚珠数量 N 一般不超过 150 个。

4．滚珠丝杠螺母副轴向间隙的调整与预紧

滚珠丝杠螺母副除了对本身单一方向的传动精度有要求外，对其轴向间隙也有严格要求，以保证其反向传动精度。滚珠丝杠螺母副的轴向间隙是承载时在滚珠与滚道型面接触点的弹性变形所引起的螺母位移量和螺母原有间隙的总和。换向时，轴向间隙会引起空行程，影响传动精度。通常采用双螺母预紧的方法，把弹性变形控制在最小限度内，以减小或消除轴向间隙，并可以提高滚珠丝杠螺母副的刚度。

（1）双螺母螺纹预紧调整。如图 2-5 所示，滚珠丝杠螺母 3 的外端有凸缘，滚珠丝杠螺母 4 的外端制有螺纹，通过锁紧螺母 1 和调整螺母 2 固定。调整螺母 2 可以消除间隙并产生一定的预紧力，锁紧螺母 1 用于锁紧。这种调整方式的特点是结构紧凑、调整方便、工作可靠，因此应用广泛，但预紧量不容易精确控制，一般用于刚度要求不高或需要随时调整预紧力的传动机构。

（2）双螺母齿差预紧调整。如图 2-6 所示，两个螺母 3 两端分别制有外齿，二者相差一个齿（齿数分别为 z_1 和 z_2，$z_1 = z_2+1$），两个内齿轮 2 分别与两个螺母 3 的外齿相互啮合，并固定在套筒 1 上。调整时先取下两端的内齿轮 2，将两个螺母 3 同时向相同方向转动，每转过一个齿，调整的轴向位移量为 $P_h/(z_1z_2)$，其中 P_h 为基本导程。这种调整方式能够精确的调整预紧力，但是结构尺寸较大，一般用于精密传动机构。

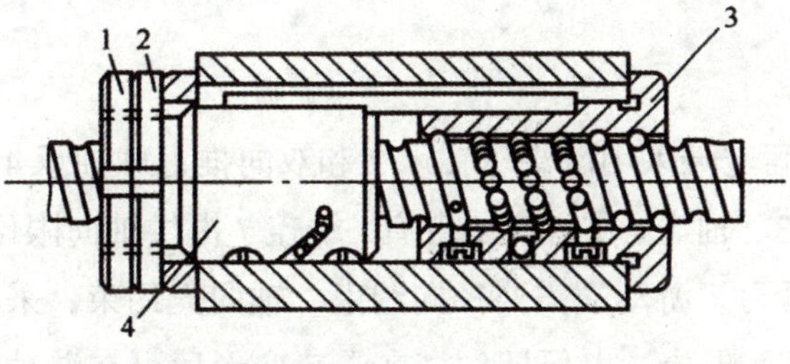

1- 锁紧螺母；2- 调整螺母；3、4- 滚珠丝杠螺母。

图 2-5　双螺母螺纹预紧调整

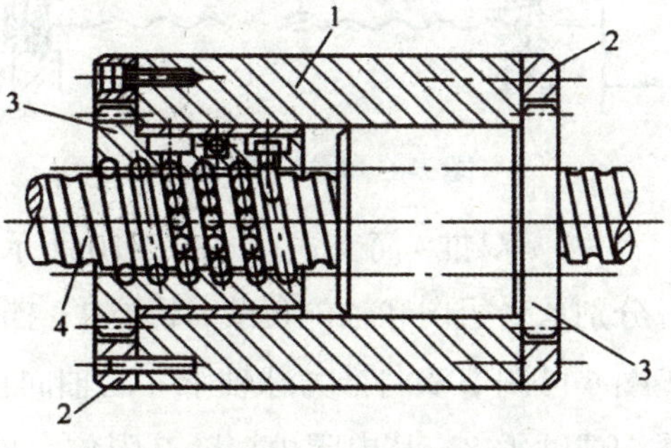

1- 套筒；2- 内齿轮；3- 螺母；4- 丝杠。

图 2-6　双螺母齿差预紧调整

（3）双螺母垫片调整预紧。如图 2-7 所示，通过调整垫片 1 的厚度，使两个螺母 2

产生相对位移，可以消除间隙，产生预紧力。这种调整方式的特点是结构简单、刚性高、预紧可靠，但使用中调整不方便。

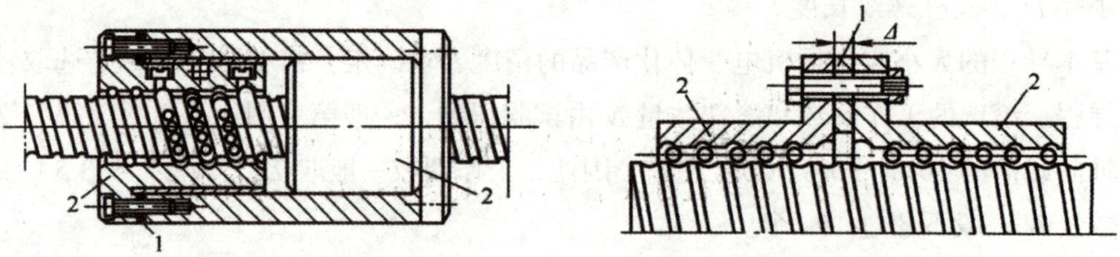

（a）螺母套筒间的垫片调整预紧　　（b）双螺母间的垫片调整预紧

1- 垫片；2- 螺母。

图 2-7　双螺母垫片调整预紧

5．滚珠丝杠螺母副的安装

为了保证滚珠丝杠螺母副传动的刚度和精度，应选择合适的支承方式，选用高刚度、小摩擦力矩、高运转精度的轴承，并保证支承座有足够的刚度。

为了提高轴向刚度，常采用推力轴承为主的轴承组合来支承丝杠。目前常用的轴承组合有以下几种。

（1）单推 - 单推式。如图 2-8 所示，其固定端均只有径向约束无轴向约束，预拉伸安装时，需加的载荷较大，轴承寿命较短。这种方式适用于中速、精度高的传动系统。

（2）双推 - 自由式。如图 2-9 所示，其固定端轴向、径向都需要有约束，采用推力轴承，另一端悬空。双推端可以预拉伸安装，预紧力较小，轴承寿命较长，但轴向刚度和承载能力低。这种结构只能用于短丝杠或竖直安装的丝杠，在水平安装时，两轴承之间的距离要尽量大一些。该方式适用于轻载、低速的垂直安装丝杠传动系统。

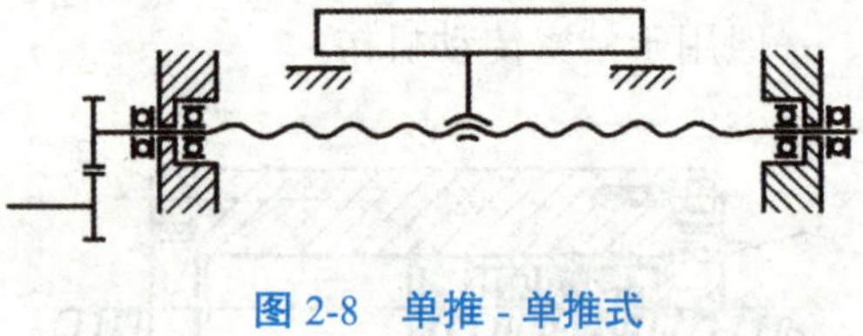

图 2-8　单推 - 单推式

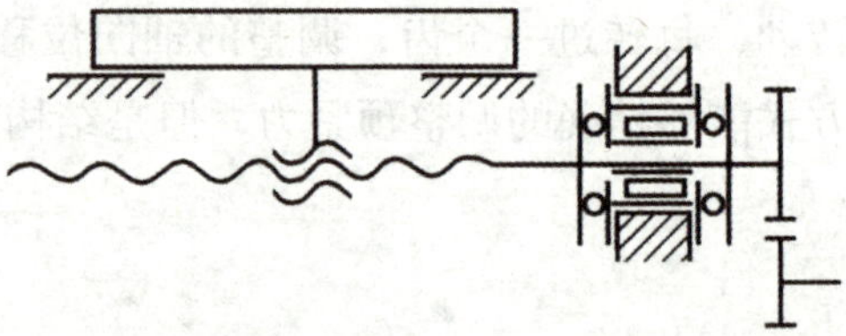

图 2-9　双推 - 自由式

（3）双推 - 简支式。如图 2-10 所示，固定端采用深沟球轴承 2 和双向推力球轴承 4，可分别承受径向和轴向负载，螺母 1、挡圈 3、轴肩、支承座 5 台肩、端盖 7 提供轴向限位，垫圈 6 可调节双向推力球轴承 4 的轴向预紧力。游动端需要径向约束，轴向无约束，采用深沟球轴承 8，其内圈由挡圈 9 限位，外圈不限位，以保证丝杠在受热变形后可在游动端自由伸缩。该方式适用于中速、精度较高的长丝杠传动系统。

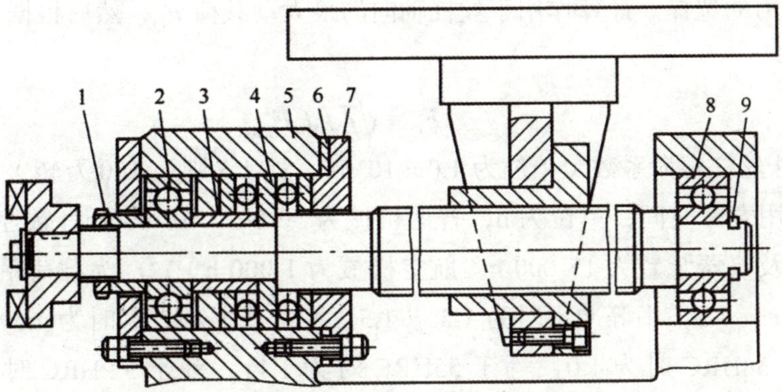

1- 螺母；2、8- 深沟球轴承；3、9- 挡圈；4- 双向推力球轴承；5- 支承座；6- 垫圈；7- 端盖。

图 2-10　双推 - 简支式

（4）双推 - 双推式。这种两端固定的支承方式为减少丝杠因自重的下垂和补偿膨胀，应进行预拉伸。如图 2-11 所示，两端各采用一个推力角度接触球轴承，外圈限位，内圈分别用螺母进行限位和预紧，调节轴承的间隙，并根据预计温升产生的热膨胀量对丝杠进行预拉伸。只要实际温升不超过预计的温升，这种支承方式就不会产生轴向间隙。使用时要注意，当温度升高时会使丝杠的预紧力增大，容易造成两端支承的预紧力不对称。该方式适用于高刚度、高速度、高精度的传动系统。

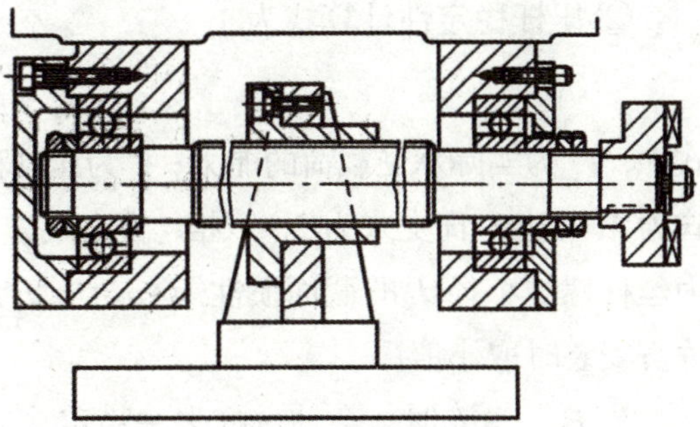

图 2-11　双推 - 双推式

6. 滚珠丝杠螺母副的选择和设计计算

（1）滚珠丝杠螺母副结构的选择。滚珠丝杠螺母副需要根据防尘防护条件以及对调隙及预紧的要求，选择适当的结构形式。例如，当必须有预紧或在使用过程中因磨损而需要定期调整间隙时，应采用双螺母螺纹预紧或齿差预紧式结构；当具备良好的防尘条件，且只需在装配时调整间隙及预紧力时，可采用结构简单的双螺母垫片调整预紧式结构。

（2）滚珠丝杠螺母副结构尺寸的选择。选用滚珠丝杠螺母副时通常主要选择丝杠的公称直径 d_0 和基本导程 P_h。公称直径 d_0 应根据轴向最大载荷在滚珠丝杠螺母副尺寸系列中选择。丝杠螺纹长度 l_s 在允许的情况下要尽量短，一般取 l_s/d_0 小于 30 为宜；基本导程 P_h 应按承载能力、传动精度及传动速度选取，P_h 大则承载能力也大，P_h 小则传动精度较高。要求传动速度快时，可选用大导程滚珠丝杠。

（3）滚珠丝杠螺母副结构的设计计算。滚珠丝杠螺母副设计计算要知道以下工作条件：最大工作载荷 F_{max}（或平均工作载荷 F_m）（N）、使用寿命 T（h）、丝杠的工作长度（或螺母的有效行程）L（mm）、丝杠的转速 n（或平均转速 n_m）（r/min）、滚道硬度（HRC）和运转情况。然后按以下步骤计算。

① 承载能力的选择。计算作用于丝杠轴向的最大动载荷 F_Q，然后根据 F_Q 值选择丝杠副的型号为

$$F_Q=\sqrt[3]{L}f_Hf_wF_{max} \qquad (2\text{-}1)$$

式中，L 为滚珠丝杠寿命系数（单位为 1.0×10^6 转，如 1.5 则为 150 万转）；$L=60nT/10^6$（其中 T 为使用寿命时间，单位为 h，普通机械为 50 00 ～ 10 000 h，数控机床、其他机电一体化设备及仪器装置为 15 000 h，航空机械为 1 000 h）；f_w 为载荷系数（平稳或轻度冲击时为 1.0 ～ 1.2，中等冲击时为 1.2 ～ 1.5，冲击或振动较大时为 1.5 ～ 2.5）；f_H 为硬度系数（≥ 58HRC 时为 1.0，等于 55HRC 时为 1.11，等于 52.HRC 时为 1.35，等于 50HRC 时为 1.56，等于 45HRC 时为 2.40）；F_{max} 为最大工作载荷。

从手册或样本的滚珠丝杠螺母副的尺寸系列表中可以找出相应的额定动载荷 F 的滚珠丝杠螺母副的尺寸规格和结构类型，选用时应使 $F>F_Q$。当丝杠转速 $n<10$ r/min 时，以最大静载荷 F_0 为设计依据。

② 压杆稳定性计算式为

$$F_k=f_k\pi 2EI(K\,l_s^2)\geqslant F_{max} \qquad (2\text{-}2)$$

式中，F_k 为实际承受载荷的能力；f_k 为压杆稳定的支承系数（单推 - 单推式为 1，双推 - 双推式为 4，双推 - 简支式为 2，双推 - 自由式为 0.25）；E 为钢的弹性模量，为 2.1×10^5 MPa；I 为丝杠螺纹小径 d_2 的截面惯性矩（$I=\pi d_2^4/32$）；K 为压杆稳定安全系数，一般取 2.5 ～ 4，垂直安装时取小值。

当 $F_{max}>f_k$ 时，会使丝杠失去稳定，易发生翘曲。两端装推力轴承与向心球轴承时，丝杠一般不会发生失稳现象。

③ 刚度的验算。刚度验算主要是确定丝杠的变形量。滚珠丝杠在轴向力作用下会伸长或缩短，在转矩的作用下会产生扭转变形，丝杠的总变形量应小于系统精度要求的变形量。滚珠丝杠在轴向力和转矩作用下引起的每一导程的变形量为

$$\Delta L=\pm\frac{FP_h}{ES}\pm\frac{MP_h^2}{2\pi IE} \qquad (2\text{-}3)$$

式中，E 为钢的弹性模量，为 2.1×10^5 MPa；S 为丝杠的最小截面积（cm^2）；M 为转矩（N·cm）；I 为丝杠螺纹小径 d_2 的截面惯性矩（$I=\pi d_2^4/32$）。

用公式（2-3）计算得出的 ΔL 单位为 cm，公式中“+”号用于拉伸时，“-”号用于压缩时。在丝杠副精度标准中一般仅对单位长度内（1m）弹性变形所允许的基本导程误差值进行规定。

2.2.3 齿轮传动

齿轮传动部件是转矩、转速和转向的变换器。齿轮传动具有结构紧凑、传动精确、强度大、能承受重载、摩擦小、效率高等优点。随着电动机直接驱动技术在机电一体化系统

中的广泛应用，齿轮传动的应用有减少的趋势。下面就机电一体化系统设计中常遇到的一些问题进行分析。

1．齿轮传动比的最佳匹配

机电一体化系统中的机械传动装置不仅仅是用来解决伺服电动机与负载间的转速、转矩匹配问题，更重要的是为了提高系统的伺服性能，因此在机电一体化系统中通常根据负载角加速度最大原则来选择总传动比，以提高伺服系统的响应速度。

图 2-12 为电动机驱动齿轮系统负载的计算模型。其中，J_m 为电动机 M 转子的转动惯量，θ_m 为电动机 M 的角位移，J_L 为负载 L 的转动惯量，θ_L 为负载 L 的角位移，T_{LF} 为负载 L 转矩，i 为齿轮传动机构 G 的总传动比。

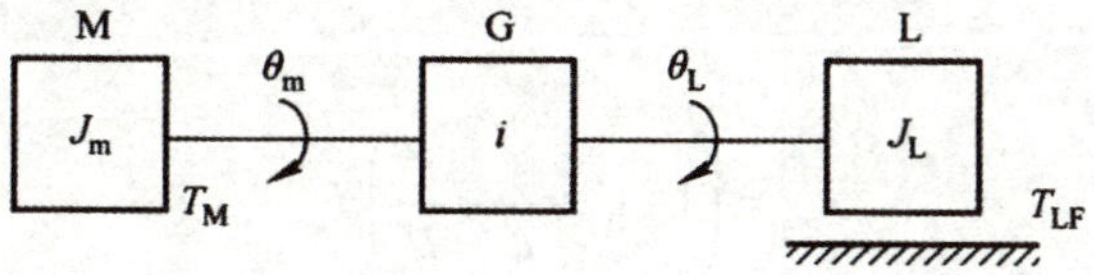

图 2-12　电动机驱动齿轮系统负载的计算模型

根据传动关系，有

$$i=\frac{\theta_m}{\theta_L}=\frac{\dot{\theta}_m}{\dot{\theta}_L}=\frac{\ddot{\theta}_m}{\ddot{\theta}_L} \tag{2-4}$$

T_{LF} 换算到电动机轴上为 T_{LF}/i，J_L 换算到电动机轴上为 J_L/i^2，若电动机转矩为 T_m，则电动机轴上的合转矩（即加速转矩）T_a 为

$$T_a=T_m-\frac{T_{LF}}{i}=\left(J_m+\frac{J_L}{i^2}\right)i\ddot{\theta}_L \tag{2-5}$$

则

$$\ddot{\theta}_L=\frac{(T_m i-T_{LF})}{(J_m i^2+J_L)}=\frac{iT_a}{(J_m i^2+J_L)} \tag{2-6}$$

根据负载角加速度最大原则，令 $\partial\ddot{\theta}_L/\partial i=0$，可得

$$i=\frac{T_{LF}}{T_m}+\sqrt{\left(\frac{T_{LF}}{T_m}\right)^2\frac{J_L}{J_m}} \tag{2-7}$$

若 $T_{LF}=0$，则

$$i=\sqrt{\frac{J_L}{J_m}} \tag{2-8}$$

在实际应用中，为了提高系统抗干扰力矩的能力，通常选用较大的传动比。

在计算出传动比后，根据对传动链的技术要求，选择传动方案，使驱动部件和负载之间的转矩、转速达到合理匹配。各级传动比的分配原则主要有以下三种。

（1）最小等效转动惯量原则。利用该原则所设计的齿轮传动系统换算到电动机轴上的等效转动惯量为最小。

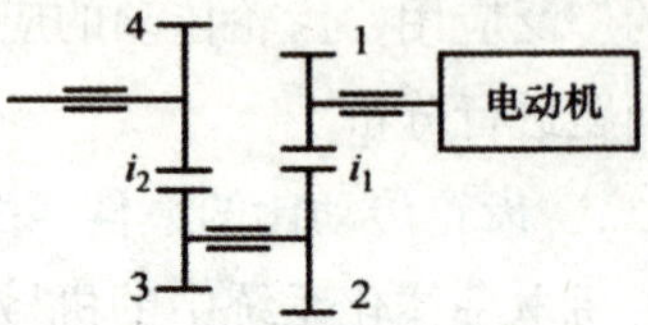

图 2-13 电动机驱动二级齿轮减速系统

图 2-13 为电动机驱动的二级齿轮减速系统，其总传动比为 $i = i_1 i_2$。假定各主动齿轮的转动惯量相同，分度圆直径为 d，齿宽为 B，密度为 γ，轴和轴承的转动惯量忽略不计，则等效到电动机轴上的等效转动惯量为

$$J_{\mathrm{me}} = J_1 + \frac{J_2 + J_3}{i_1^2} + \frac{J_4}{i_1^2 i_2^2} \tag{2-9}$$

因为

$$J_1 = J_3 = \frac{\eth B\gamma}{32g} d_1^4, J_2 = \frac{B\gamma}{32g} d_2^4, J_4 = \frac{B\gamma}{32g} d_4^4$$

所以

$$J_2 = i_1^4 J_1,\ J_4 = (i / i_1)^4 J_1$$

可得

$$J_{\mathrm{me}} = \left(1 + i_1^2 + \frac{1}{i_1^2} + \frac{i^2}{i_1^4}\right) J_1 \tag{2-10}$$

令 $\partial J_{\mathrm{me}} / \partial i_1 = 0$，可得

$$i_1^4 - 1 - 2 i_2^2 = 0$$

即

$$i_2 = \sqrt{\frac{i_1^4 - 1}{2}} \tag{2-11}$$

当 $i_1^4 \gg 1$ 时，式（2-11）可简化为 $i_2 \approx i_1^2 / \sqrt{2}$，则

$$i_1 \approx \left(\sqrt{2i}\right)^{1/3} \tag{2-12}$$

同理，对于 n 级齿轮做相同分析可得

$$i_1 = 2^{\frac{2n-n-1}{2(2n-1)}} i^{\frac{1}{2n-1}}, ik = \sqrt{2}\left(\frac{i}{2^{n/2}}\right)^{\frac{2(k-1)}{2n-1}} \quad (k = 2,3,4,\cdots,n) \tag{2-13}$$

按此原则计算得到的各级传动比按“先小后大”次序分配，式（2-13）仅适用于小功率传动装置。大功率传动装置传递的转矩大，各级齿轮的模数、齿宽直径等参数逐级增加，式（2-13）则不再适用，但各级传动比分配的原则仍是“先小后大”。

（2）重量最轻原则。对于小功率传动系统，假定各主动齿轮模数、齿数均相等，使各级传动比 $i_1 = i_2 = i_3 = \cdots = \sqrt[n]{i}$，即可使传动装置的重量最轻。对于大功率传动系统，因其传递的转矩大，齿轮的模数、齿宽等参数要逐级增加，此时要根据经验、类比的方法，并使其结构紧凑等要求来综合考虑传动比。此时，各级传动比一般应以“先大后小”的原则确定各级传动比。

（3）输出轴转角误差最小原则。在减速传动链中，从输入端到输出端的各级传动比应为“先小后大”，并且末端两级的传动比应尽可能大一些，齿轮的精度也应该提高，这样可以减少齿轮的加工误差、安装误差和回转误差对输出转角精度的影响。

对以上三种原则，应该根据具体情况综合考虑。对于以提高传动精度和减小回程误差为主的降速齿轮传动链，可按输出轴转角误差最小原则设计。对于升速传动链，则应在开始几级就增速。对于要求运动平稳、启停频繁和动态性能好的伺服降速传动链，可按最小等效转动惯量和输出轴转角误差最小原则进行设计。对于负载变化的齿轮传动装置，各级传动比最好采用不可约的比数，避免同时啮合。对于要求重量尽可能轻的降速传动链，可按重量最轻原则进行设计。

2．齿轮传动间隙的调整方法

齿轮传动过程中，主动轮突然改变方向时，从动轮不能马上随之反转，而是有一个滞后量，使齿轮传动产生回差。回差产生的原因主要是齿轮副本身的间隙和加工装配误差。圆柱齿轮传动间隙调整方法主要有以下几种。

（1）偏心套（轴）调整法。如图 2-14 所示，将相互啮合的一对齿轮中的一个齿轮装在电动机输出轴上，并将电动机 2 安装在偏心套 1 上，通过转动偏心套的转角，就可调节两啮合齿轮的中心距，从而消除圆柱齿轮正反转时的齿侧间隙。这种调整方法的特点是结构简单，但侧隙不能自动补偿。

（2）轴向垫片调整法。如图 2-15 所示，将齿轮设计成一定锥度，齿轮 1 和 2 相互啮合，其分度圆弧齿厚沿轴线方向略有锥度，这样就可以用轴向垫片 3 使齿轮 1 沿轴向移动，从而消除两齿轮的齿侧间隙。装配时轴向垫片 3 的厚度应既使得齿轮 1 和 2 之间齿侧间隙小，又运转灵活。这种调整方法的特点是结构简单，但是其侧隙也不能自动补偿。

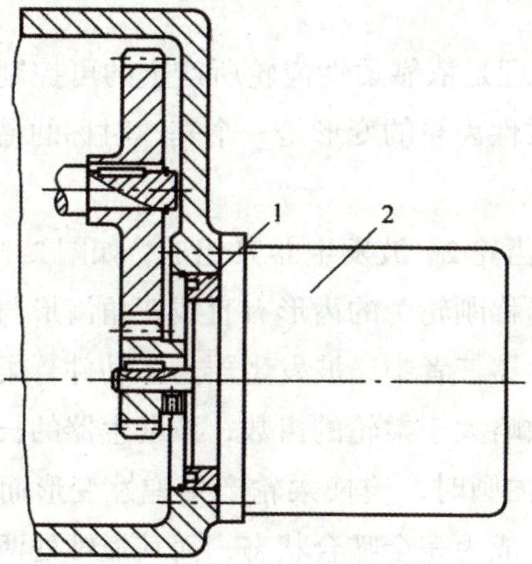

1- 偏心套；2- 电动机。

图 2-14　偏心套调整法

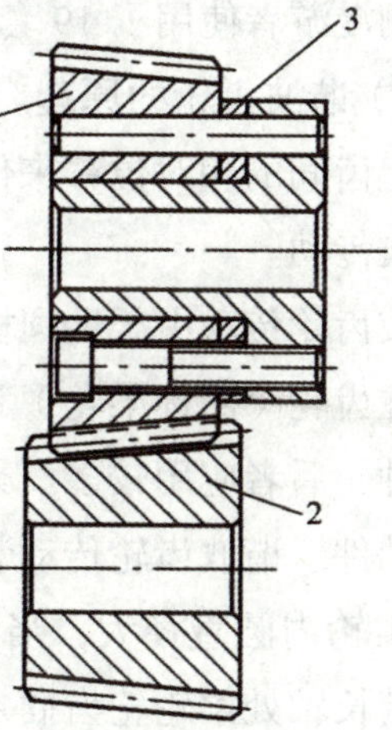

1、2- 齿轮；3- 垫片。

图 2-15　轴向垫片调整法

（3）双片薄齿轮错齿调整法。如图 2-16 所示，齿数与齿形参数完全相同的两薄片齿轮 1 和 2 组合在一起。通过弹簧 4 的拉力使两薄片齿轮错位，分别与配对传动的另一普通宽齿齿轮的齿槽两侧面贴紧，即可消除齿侧间隙，反向时不会出现死区。在两个薄片齿轮

1 和 2 上装有凸耳 3，弹簧 4 的一端钩在凸耳 3 上，另一端钩在螺钉 7 上。弹簧 4 的拉力大小可通过旋转螺母 5 调节螺钉 7 的伸出长度来控制，调整好后再用螺母 6 锁紧。

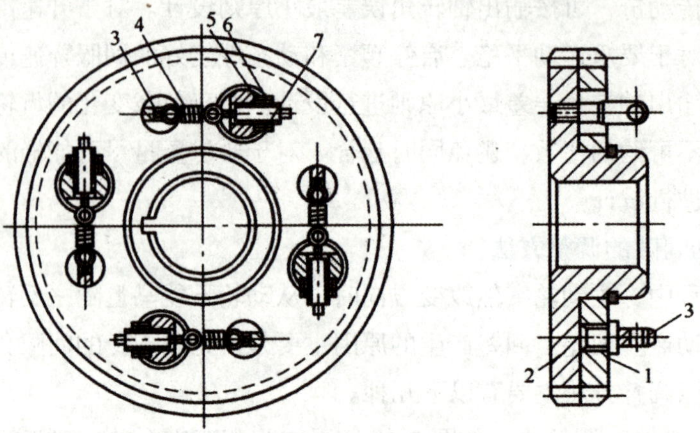

1、2- 薄片齿轮；3- 凸耳；4- 弹簧；5、6- 螺母；7- 螺钉。

图 2-16　双片薄齿轮错齿调整法

3．谐波齿轮传动

谐波齿轮传动是由美国学者麦塞尔（Walt Musser）发明的一种新型传动技术，它的出现为机械传动技术带来了重大突破。谐波齿轮传动具有结构简单、传动比大（几十到几百）、传动精度高、回程误差小、噪声低、传动平稳、承载能力强、效率高等优点，因此在机器人、机床分度机构、航空航天设备、雷达等机电一体化系统中得到广泛应用，如美国国家航空航天局（National Aeronautics and Space Administration，NASA）发射的火星机器人——火星探测漫游者使用了 19 套谐波齿轮传动装置。

（1）谐波齿轮的原理。谐波齿轮传动的原理是依靠柔性齿轮所产生的可控制弹性变形波引起齿间的相对位移来传递动力和运动。柔性齿轮的变形是一个基本对称的谐波，故称为谐波传动。

谐波齿轮传动由柔性圆柱齿轮 1、刚性圆柱齿轮 2、波发生器 H 组成，如图 2-17 所示。柔性圆柱齿轮（简称柔轮）和刚性圆柱齿轮（简称刚轮）的齿形有直线三角齿形与渐开线齿形两种，后者应用较多。柔轮、刚轮、波发生器三者中，波发生器为主动件，柔轮或刚轮为从动件。谐波齿轮传动装置中，刚轮的齿数略大于柔轮的齿数，波发生器的长度比未变形的柔轮内圆直径大，当波发生器装入柔轮内圆时，迫使柔轮产生弹性变形而呈椭圆状，使其长轴处柔轮轮齿插入刚轮的轮齿槽内，成为完全啮合状态，而其短轴处两轮轮齿完全不接触，处于脱开状态。由啮合到脱开的过程为啮出状态，反之为啮入状态。当波发生器连续转动时，迫使柔轮不断产生变形，使两轮轮齿在进行啮入、啮合、啮出、脱开的过程中不断改变各自的工作状态，形成错齿运动，从而实现了主动波发生器与柔轮的运动传递。

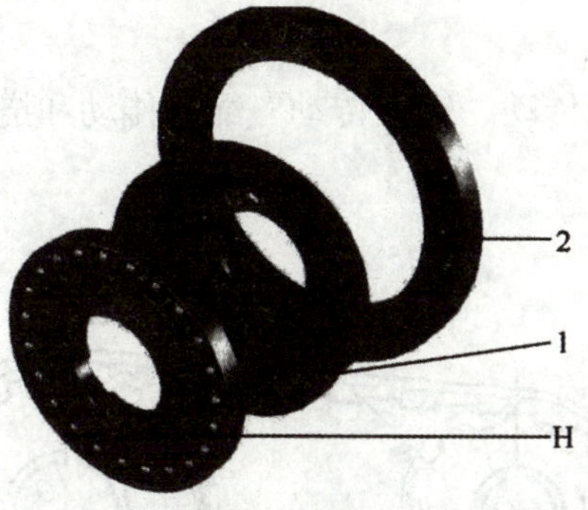

（a）结构图

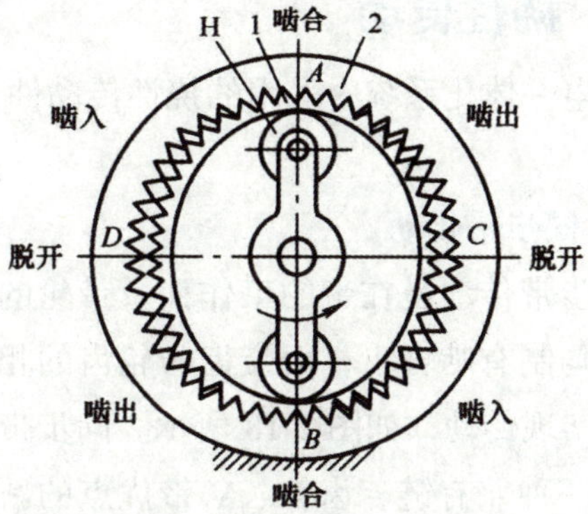

（b）原理图

1- 柔性圆柱齿轮；2- 刚性圆柱齿轮；H- 波发生器。

图 2-17　谐波齿轮传动

（2）谐波齿轮的传动比。谐波齿轮传动的波发生器相当于行星轮系的转臂，柔轮相当于行星轮，刚轮则相当于中心轮。因此，谐波齿轮传动的传动比可以应用行星轮系求传动比的方式来计算。设 n_g、n_r、n_H 分别为刚轮、柔轮和波发生器的转速，Z_g、Z_r 分别为刚轮和柔轮的齿数，则

$$i_{rg}^{H}=\frac{n_r-n_H}{n_g-n_H}=\frac{Z_g}{Z_r} \tag{2-14}$$

① 当柔轮固定时，$n_r=0$，则

$$i_{rg}^{H}=\frac{-n_H}{n_g-n_H}=\frac{Z_g}{Z_r},\frac{n_g}{n_H}=1-\frac{Z_r}{Z_g}=\frac{Z_g-Z_r}{Z_g}$$

可得

$$i_{Hg}=\frac{n_H}{n_g}=\frac{Z_g}{Z_g-Z_r} \tag{2-15}$$

② 当刚轮固定时，$n_g=0$，按照以上的推导方法，可得

$$i_{Hr}=\frac{n_H}{n_r}=\frac{Z_r}{Z_r-Z_g} \tag{2-16}$$

假设 $Z_g=202$、$Z_r=200$，将其分别代入式（2-15）与式（2-16），可得 $i_{Hg}=101$，$i_{Hr}=-100$，说明当柔轮固定时，刚轮与波发生器转向相同。当刚轮固定时，柔轮与波发生器转向相反。

（3）谐波齿轮减速器的设计与选择。谐波齿轮减速器产品型号的选择应符合国家标准《机器人用谐波齿轮减速器》GB/T 30819—2014 的规定。谐波齿轮减速器的产品型号由型式代号、规格代号、减速比、结构代号、润滑方式、精度等级和连接方式 7 部分组成，如 CS-25-50-U-G-A1-I，表示齿轮为杯形标准柔轮、规格为 25、速比为 50、整机类、脂润滑、精度等级为 A1、连接方式为标准型的机器人用谐波齿轮减速器。

2.2.4 挠性传动

机电一体化系统中采用的挠性传动件有同步带传动、钢带传动、绳轮传动和挠性轴传动等。

1. 同步带传动

同步带传动是在带的工作面及带轮的外周上均制有啮合齿，由带齿与轮齿的相互啮合实现传动，如图 2-18 所示。同步带传动是一种兼有链、齿轮、V 带优点的新型传动，具有传动比准确、传动效率高、能吸振、噪声小、传动平稳、能高速传动、维护保养方便等优点；缺点是安装精度要求高、中心距要求严格，并且具有一定蠕变性。同步带传动部件有相应的国家标准，由专门生产厂家生产。

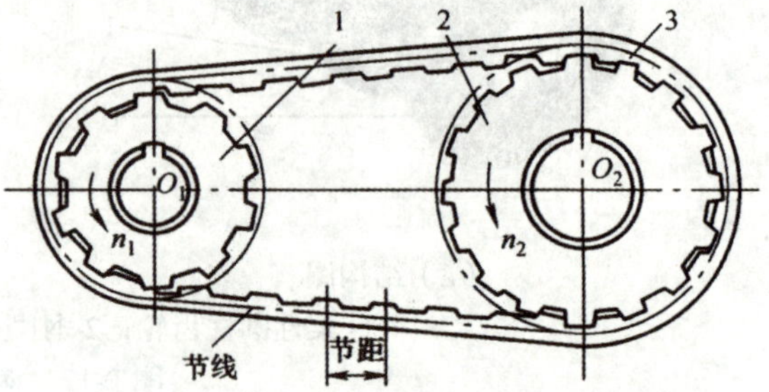

1- 主动带轮；2- 从动带轮；3- 同步带。

图 2-18　同步带传动

2. 钢带传动和绳轮传动

钢带传动和绳轮传动均属于摩擦传动，主要应用在起重机、电梯、索道等设备中。钢带传动的特点是钢带与带轮间接触面积大、无间隙、摩擦阻力大、无滑动、结构简单紧凑、运行可靠、噪声低、驱动力大、寿命长、无蠕变。图 2-19 为钢带传动在磁头定位机构中的应用，钢带挂在驱动轮上，磁头固定在往复运动的钢带上，结构紧凑，磁头移动迅速，运行可靠。

绳轮传动具有结构简单、传动刚度大、结构柔软、成本较低、噪声低等优点。其缺点是带轮较大、安装面积大、加速度不宜太高。图 2-20 为绳轮传动在打印机字车送进机构中的应用。

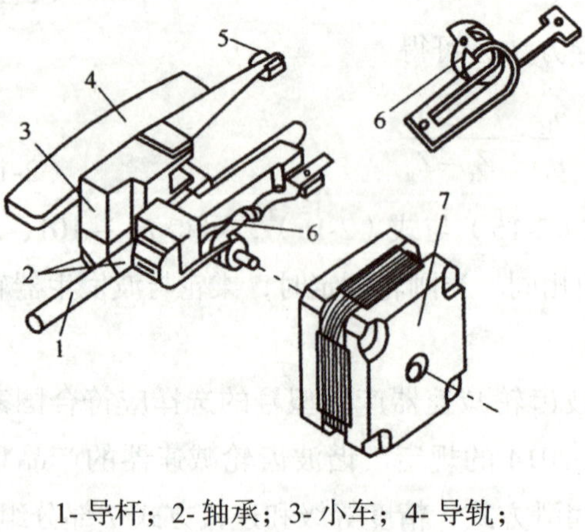

1- 导杆；2- 轴承；3- 小车；4- 导轨；
5- 磁头；6- 钢带；7- 步进电动机。

图 2-19　钢带传动在磁头定位机构中的应用

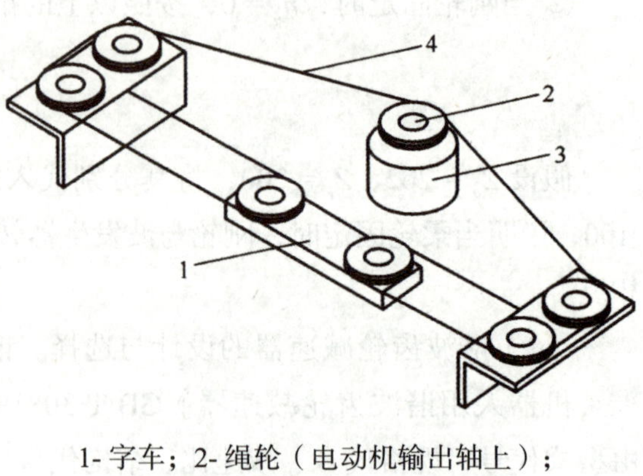

1- 字车；2- 绳轮（电动机输出轴上）；
3- 伺服电动机；4- 钢丝绳。

图 2-20　绳轮传动在打印机字车送进机构中的应用

3. 挠性轴传动

挠性轴传动又称软轴传动。图 2-21 为挠性轴的结构。挠性轴由几层缠绕成螺旋线的钢丝制成，相邻两层钢丝的旋向相反。挠性轴输入端转向要与轴的最外层钢丝旋向一致，这样可使钢丝趋于缠紧。挠性轴外层有保护软套管，其主要作用为引导和固定挠性轴的位置，使其位置稳定、不打结、不发生横向弯曲，还可以防潮、防尘和储存润滑油。

挠性轴具有良好的挠性，能在轴线弯曲状态下灵活地将旋转运动和转矩传递到任何位置，因此挠性轴传动适用于两个传动机构不在同一条直线上或两个部件之间有相对位置差的情况。图 2-22 为挠性轴的应用实例。一般情况下，挠性轴传递的最大功率不超过 5.5 kW，伸直状态时传递的最大转矩不超过 50 N·m，小尺寸挠性轴转速最高可达 20 000 r/min，一般使用的转速可达 1 800 ～ 3 600 r/min。

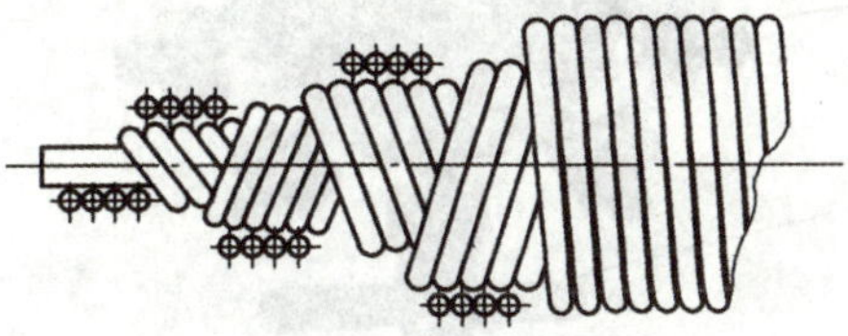

图 2-21　挠性轴的结构

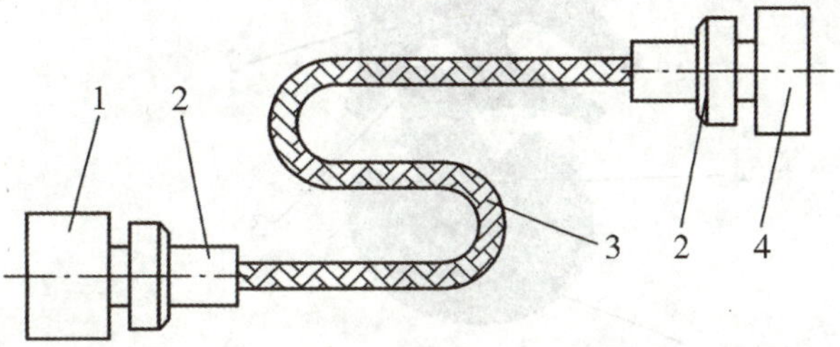

1- 动力源；2- 接头；3- 钢丝软轴；4- 被驱动装置。

图 2-22　挠性轴的应用实例

2.2.5　间歇传动

机电一体化系统中常见的间歇传动部件有棘轮传动、槽轮传动、蜗形凸轮传动。间歇传动部件的作用是将原动机构的连续运动转换为间歇运动。

1. 棘轮传动

棘轮传动机构如图 2-23 所示。当主动摆杆 1 做顺时针方向摆动时，棘爪 2 与棘轮 3 的齿啮合，推动棘轮朝顺时针方向转动，此时止动爪 4 在棘轮齿上打滑。当主动摆杆 1 摆动一定的角度而反向做逆时针方向摆动时，止动爪 4 把棘轮 3 卡住，使其不与主动摆杆 1 一起运动，此时棘爪 2 在棘轮齿上打滑而回到起始位置。主动摆杆 1 往复摆动时，棘轮 3 就不断地沿顺时针方向间歇转动。棘轮传动结构简单，制造容易，但传动有噪声，易磨损。

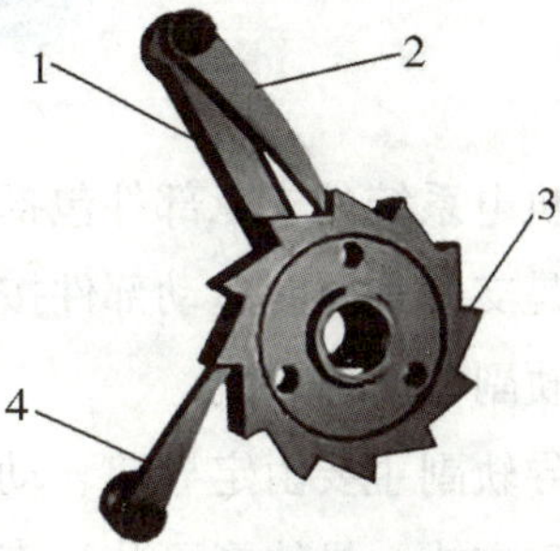

1- 主动摆杆；2- 棘爪 3- 棘轮；4- 止动爪。

图 2-23　棘轮传动机构

2. 槽轮传动

槽轮传动机构如图 2-24 所示，它由拨销盘 1 和槽轮 2 组成。其工作原理如下：拨销盘 1 做匀速旋转运动，拨销盘 1 上的拨销 3 带动槽轮 2 转过一定的角度，而后拨销 3 与槽轮 2 分离，槽轮 2 静止不动，直到拨销 3 进入下一个槽内，又重复以上循环。为了保证槽轮 2 在静止时间内的位置准确，在拨销盘 1 和槽轮 2 上分别有锁紧弧面 4 和定位弧面 5 来锁住槽轮 2。

3．蜗形凸轮传动

蜗形凸轮传动机构如图 2-25 所示，它由转盘 1、安装在转盘 1 上的滚子 2 和蜗形凸轮 3 组成。蜗形凸轮 3 做连续旋转，当凸轮转过一定角度 θ 时，转盘 1 就转过 $2\pi/n$ 角度（n 为滚子的个数，$2\pi/n$ 为相邻两个滚子之间的夹角），在凸轮转过其余的角度（$2\pi-\theta$）时，转盘 1 停止不动，并依靠凸轮的棱边卡在两个滚子中间，使转盘 1 定位，这样蜗形凸轮 3（主动件）的连续运动就变成了转盘 1（从动件）的间歇运动。

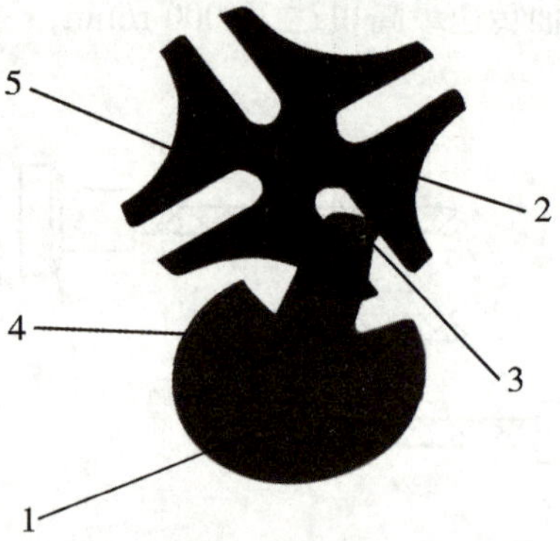

1- 拨销盘；2- 槽轮；3- 拨销
4- 锁紧弧面；5- 定位弧面。

图 2-24　槽轮传动机构

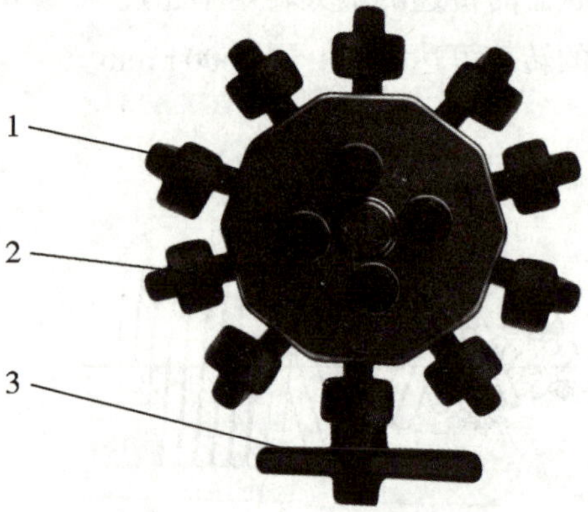

1- 转盘；2- 滚子；3- 蜗形凸轮。

图 2-25　蜗形凸轮传动机构

2.3　导 向 机 构

机电系统的支承部件包括导向支承部件、旋转支承部件和机座机架。导向支承部件的作用是支承和限制运动部件按给定的运动要求与规定的运动方向运动。这样的部件通常称为导轨副，简称导轨。

导轨副主要由定导轨、动导轨、辅助导轨、间隙调整元件及工作介质 / 元件等组成。按运动方式，导轨副可分为直线运动导轨（滑动摩擦导轨）和回转运动导轨（滚动摩擦导轨）。按接触表面的摩擦性质，导轨副可分为滑动摩擦导轨、滚动摩擦导轨、流体介质摩擦导轨等。

2.3.1　滑动摩擦导轨

1．常见的滑动摩擦导轨及其特点

滑动摩擦导轨常见的导轨截面形状有三角形（分对称、不对称两类）、矩形、燕尾形与圆形四种，每种类型又分为凸形和凹形两类。凸形导轨不易积存切屑等脏物，也不易储存润滑油，宜在低速下工作；凹形导轨则相反，可在高速下工作，但必须有良好的防护装置，以防切屑等脏物落入导轨。常见滑动摩擦导轨的截面形状见表 2-1。

表 2-1　常见滑动摩擦导轨的截面形状

类型	对称三角形	非对称三角形	矩形	燕尾形	圆形
凸形	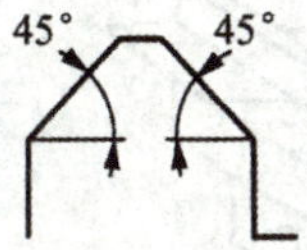	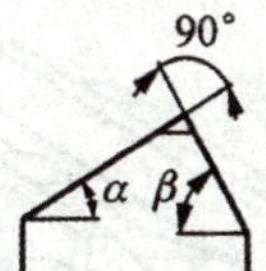	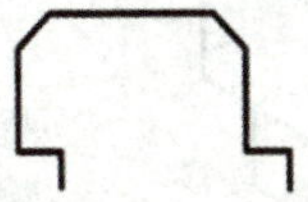	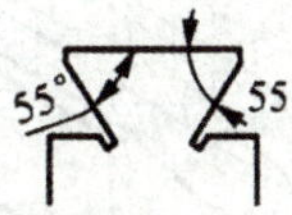	
凹形	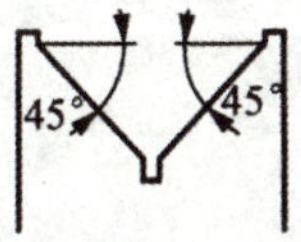	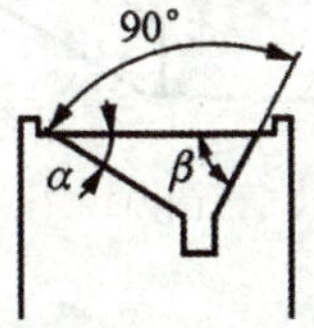	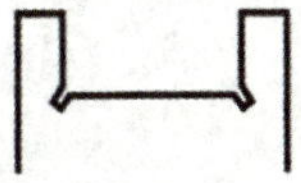	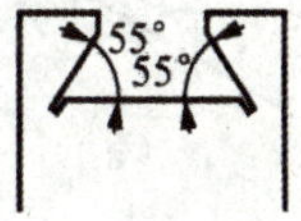	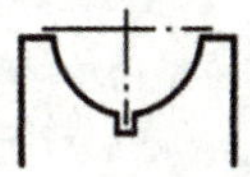

（1）三角形导轨，分对称三角形导轨和非对称三角形导轨。其特点是：在垂直载荷作用下，具有磨损量自动补偿功能，无间隙工作，导向精度高。为防止因振动或倾翻载荷引起两导向面较长时间脱离接触的情况，三角形导轨应有辅助导向面并具备间隙调整能力。其存在导轨水平与垂直误差的相互影响，导轨面加工、检验、维修困难。

对称三角形导轨：随着顶角增大，导轨承载能力增大，但导向精度降低。

非对称三角形导轨：主要用在载荷不对称时，通过调整不对称角度，使导轨左、右面水平分力相互抵消，提高导轨刚度。

（2）矩形导轨。其特点是：结构简单，制造、检验、维修方便，导轨面宽、承载能力大，刚度高，但无磨损量自动补偿功能。由于导轨在水平和垂直面位置互不影响，因而在水平和垂直两方向均须间隙调整装置，安装调整方便。

（3）燕尾形导轨。其特点是：无磨损量自动补偿功能，需要间隙调整装置，燕尾起压板作用，镶条可调整水平和垂直两方向的间隙，可承受颠覆载荷，结构紧凑，但刚度差，摩擦阻力大、制造、检验、维修不方便。

（4）圆形导轨。其特点是：结构简单，制造、检验、配合方便，精度易于保证，但摩擦后很难调整，结构刚度较差。

2. 导轨的基本要求

（1）导向精度高。导向精度是指运动件按给定方向做直线运动的准确程度，它主要取决于导轨本身的几何精度及导轨配合间隙。导轨的几何精度可用线值或角值表示。

① 导轨在垂直平面和水平面内的直线度。如图 2-26（a）和图 2-26（b）所示，理想的导轨面与垂直平面 *A—A* 或水平面 *B—B* 的交线均应为一条理想直线，但由于存在制造误差，导致交线的实际轮廓偏离理想直线，其最大偏差量 Δ 即为导轨全长在垂直平面图

2-26（a）和水平面图 2-26（b）内的直线度误差。

② 导轨面间的平行度。图 2-26（c）为导轨面间的平行度误差。设 V 形导轨没有误差，平面导轨纵向有倾斜，由此产生的误差 Δ 即为导轨间的平行度误差。导轨间的平行度误差一般以角度值表示，这项误差会使运动件运动时发生扭曲。

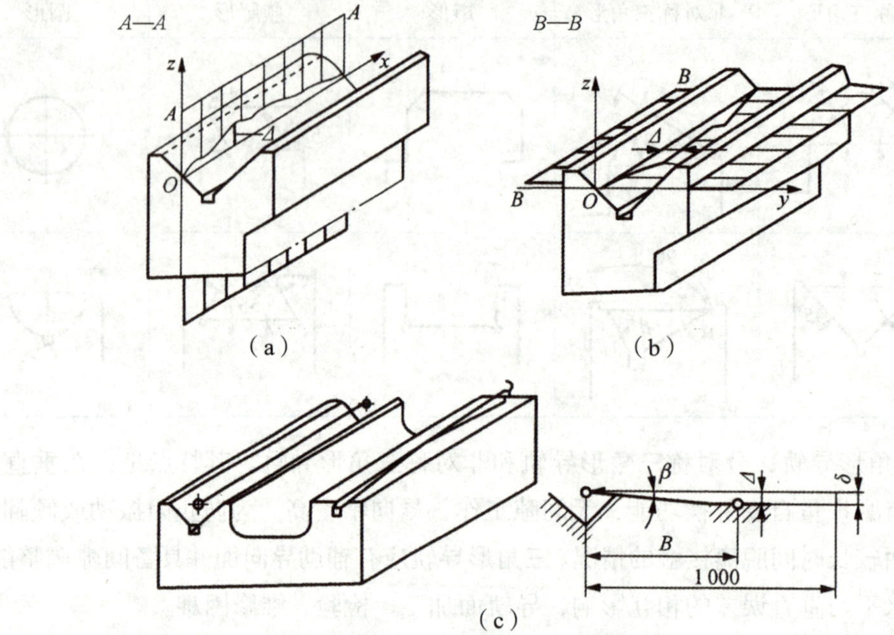

图 2-26　导轨的几何精度

（2）运动轻便、平稳，低速时无爬行现象。导轨运动的不平稳性主要表现在低速运动时导轨速度的不均匀，使运动件出现时快时慢、时动时停的爬行现象。是否出现爬行现象主要取决于导轨副中摩擦力的大小及其稳定性。为此，设计时应合理选择导轨的类型、材料、配合间隙、配合表面的几何形状精度及润滑方式。

（3）耐磨性好。导轨的初始精度由制造保证，而导轨在使用过程中的精度保持性则与导轨面的耐磨性密切相关。导轨的耐磨性主要取决于导轨的类型、材料、导轨表面的粗糙度及硬度、润滑状况和导轨表面压强的大小。

（4）对温度的变化不敏感，即导轨在温度变化的情况下仍能正常工作。导轨对温度变化的不敏感性主要取决于导轨类型、材料及导轨配合间隙等。

（5）足够的刚度。在载荷的作用下，导轨的变形不应超过允许值。刚度不足不仅会降低导向精度，还会加快导轨面的磨损。刚度主要与导轨的类型、尺寸及导轨材料等有关。

（6）结构工艺性好。导轨的结构应力求简单、便于制造、检验和调整，从而降低成本。

3．常见导轨组合

（1）圆柱面导轨

圆柱面导轨的优点是导轨面的加工和检验比较简单，易于达到较高的精度；缺点是对温度变化比较敏感，间隙不能调整。在图 2-27 的结构中，支臂 3 和立柱 5 构成圆柱面导轨。立柱 5 的圆柱面上加工有螺纹槽，转动螺母 1 即可带动支臂 3 上下移动，螺钉 2 用于锁紧，垫块 4 用于防止螺钉 2 压伤圆柱表面。

在多数情况下，圆柱面导轨的运动件不允许转动，因此可采用各种防转结构。最简单的防转结构是在运动件和承导件的接触表面上制作平面、凸起或凹槽。图 2-28（a）～图 2、-28（c）为这种防转结构的几个例子。利用辅助导向面可以更好地限制运动件的转动 [图 2-28（d）]，适当增大辅助导向面与基本导向面之间的距离，可减小由导轨间的间隙所引起的转角误差。当辅助导向面也为圆柱面时，即构成双圆柱面导轨 [图 2-28（e）]，它既能保证较高的导向精度，又能保证较大的承载能力。

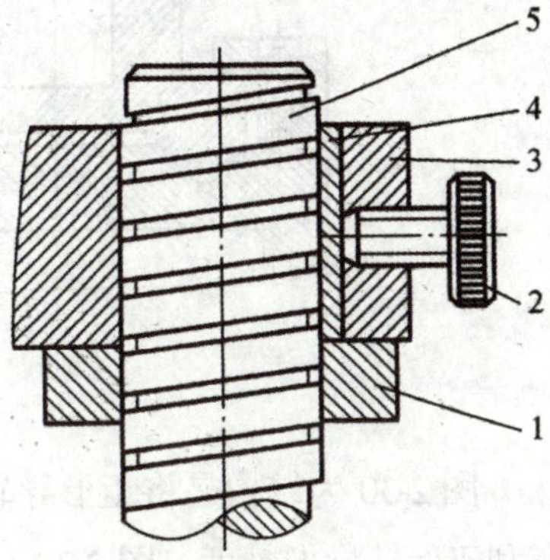

1- 转动螺母；2- 螺钉；
3- 支臂；4- 垫块；5- 立柱。

图 2-27　圆柱面导轨

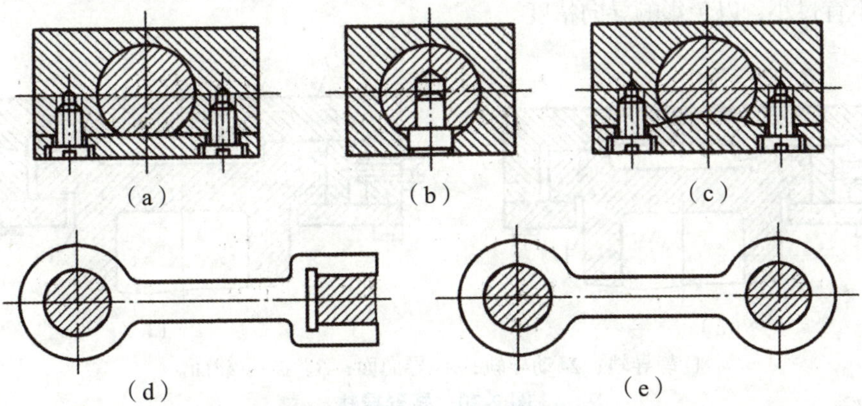

图 2-28　有防转结构的圆柱面导轨

导轨的表面粗糙度可根据相应的精度等级确定。通常，被包容零件外表面的粗糙度小于包容件内表面的粗糙度。

（2）棱柱面导轨

常用的棱柱面导轨有三角形导轨、矩形导轨、燕尾形导轨及它们的组合式导轨。

① 双三角形导轨。如图 2-29（a）所示，两条导轨同时起着支承和导向作用，故导轨的导向精度高，承载能力大，两条导轨磨损均匀，磨损后能自动补偿间隙，精度保持性好。但这种导轨的制造、检验和维修都比较困难，因为它要求四个导轨面都均匀接触，刮研劳动量较大。此外，这种导轨对温度变化比较敏感。

② 三角形 - 平面导轨。如图 2-29（b）所示，这种导轨保持了双三角形导轨导向精度高、承载能力大的优点，避免了由热变形所引起的配合状况的变化，且工艺性较双三角形导轨大为改善，因而应用很广。其缺点是两条导轨磨损不均匀，磨损后不能自动调整间隙。

③ 矩形导轨。矩形导轨可以做得较宽，因而承载能力和刚度较大。其优点是结构简单，

制造、检验、修理较易；缺点是磨损后不能自动补偿间隙，导向精度不如三角形导轨。

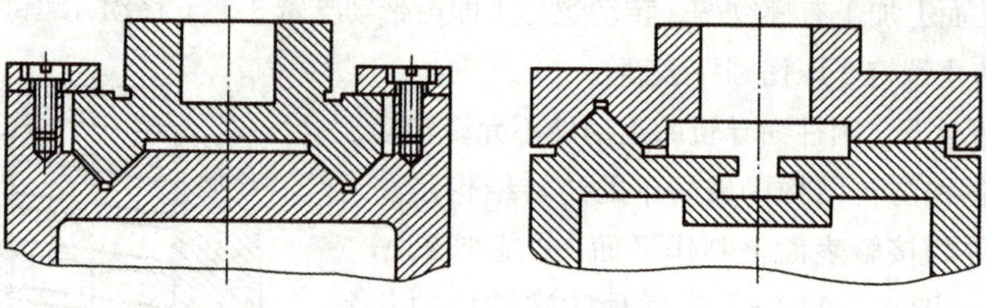

（a）　　　　（b）

图 2-29　三角形导轨

图 2-30 为结构是将矩形导轨的导向面 *A* 与承载面 *B*、*C* 分开，用来减小导向面的磨损，有利于保持导向精度。图 2-30（a）中的导向面 *A* 是同一导轨的内外两侧，两者之间的距离较小，热膨胀变形较小，可使导轨的间隙相应减小，导向精度较高。但此时两导轨面的摩擦力将不相同，因此应合理布置驱动元件的位置，以避免工作台倾斜或被卡住。图 2-30（b）所示结构以两导轨面的外侧作为导向面，克服了上述缺点，但因导轨面间距离较大，容易受热膨胀，要求间隙不宜过小，以免影响导向精度。

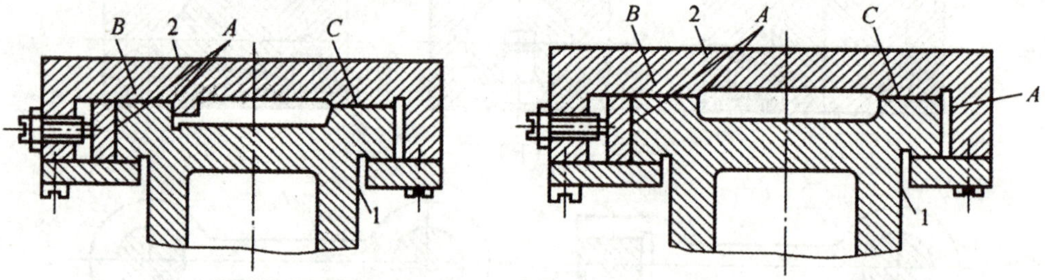

（a）　　　　（b）

1- 静导轨；2- 动导轨；*A*- 导向面；*B*、*C*- 承载面。

图 2-30　矩形导轨

④ 燕尾形导轨。其主要优点是结构紧凑、调整间隙方便；缺点是几何形状比较复杂，难以达到很高的配合精度，并且导轨中的摩擦力较大，运动灵活性较差。因此，其通常用在结构尺寸较小及导向精度与运动灵便性要求不高的场合。图 2-31 为燕尾形导轨的应用举例，其中图 2-31（c）所示结构的特点是把燕尾槽分成几块，便于制造、装配和调整。

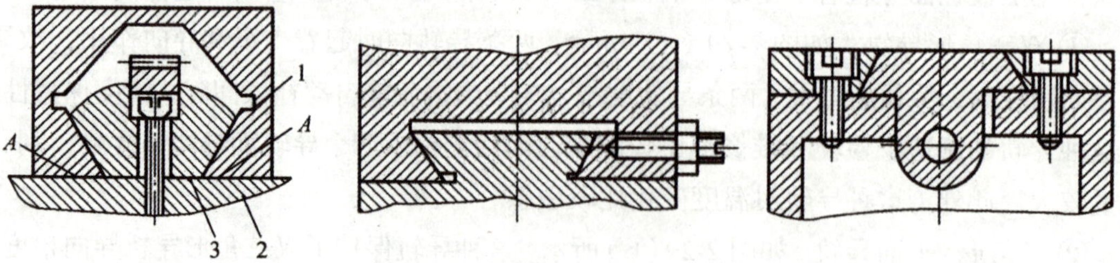

（a）　　　　（b）　　　　（c）

1、2- 零件；3- 垫片；A- 结合面。

图 2-31　燕尾形导轨应用举例

4．导轨间隙的调整

为保证导轨正常工作，导轨滑动表面之间应保持适当的间隙。间隙过小会增大摩擦力，间隙过大会降低导向精度。为此常采用以下方法，以获得必要的间隙。

（1）采用磨、刮相应结合面或加垫片的方法，以获得合适的间隙。如图 2-31（a）所示的燕尾形导轨，为了获得合适的间隙，可在零件 1 与 2 之间加上垫片 3 或采取直接铲刮承导件与运动件的结合面 *A* 的方法达到间隙要求。

（2）采用平镶条调整间隙。平镶条为一平行六面体，其截面形状为矩形 [图 2-32（a）] 或平行四边形 [图 2-32（b）] 导轨。调整时，只要旋动沿镶条全长均布的几个螺钉，便能调整导轨的侧向间隙，调整后再用螺母锁紧。平镶条制造容易，但在全长上只有几个点受力，容易变形，故常用于受力较小的导轨。缩短螺钉间的距离（l）、加大镶条厚度（h）有利于镶条压力的均匀分布。当 l/h 为 3 ～ 4 时，镶条压力基本上均分布 [图 2-32（c）]。

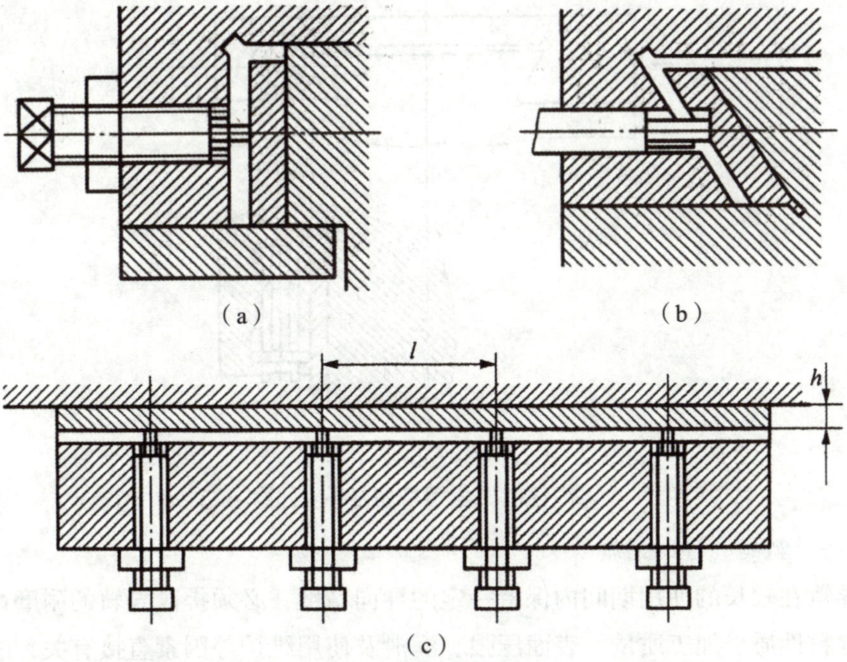

图 2-32　平镶条调整导轨间隙

（3）采用斜镶条调整导轨间隙。斜镶条的侧面磨成斜度很小的斜面，导轨间隙是用镶条的纵向移动来调整的，为了缩短镶条长度，一般将其放在运动件上。

图 2-33（a）所示的结构简单，但螺钉凸肩与斜镶条的缺口间不可避免地存在间隙，可能使镶条产生窜动。图 2-33（b）所示的结构较为完善，但轴向尺寸较长，调整也较麻烦。图 2-33（c）所示结构中的导轨间隙由斜镶条两端的螺钉进行调整，镶条的形状简单，便于制造。图 2-33（d）是用斜镶条调整燕尾形导轨间隙的实例。

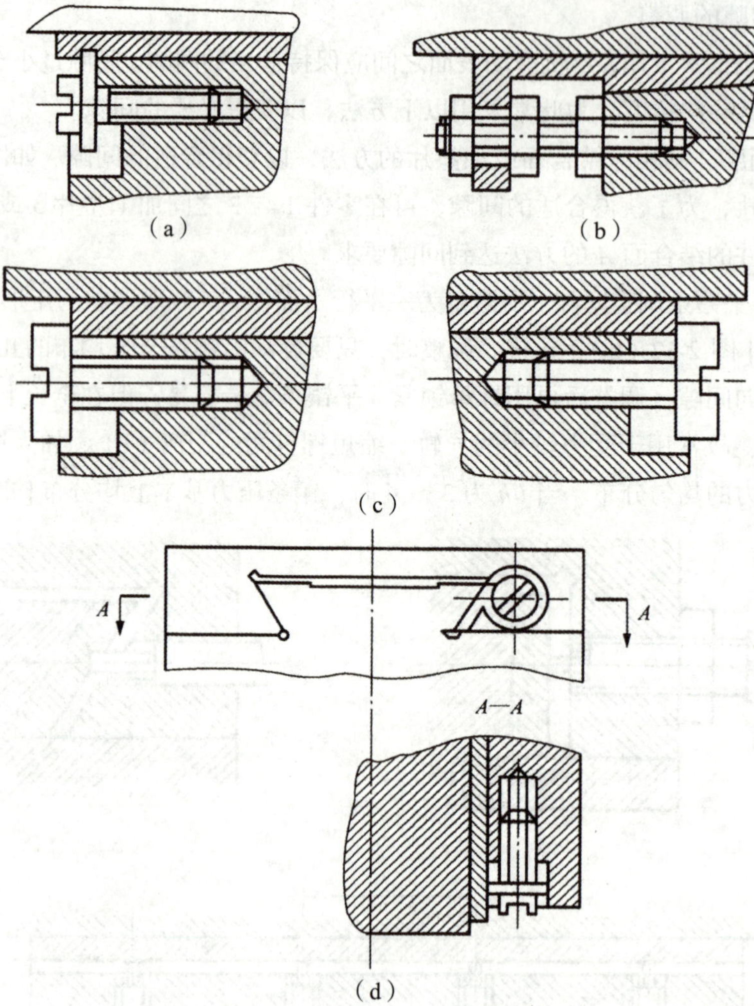

图 2-33　用斜镶条调整导轨间隙

5. 提高导轨耐磨性的措施

为使导轨在较长的使用期间内保持一定的导向精度，必须提高导轨的耐磨性。由于磨损速度与材料性质、加工质量、表面压强、润滑及使用维护等因素直接有关，故若想提高导轨的耐磨性，必须从以下几个方面采取措施。

（1）合理选择导轨的材料及热处理方式。用于导轨的材料，应具有耐磨性好、摩擦系数小的特点，并具有良好的加工和热处理性质。导轨的主要材料及工艺性能见表 2-2。

表 2-2　导轨的主要材料及工艺性能

材料选择	主要代表材料及性能特点
铸铁	如 HT200、HT300 等，均有较好的耐磨性。采用高磷铸铁（含磷量高于 0.3%）、磷铜钛铸铁和钒钛铸铁作为导轨，耐磨性比普通铸铁提高 1 ～ 4 倍。铸铁导轨的硬度一般为 180 ～ 200 HBS。为提高其表面硬度，采用表面淬火工艺，表面硬度可达 55 HBC，导轨的耐磨性可提高 1 ～ 3 倍

续表

材料选择	主要代表材料及性能特点
钢	常用的有碳素钢（40、50、T8A、T10A）和合金钢（20Cr、40Cr），淬硬后钢制导轨的耐磨性比一般铸铁导轨高 5 ～ 10 倍。性能要求高的导轨可用 20Cr 制成，渗碳后淬硬至 56 ～ 62 HBC；性能要求低的导轨用 40Cr 制成，高频淬火硬度至 52 ～ 58 HRC。钢制导轨一般做成条状，用螺钉及销钉固定在铸铁机座上，螺钉的尺寸和数量必须保证良好的接触刚度，以免引起变形
有色金属	常用的有黄铜、锡青铜、超硬铝（LC4）、铸铝（ZL6）等
塑料	聚四氟乙烯具有优良的减摩、耐磨和抗振性能，工作温度适应范围广（–200 ～ 280 ℃），静、动摩擦系数都很小，是一种良好的减摩材料

（2）减小导轨面压强。导轨面的平均压强越小，分布越均匀，则磨损越均匀，磨损量越小。导轨面的压强取决于导轨的支承面积和负载，设计时应保证导轨工作面的最大压强不超过允许值。为此，许多精密导轨常采用卸载导轨，即在导轨载荷的相反方向给运动件施加一个机械的或液压的作用力（卸载力），抵消导轨上的部分载荷，从而达到既保持导轨面间仍为直接接触，又减小导轨工作面压力的目的。一般卸载力取为运动件所受总重力的 2/3 左右。

① 静压卸载导轨原理(图 2-34)。在运动件导轨面上开有油腔，通入压力为 P_s 的液压油，对运动件施加一个小于运动件所受载荷的浮力，以减小导轨面的压力。油腔中的液压油经过导轨表面宏观与微观不平度所形成的间隙流出导轨，回到油箱。

② 水银卸载导轨原理(图 2-35)。在运动件下面装有浮子 1(木块)，并置于水银槽 2 中，利用水银产生的浮力抵消运动组件的部分重力。这种卸载方式结构简单，缺点是水银蒸气有毒，故必须采取防止水银挥发的措施。

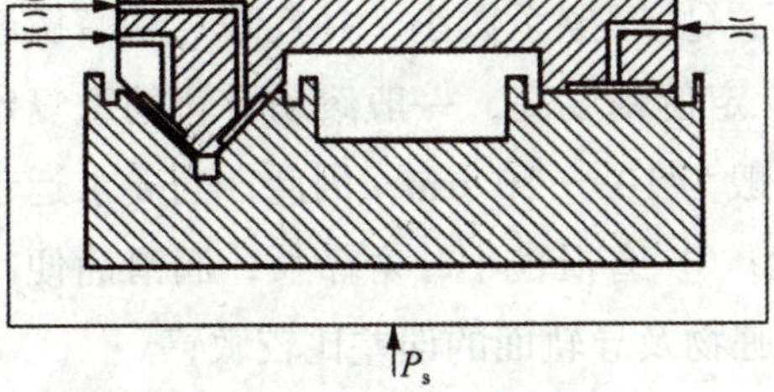

图 2-34　静压卸载导轨原理

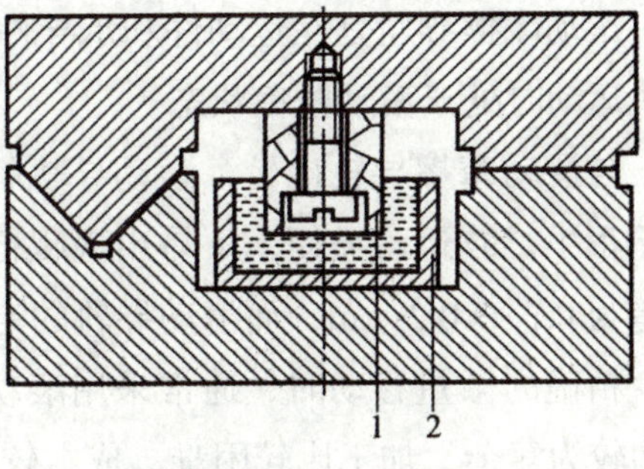

1- 浮子；2- 水银槽。

图 2-35　水银卸载导轨原理

③ 机械卸载导轨原理（图 2-36）。选用刚度合适的弹簧，并调节其弹簧力，以减小导轨面直接接触处的压力。

（3）保证导轨良好的润滑。保证导轨良好的润滑是减小导轨摩擦和磨损的另一个有效措施。这主要是由于润滑油的分子吸附在导轨接触表面，形成厚度为 0.005 ～ 0.008 mm

的一层极薄的油膜，从而阻止或减少导轨面间直接接触。

由于滑动摩擦导轨的运动速度一般较低，并且往复反向，运动和停顿相间进行，不易形成油楔，因此要求润滑油具有合适的黏度和较好的油性，以防止导轨出现干摩擦现象。

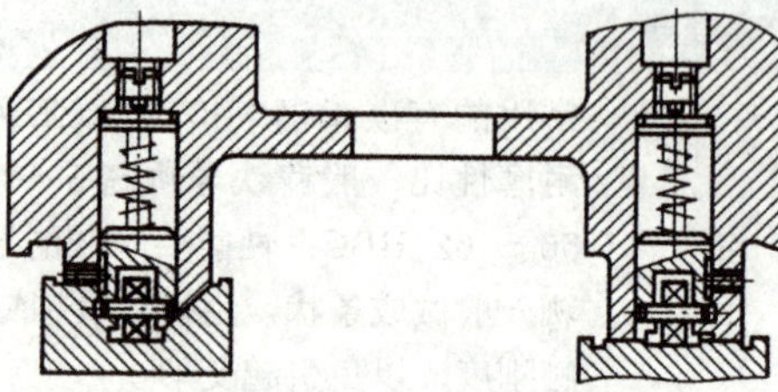

图 2-36　机械卸载导轨

选择导轨润滑油的主要原则是载荷越大、速度越低，则油的黏度应越大；垂直导轨的润滑油黏度，应比水平导轨润滑油的黏度大些。在工作温度变化时，润滑油的黏度变化要小。润滑油应具有良好的润滑性能和足够的油膜强度，不侵蚀机件，油中的杂质应尽量少。

对于精密机械中的导轨，应根据使用条件和性能特点来选择润滑油。常用的润滑油有机油、精密机床液压导轨油和变压器油等。另外，还有少数精密导轨选用润滑脂进行润滑。

关于润滑方法，对于载荷不大、导轨面较窄的精密仪器导轨，通常只需直接在导轨上定期地用手加油即可，导轨面也不必开出油沟。对于大型及高速导轨，则多用手动油泵或自动润滑，并在导轨面上开出合适形状和数量的油沟，以使润滑油在导轨工作表面上分布均匀。

（4）提高导轨的精度。提高导轨的精度主要是保证导轨的直线度和各导轨面间的相对位置精度。导轨的直线度误差都规定在对导轨精度有利的方向上，如精密车床的床身导轨在垂直面内的直线度误差只允许上凸，以补偿导轨中间部分经常使用而产生向下凹的磨损。

适当减小导轨工作面的表面粗糙度，可提高耐磨性，但过小的粗糙度不易储存润滑油，甚至产生“分子吸力”，以致撕伤导轨面。表面粗糙度一般要求为 $Ra \leqslant 0.32\ \mu m$。

2.3.2　滚动摩擦导轨

滚动摩擦导轨是在运动件和承导件之间放置滚动体（滚珠、滚柱、滚动轴承等），使导轨运动时处于滚动摩擦状态。

与滑动摩擦导轨比较，滚动导轨的特点如下：① 摩擦系数小，并且静、动摩擦系数之差很小，故运动灵便，不易出现爬行现象；② 定位精度高，一般滚动导轨的重复定位误差为 0.1 ～ 0.2 μm，而滑动导轨的定位误差一般为 10 ～ 20 μm，因此，当要求运动件产生精确的微量移动时，通常采用滚动摩擦导轨；③ 磨损较小，寿命长，润滑简便；④ 结构较为复杂，加工比较困难，成本较高；⑤ 对脏物及导轨面的误差比较敏感。

1. 滚珠导轨

图 2-37 和图 2-38 为滚珠导轨的两种典型结构形式。在 V 形槽（V 形角一般为 90°）中安置滚珠，隔离架 1 用来保持各个滚珠的相对位置，固定在承导件上的限动销 2 与隔离架上的限动槽构成限动装置，用来限制运动件的位移，以免运动件从承导件上滑脱。

V 形滚珠导轨的优点是工艺性较好，容易达到较高的加工精度，但由于滚珠和导轨面是点接触，接触应力较大，容易压出沟槽，如沟槽的深度不均匀，将会降低导轨的精度。为了改善这种情况，可采取如下措施。

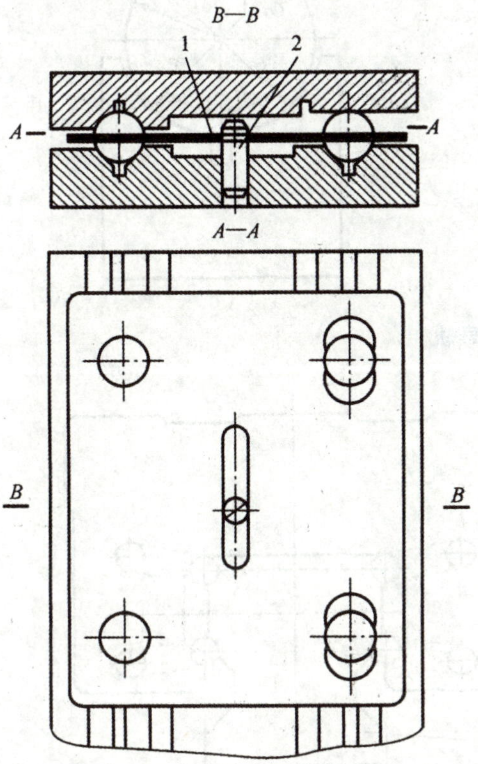

1- 隔离架；2- 限动销。

图 2-37　力封式滚珠导轨

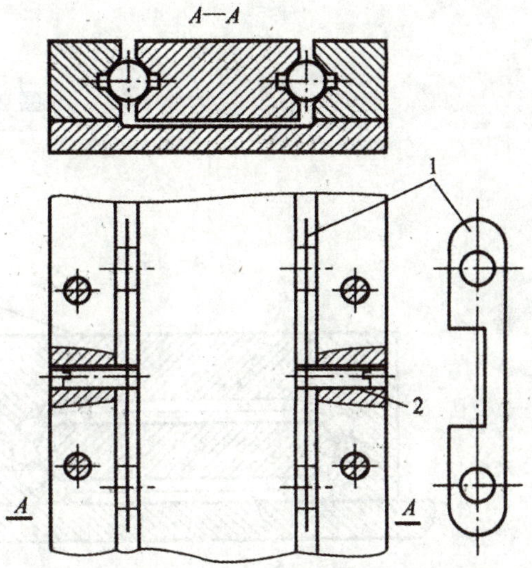

1- 隔离架；2- 限动销。

图 2-38　自封式滚珠导轨

（1）预先在 V 形槽与滚珠接触处研磨出一窄条圆弧面的浅槽，采用增加滚珠与滚道的接触面积，提高承载能力和耐磨性，但这时导轨中的摩擦力略有增加。

（2）采用双圆弧滚珠导轨 [图 2-39（a）]。这种导轨是把 V 形导轨的 V 形滚道改为圆弧形滚道，以增大滚动体与滚道接触点的综合曲率半径，从而提高导轨的承载能力、刚度和使用寿命。双圆弧滚珠导轨的缺点是形状复杂、工艺性较差、摩擦力较大，当精度要求很高时不易满足使用要求。

为使双圆弧滚珠导轨既能发挥接触面积较大、变形较小的优点，又不至于过分增大摩擦力，应合理确定双圆弧滚珠导轨的主要参数 [图 2-39（b）]。根据使用经验，滚珠半径 r 与滚道圆弧半径 R 之比常取为 $r/R=0.90\sim0.95$，接触角 $\theta=45°$ ，导轨两圆弧的中心距 $c=2(R-r)\sin\theta$。

当要求运动件的行程很大或需要简化导轨的设计和制造时，可采用滚珠循环式导轨。图 2-40 为这种导轨的结构简图，它由运动件 1、滚珠 2、承导件 3 和返回器 4 组成。运动件上有工作滚道 5 和返回滚道 6，与两端返回器的圆弧槽面滚道接通，滚珠在滚道中循环滚动，行程不受限制。

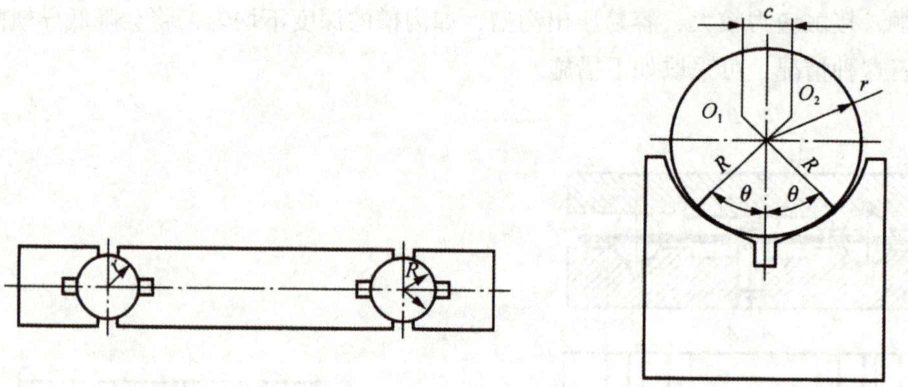

（a）　　　　　　　　　　　　（b）

图 2-39　双圆弧导轨

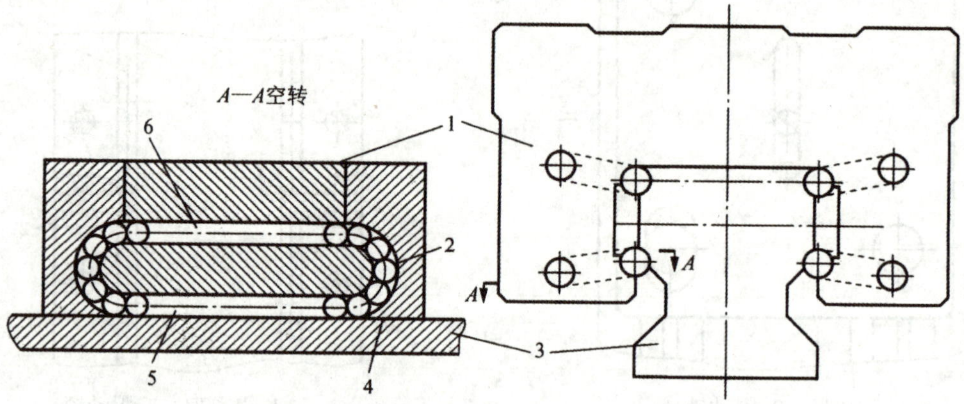

1- 运动件；2- 滚珠；3- 承导件；4- 返回器；5- 工作滚道；6- 返回滚道。

图 2-40　滚珠循环式滚动导轨的结构简图

2．滚柱导轨和滚动轴承导轨

为了提高滚动导轨的承载能力和刚度，可采用滚柱导轨或滚动轴承导轨。这类导轨的结构尺寸较大，常用在比较大型的精密机械上。

（1）交叉滚柱 V- 平导轨。如图 2-41（a）所示，在 V 形空腔中交叉排列着滚柱，这些滚柱的直径 d 略大于长度 b，相邻滚柱的轴线互相垂直交错，单数号滚柱在 AA_1 面间滚动（与 B_1 面不接触），双数号滚柱在 BB_1 面间滚动（与 A_1 面不接触），右边的滚柱在平面导轨上运动。这种导轨不用保持架，可增加滚动体数目，提高导轨刚度。

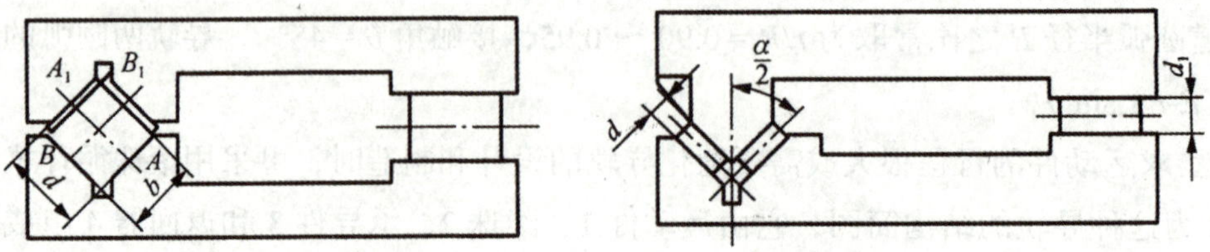

（a）交叉滚柱 V- 平导轨　　　　　　（b）V- 平滚柱导轨

图 2-41　滚柱导轨

（2）V- 平滚柱导轨。如图 2-41（b）所示，这种导轨加工比较容易，V 形滚柱直径 d 与平面导轨滚柱 d_1 之间的关系为 $d = d_1 \sin \frac{\alpha}{2}$，其中 α 是 V 形导轨的 V 形角。

2.4　智能制造的基本理念

2.4.1　机械支承机构的基本要求

支承件是支承其他零部件的基础构件，如机床的床身、底座、立柱、工作台及箱体等。支承件既承受其他零部件的重力和工作载荷，又起到保证各零部件相对位置的基准作用。支承件多采用铸件、焊接件或型材装配件，其基本特点是尺寸较大、结构复杂、加工面多、几何精度和相对位置精度要求较高。在设计时，首先应对某些关键表面及其相对位置提出相应的精度要求，以保证产品总体精度；其次支承件的变形和振动将直接影响产品的质量和正常运转，故应对其刚度、热变形和抗振性提出下列基本要求。

1．应有足够的刚度

支承件受力后的变形不得超过一定的数值，以保证各部件间的刚度，也就是说支承件要有足够的静刚度。

2．应有足够的抗振性

当支承件受振源的影响而发生振动时，会使整机晃动，各主要部件及其相互间产生弯曲或扭转振动，尤其当振源振动频率与整机固有频率重合时，将产生共振而严重影响系统的正常工作和使用寿命，所以支承件应有足够的抗振性。

动刚度是衡量抗振性的主要指标。提高支承件的抗振性可采取如下措施：① 提高固有振动频率，以避免产生共振。提高固有振动频率的方法是提高静刚度与质量的比值，即在保证足够静刚度的前提下尽量减质量；② 增加阻尼；③ 采取隔振措施，如使用减振橡胶垫、空气弹簧隔板等。

3．应有较小的热变形

当支承件受热源的影响时，如果热量分布不均匀，散热性能不同，由于不同部位有温差而产生热变形，影响整机的精度。为了减小热变形，应采取的措施如下：① 控制热源；② 采用热平衡的方法，控制各处的温差，从而减小相对变形。

4．稳定性好

支承件的稳定性是指能长时间保持其几何尺寸和主要表面相对位置的精度，以防止产品原有精度丧失。因此，应对支承件进行时效处理，消除产生变形的内应力。

5．工艺性好、成本低

工艺性好，成本低，符合人机工程方面的要求。

2.4.2 支承件的材料

支承件的材料应根据其结构、工艺、成本、生产批量和生产周期等要求进行选择，常用的材料如下。

1. 灰铸铁

灰铸铁的优点是铸造性好，便于铸成复杂形状，内摩擦大，阻尼作用大，有良好的抗振性，价格便宜。采用灰铸铁的缺点是需要制造木模、成本高、周期长，适用于成批生产的情况，且易出现废品，如有时会出现缩孔、气泡、砂眼等缺陷；铸件的加工余量大，机械加工费用高。

2. 钢

用钢材焊成的支承件造型简单，适用于对单件小批量生产的情况。用钢材焊成的支承件生产周期比铸件短 30% ~ 50%，所需制造设备简单，成本低。由于钢的弹性模量比铸铁大，因此在同样的载荷下，用钢材焊成的支承件的壁厚可做得比铸件薄，质量小（比铸铁轻 20% ~ 50%），使固有频率提高。但钢的阻尼作用比铸铁差，在结构上需采取防振措施，且用钢材制造支承件时钳工工作量大，成批生产时，成本较高。

3. 其他材料

近年来，天然岩石材料已广泛应用于各种高精度机电一体化系统的机座。例如，三坐标测量机的工作台和金刚石车床的床身都采用了高精度的花岗岩材料。国外还出现了利用陶瓷材料制作的支承件。天然岩石及陶瓷的优点如下：① 经过长期的自然时效，残余应力极小，内部组织稳定，精度保持性好；② 阻尼系数约比钢大 15 倍，抗振性好；③ 耐磨性比铸铁高 5 ~ 10 倍，耐磨性好；④ 膨胀系数小，热稳定性好。其主要缺点是脆性较大，抗冲击性差，油、水易渗入晶件中，使岩石产生变形。

2.4.3 支承件的设计原则

支承件的结构设计应主要解决刚度问题，包括静刚度问题和动刚度问题。因此，在支承件结构设计时要正确选择截面形状和尺寸、合理布置隔板和加强筋，并注意多支承件之间的连接刚度。现将有关原则分述如下。

1. 提高支承件刚度

（1）合理选择截面形状和尺寸。支承件是一个复杂的受力体，受到拉、压、弯、扭的组合作用。物体在受简单的拉、压作用时，其变形与截面面积有关，与截面形状无关；在弯曲或扭转时，其变形不仅与截面面积有关，而且与截面形状有关。通过理论计算和实验可知：在截面面积相同的情况下，空心构件比实心构件的刚度大得多；方形截面抗弯刚度较高，圆形截面抗扭刚度较高；和矩形截面相比，方形截面抗扭刚度较高，矩形截面抗弯刚度较高（在长边方向）；截面不封闭时，抗扭刚度极差，故支承件的截面应尽可能做成封闭形。

（2）合理布置隔板和加强筋。隔板的布置有纵向、横向和斜向布置三种形式。具体布置时应着眼于提高支承件在某个方向上的抗弯强度、抗扭强度及局部刚度，如纵向隔板应布置在弯曲平面内。图 2-42 为两个悬臂梁在端部受到垂直力 P，当隔板布置在垂直面时，隔板截面绕 $X—X$ 轴的弯曲截面惯性矩是 $J_a = ba^3 / 12$；当隔板布置在水平面时，隔板截面绕 $X—X$ 轴的弯曲截面惯性矩是 $J_b = ab^3 / 12$。因为 $a > b$，所以 $J_a > J_b$。

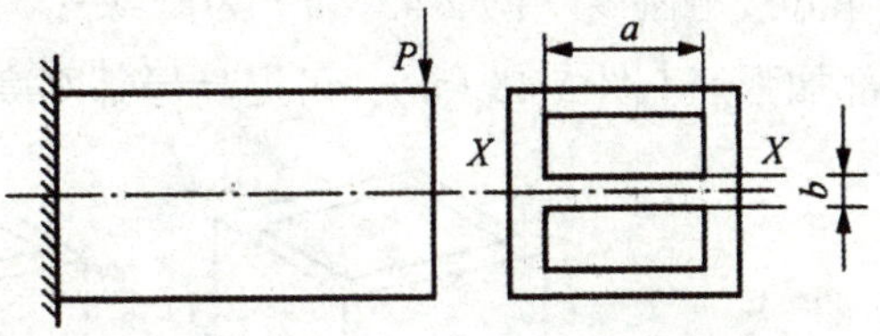

图 2-42　隔板布置方式比较

横向隔板能抵抗构件受扭转时的扭曲作用，故可增加抗扭刚度。斜向隔板也能提高抗扭刚度。如图 [2-43（a）] 所示，当一悬臂构件受转矩 M_k 作用时，横向隔板 $a_1b_1c_1d_1$ 相对于横向隔板 $a_2b_2c_2d_2$ 产生转角。这时 a_2b_1 的距离被拉长，而 d_2c_1 的距离被缩短。增加斜向隔板以后 [图 2-43（b）] 能防止这种变化，即防止 $a_1b_1c_1d_1$ 相对于 $a_2b_2c_2d_2$ 产生转角。

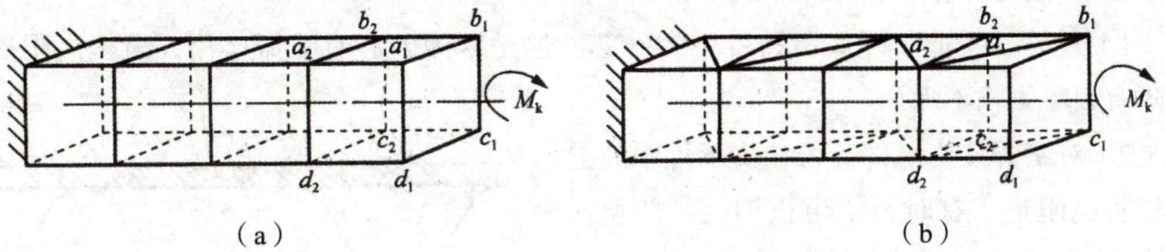

图 2-43　斜向隔板的作用

不少支承件的内部要装入各种机构，这时不能采用隔板来提高刚度，只能采用加强筋。加强筋一般配置在内壁上，可以减小变形和薄壁振动。[图 2-44（a）] 和 [图 2-44（b）] 的加强筋分别用来提高导轨和轴承座处的局部刚度，[图 2-44（c）] 至 [图 2-44（e）] 为当壁板面积大于 400 mm × 400 mm 时，为避免薄壁振动而在壁板内表面采用加强筋，其作用在于提高壁板的抗弯刚度。

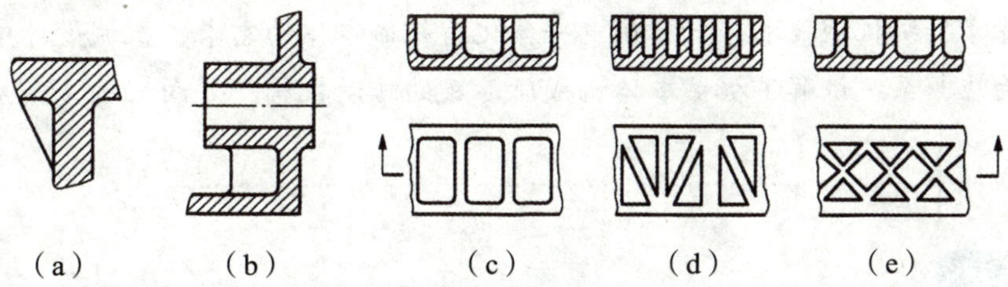

图 2-44　加强筋

（3）提高接触刚度。支承件与其他部件间通常用螺栓连接。由于接触表面微观上是不平整的，只有一部分凸起的端点接触，因此受到作用力后会产生接触变形。若要提高接触刚度，则可采用以下措施。

① 减小表面粗糙度。一般应选到 $Ra < 1.6\ \mu m$。

② 拧紧固定螺栓，使接触表面有 200 N/mm² 的预压力，以消除表面不平整的影响，

提高接触刚度。其中，预压力应用测力扳手来控制。

③ 合理选择连接部位的形状，提高局部刚度，以防止产生局部变形造成接触不良，降低接触刚度。图 2-45（a）为凸缘式，局部刚度较差：采用壁龛式 [图 2-45（b）] 或局部加强筋 [图 2-45（c）] 可提高局部刚度。

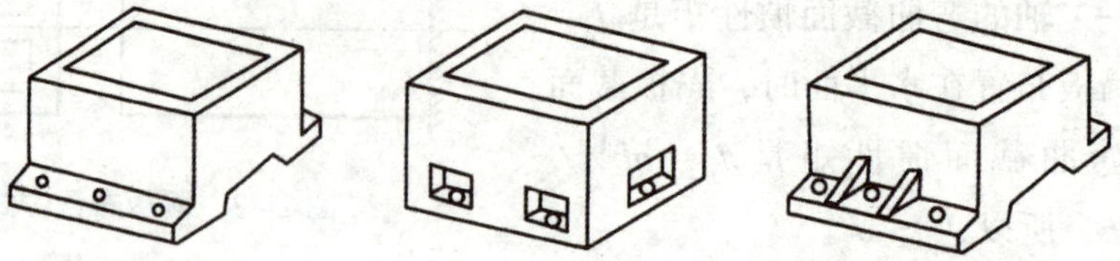

（a）凸缘式　（b）壁龛式　（c）局部加强筋

图 2-45　提高连接处的局部刚度

2．提高阻尼

支承件通常受到的是动载荷，因此除了提高刚度外，还要提高阻尼，这样才能得到良好的动态特性。提高阻尼的方法如下。

（1）封砂、铸造，即保留铸件中的砂芯。这是因为砂芯有吸振作用，可提高阻尼，但对固有频率影响不大。

（2）对于焊接支承件，可在支承件中灌混凝土以提高阻尼。有时为了防止钢板的薄壁振动，可在 *A*、*B* 两块薄钢板之间增加斜筋 *C*，如图 2-46 所示，且在 *D* 处进行焊接，焊纹收缩时，接触面 *E* 处被压紧，在构件受力时产生很大的阻尼。

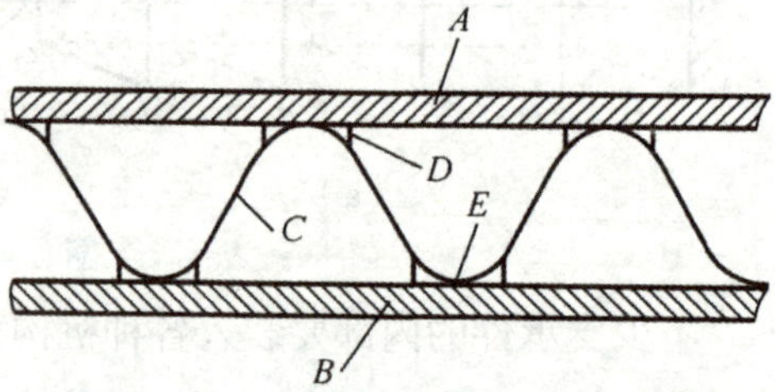

图 2-46　薄壁焊接件提高阻尼的方法

本章小结

本章基于传统机械技术，针对机电一体化对机械本体的需求、机械设计中的精度保证与动作响应，系统讲解了机械本体构成所涉及的传动机构、导向机构、轴系、机座与机架。

实践活动

典型机电一体化系统机械技术的应用

1．任务要求

（1）了解机械传动机构、机械导向机构及支承机构在设备中的作用。

（2）掌握机械结构的拆装方法。

（3）了解常用机械传动系统在机电一体化设备中的应用。

2. 任务内容

以 MPS（YL-335B 的输送单元）为例，识别其机械组件并了解其功用，对机械部件进行规范拆装与调试。

3. 任务实施

（1）了解输送单元功能及其组件

MPS 是一种典型的机电一体化系统。在 YL-335B 中，输送单元是其最为重要，也是承担任务最为繁重的工作单元。该单元的基本功能是通过导轨上的直线运动传动机构，驱动机械手装置精确到达指定物料台上，抓取工件，然后将其输送到指定地点放下，实现传送工件的功能。同时，该单元在 PPI 网络系统中担任着主站的角色，它接收来自按钮 / 指示灯模块的系统主令信号，读取网络上各从站的状态信息，并加以综合后，向各从站发送控制要求，协调整个系统的工作。

（2）识别输送单元的机械传动系统及其组成

输送单元的机械结构由传动机构、执行机构和导向及支承机构三部分组成。

① 传动机构

传动机构是指把动力机产生的机械能传送到执行机构的中间装置，输送站的传动机构主要由伺服电动机和抓取机械手两部分组成。

伺服电动机由伺服电动机放大器驱动，通过同步轮和同步带带动滑动溜板沿直线导轨做往复直线运动，从而带动固定在滑动溜板上的抓取机械手装置做往复直线运动。

抓取机械手装置是一个能实现四自由度运动（即升降、伸缩、气动手指夹紧 / 松开和沿垂直轴旋转的四维运动）的工作单元，该装置整体安装在步进电动机传动组件的滑动溜板上，在传动组件带动下整体做直线往复运动，定位到其他各工作站的物料台，然后完成抓取和放下工件的操作。

② 执行机构

执行机构是用来完成操作任务的直接装置。其根据操作指令的要求在动力源的带动下完成预定的操作。输送站的执行机构采用气动手爪，实现工件的抓取与放下功能。

③ 导向机构及支承机构

导向及支承机构的作用是支承和限制运动部件按给定的运动要求及规定的运动方向运动。输送单元采用圆柱形导轨作为导向及支承机构，带动滑动溜板做直线运动，为安装在滑动溜板上的执行机构实现精确定位奠定基础。

（3）输送单元的机械拆卸

① 准备工作

a. 准备扳手、螺钉旋具、木槌等拆装工具，劳保手套、绝缘鞋、安全帽等安全保护装备，百分表、钢尺等检测装置。

b. 戴安全帽，穿绝缘鞋，戴劳保手套。

c. 切断电源开关，关闭气源装置。

② 抓取机械手装置拆卸

a. 依次拆卸气管，并做标记按顺序摆放。

b. 依次拆卸传感器，并做标记按顺序摆放。

c. 依次拆卸气动手指、气动摆台、导柱、提升机构，并做标记按顺序摆放。

③ 导向及支承机构拆卸

a. 拆卸大溜板及四个滑块组件。

b. 依次拆卸传送带、同步轮安装支架组件及同步带，并做标记按顺序摆放。

④ 观察主要零件的结构，分析机械机构的作用。输送单元主要由传动机构、执行机构和导向及支承机构组成，其中传动机构主要由伺服电动机和四自由度机械手组成，执行机构是手爪，导向及支承机构主要由导轨和滑动溜板组成。

机械手整体安装在导向及支承机构上，在伺服电动机的驱动下，定位到其他各工作站，再利用伸缩气缸、提升气缸和回转气缸将运动传递给执行机构，即手爪，以实现手爪在规定位置抓取工件的功能。

（4）完成输送站的机械装调

按拆卸的相反顺序装配，装配时应注意以下几个方面。

① 同步轮安装支架组件装配时，先将电动机侧同步轮安装支架组件用螺栓固定在导轨安装底板上，再将调整端同步轮安装支架组件与底板连接。

② 传送带的两端应在大溜板的反面进行固定。

③ 装配大溜板及四个滑块组件时，在拧紧固定螺栓的同时，应一边推动大溜板左右运动，一边拧紧螺栓，直到滑动顺畅为止，并且可以通过锁紧螺栓，调整传送带的张紧度。

④ 先将气动摆台固定在组装好的提升机构上，然后在气动摆台上固定导杆气缸安装板。安装时要先找好导杆气缸安装板与气动摆台连接的原始位置，以便有足够的回转角度。

⑤ 整理工作台、操作工具。

思考练习

1．机电一体化机械系统包括哪几个机构？

2．阐述直线滚动导轨的结构、特点及其使用。

3．简述滚珠丝杠副轴向间隙调整和预紧的基本原理。常用结构形式有哪几种？

4．简述滚珠丝杠螺母副的主要尺寸参数及其含义。

5．简述常见的滑动摩擦导轨及其特点。

6．机械的支承机构应满足哪些基本要求？

第 3 章　传感与检测技术

本章导读

人类要进一步认识和改造自然，依靠自身的感觉器官显然是不够的。于是，一系列代替、补充、延伸人类感觉器官功能的各种传感器应运而生。随着电子设备水平不断提高及功能不断加强，传感器也显得越来越重要。现代化仪器、设备几乎离不开传感器。人们对传感器的配套需求不断增加，对传感器的技术水平和质量提出了更高的要求，世界各国都将传感器技术列为重点发展的高新技术。

学习目标

◎知识目标

（1）掌握传感器的组成、分类。

（2）掌握传感器的选择方法。

（3）了解传感器的数据采集。

◎能力目标

（1）能识别不同种类的传感器。

（2）会机电设备中不同传感器的选取。

◎素质目标

培养学生的创新设计思维与意识。

◎思政目标

培养学生正确的世界观、人生观和价值观。

3.1 传感器的概述

传感器（sensor）是能够检测出自然界中的各种物理量（或化学量），并将其转换成相应非电量或电量的装置，又称变换器、换能器或探测器。目前，传感器在各领域的工业制品中已经是不可缺少的重要部件。

在机电一体化系统中，被测量主要指各种物理量。机电一体化系统中涉及的重要物理量主要有位置（位移）、速度、加速度、角度、转速，以及温度、湿度、光量、电量、流量、磁场、超声波、红外线等。

3.1.1 传感器的组成

传感器一般由敏感元件、转换元件和基本转换电路组成，如图 3-1 所示。

图 3-1 传感器组成框图

1. 敏感元件

敏感元件能够将被测量转换成易于测量的物理量的预变换装置，要求输入、输出间具有确定的数学关系（最好为线性），如弹性敏感元件将力转换为位移或应变输出。

2. 转换元件

将敏感元件输出的非电物理量转换成电信号（如电阻、电感、电容等）形式。例如，将温度转换成电阻变化，将位移转换为电感或电容等物理量。

3. 基本转换电路

将电信号量转换成便于测量的电量，如电压、电流等。有些传感器（如热电偶）只有敏感元件，接收被测量后直接输出电动势。有些传感器由敏感元件和转换元件组成，无须基本转换电路，如压电式加速度传感器。还有些传感器由敏感元件和基本转换电路组成，如电容式位移传感器。传感器的转换元件不止一个，要经过若干次转换才能输出电量。大多数传感器是开环系统，但也有个别的传感器是带反馈的闭环系统。

3.1.2 传感器的分类

传感器的分类方法很多，概括起来可按以下几方面分类。

传感器的分类

（1）按工作的物理原理，分为机械式传感器、电气式传感器、辐射式传感器和流体式传感器等。

（2）按信号的变换特征，分为物性传感器和结构性传感器。

① 物性传感器利用某些材料本身物理性质的变化实现测量。它是以半导体、电介质等作为敏感材料的固态器件。

② 结构性传感器主要通过机械结构的几何形状或尺寸的变化将外界被测量转换为相应的电阻、电 3 感、电容等物理量的变化，从而检测出被测量信号。

（3）按传感器输出信号的类型分为开关型传感器、数字型传感器和模拟型传感器。

① 开关型传感器只有“1”和“0”两个值，或开和关两个状态，输出信号为开 / 关。

② 数字型传感器分为计数型传感器和代码型传感器。计数型传感器常用于检测通过传送带上产品的个数，又称脉冲数字型传感器；代码型传感器又称编码器，输出的信号为数字代码。

③ 模拟型传感器输出信号为一定范围的电流或电压模拟信号。对于热敏电阻器和应变片计等传感器来说，其信号变化是连续的，这些传感器输出信号是模拟信号。

一般情况下，传感器输出信号由控制器来进行处理，当处理传感器输出信号时，需要把模拟信号和数字信号区别开。因此，只有掌握传感器输出信号的性质，才能利用控制器正确完成传感器输出信号的处理。

（4）按与被测量间的关系分为能量转换型传感器和能量控制型传感器。

（5）市场上销售的传感器主要按被测物理量来分类，一般分为位移传感器、位置传感器、速度传感器、加速度传感器、力传感器、温度传感器等。表 3-1 列出了部分传感器的工作原理和主要用途供读者参考。

表 3-1　部分传感器的工作原理和主要用途

物理量	传感器名称	工作原理	输出信号	用途
位置	微动开关	瞬动机构	电	位置控制，物体有无，转矩，重力
	极限开关	弹簧机构	电	位置控制，物体有无，转矩，重力
	接近传感器	阻抗变化	电	位置控制，物体有无，尺寸测定
	直线光栅	光学的干涉	电	位置控制，尺寸测定
位移	差动变位计	电磁力	电	尺寸测定
	磁传感器	磁力	电	尺寸测定，位置显示
	磁开关	磁力	电	位置控制，物体有无
	接近开关	磁力	电	位置控制，物体有无
速度	转速计	多普勒效应	电	转速测量
	脉冲编码器	光	电	转速测量，计数器
	接近开关	磁力	电	转速测量，计数器
加速度	压电式加速度传感器	压电效应	电	振动测定
	阻抗型传感器	阻抗变化	电	应变测定
	应变式传感器	阻抗变化	电	应变测定

续表

物理量	传感器名称	工作原理	输出信号	用途
角度	感应式传感器	电磁力	电	位置反馈控制
	旋转变压器	电磁力	电	位置反馈控制
	磁编码器	光学干涉	电	工件长度，位置控制
	光电编码器	光	电	工件长度，位置控制
力（压力）	压力传感器	压电效应 压电阻抗效应	电	振动、冲击测定 振动、冲击测定（发动机控制）
	应变计	阻抗变化	电	切削力、负载点测定
温度	热敏电阻器	电阻变化	电	温度测量
	热电偶	P 与 N 间电动势	电	温度测量
	弹性双金属片	受热体膨胀	机械	温度测量
湿度	陶瓷湿度传感器	电阻变化	电	干燥箱湿度测量
	陶瓷温度、气体传感器	电阻变化	电	气体检测
光量	光敏二极管	齐纳效应	电	光通信、光测量
	光敏晶体管	电子雪崩效应	电	光通信、光测量
	电荷耦合元件图像传感器	光电效应	电	图形识别、图像处理
流	流量传感器	双极体晶体管温度特性	电	气体、液体流量测定

3.2 传感器的选择方法

传感器在原理与结构上差异很大，合理选用传感器，是进行测量前首先应解决的问题。当传感器确定之后，配套的测量方法和测量设备也可以确定了。测量结果的成功与否，在很大程度上取决于传感器的选用是否合理。在选择传感器时，可按照下面步骤进行。

（1）根据测量对象选择相应传感器类型。

（2）明确传感器的使用目的和条件，选择传感器的工作方式。

（3）了解所测量的范围、精度和灵敏度。

（4）考虑测量环境、测量的稳定性、寿命、使用的方便性、是否容易买到及价格因素。

要进行具体的测量工作，首先要分析多方面的因素，考虑采用何种原理的传感器。即使是测量同一物理量，也有多种原理的传感器可供选用，至于哪一种原理的传感器更为合适，则需要根据被测量的特点和传感器的使用条件考虑以下问题：量程的大小；被测位置对传感器体积的要求；测量方式为接触式还是非接触式；信号的引出方法；传感器的来源，即国产，进口，还是自行研制。在考虑上述问题之后即可确定选用何种类型的传感器，再考虑传感器的具体性能指标。

3.2.1　灵敏度的选择

通常，在传感器的线性范围内，希望传感器的灵敏度越高越好。因为只有灵敏度高时，与被测量变化对应的输出信号的值才比较大，有利于信号处理。需要注意的是，传感器的灵敏度高时，与被测量无关的外界噪声也容易混入，且会被放大系统放大，影响测量精度。因此，要求传感器本身具有较高的信噪比，尽量减少从外界引入的干扰信号。传感器的灵敏度是有方向性的。如果被测量是单向量，且对其方向性要求较高，则应选择其他方向灵敏度小的传感器；如果被测量是多维向量，则要求传感器的交叉灵敏度越小越好。

3.2.2　响应特性（反应时间）

传感器的频率响应特性决定了被测量的频率范围，必须在允许频率范围内保持不失真的测量条件，实际上传感器的响应总有一定延迟，延迟时间越短越好。传感器的频率响应高，可测的信号频率范围就宽，而受到结构特性的影响，机械系统的惯性较大，因此频率低的传感器可测信号的频率较低。在动态测量中，应根据信号的特点（稳态、瞬态、随机等）选择不同响应特性的传感器，以免产生过大的误差。

3.2.3　线性范围

传感器的线性范围是指输出与输入成正比的范围。从理论上讲，在此范围内，灵敏度保持定值。传感器的线性范围越宽，其量程越大，并且能保证一定的测量精度。在选择传感器时，当传感器的种类确定以后首先要看其量程是否满足要求。但实际上，任何传感器都不能保证绝对的线性，其线性度是相对的。当所要求测量精度比较低时，在一定的范围内，可将非线性误差较小的传感器近似看作线性的，这会给测量带来极大的方便。

3.2.4　稳定性

传感器使用一段时间后，其性能保持不变化的能力称为稳定性。影响传感器长期稳定性的因素除传感器本身结构之外，主要是传感器的使用环境。因此，要使传感器具有良好的稳定性，则其必须具有较强的环境适应能力。在选择传感器之前，应对其使用环境进行调查，并根据具体的使用环境选择合适的传感器，或采取适当的措施，减小环境对传感器的影响。传感器的稳定性有定量指标，在超过使用期后，在使用前应重新进行标定，以确定传感器的性能是否发生变化。

在某些要求传感器能长期使用而又不能轻易更换或标定的场合，所选用的传感器稳定性要求更严格，要能够经受长时间的考验。

3.2.5 精度

精度是传感器的一个重要性能指标，它是关系到整个测量系统测量精度的一个重要环节。传感器的精度越高，其价格越昂贵。因此，传感器的精度满足整个测量系统的精度要求即可，不必选得过高。这样就可以在满足同一测量目的的诸多传感器中选择比较便宜和简单的传感器。如果测量目的是定性分析，则选用重复精度高的传感器即可，不宜选用绝对量值精度高的传感器；如果测量目的是定量分析，必须获得精确的测量值，则需选用精度等级能满足要求的传感器。

对于某些特殊使用场合，无法选到合适的传感器时，需自行设计制造传感器，且自制传感器的性能应满足使用要求。

3.3 传感器的数据采集

在机电一体化系统中，传感器获取系统的有关信息并通过检测系统进行处理，以实施系统的控制，传感器处于被测对象与检测系统的界面位置，是信号输入的主要窗口，为检测系统提供必需的原始信号。中间转换电路将传感器的敏感元件输入的电参数信号转换成易于测量或处理的电压或电流等信号。通常，这种电量信号很弱，需要由中间转换电路进行放大、调制解调、A/D 转换、D/A 转换等处理以满足信号传输及计算机处理的要求，根据需要还必须进行阻抗匹配、线性化及温度补偿等处理。中间转换电路的种类和构成由传感器的类型决定，不同的传感器要求配用的中间转换电路经常具有自己的特色。

需要指出的是，在机电一体化系统设计中，所选用的传感器多数已由生产厂家配好转换放大控制电路而不需要用户设计，除非现有传感器产品在精度或尺寸、性能等方面不能满足设计要求，用户才自行选用传感器的敏感元件并设计与此匹配的测量电路。

根据传感器输出信号（模拟信号、数字信号和开关信号）的不同，传感器的测量电路也有模拟型测量电路、数字型测量电路和开关型测量电路之分。

3.3.1 模拟型测量电路

模拟型测量电路适合于电阻式、电感式、电容式、电热式等输出模拟信号的传感器。当传感器为电参量式时，即被测量的变化引起敏感元件的电阻、电感或电容的参数的变化时，需通过基本转换电路将其转换成电量（电压、电流等）。若传感器的输出已是电量，则不需基本转换电路。为了使测量信号具有区别于其他杂散信号的特征，以提高其抗干扰能力，采用中间转换电路对信号进行“调制”的方法。信号的调制一般在转换电路中进行。

调制后的信号经放大再通过解调器将信号恢复原有形式，通过滤波器选取其有效信号。未调制的信号不需要解调，也不需要振荡器提供调制载波信号和解调参考信号。为适应不同测量范围的需要，还可以引入量程切换电路。为了获得数字显示或便于与计算机连接，常采用 A/D 转换电路将模拟信号处理成数字信号。

3.3.2　数字型测量电路

数字型测量电路有绝对码数字式测量电路和增量码数字式测量电路。绝对码数字式测量电路输出的编码与被测量一一对应，每一码道的状态由相应的光电元件读出，经光电转换、放大整形后，得到与被测量相对应的编码。

输出的信号为增量码数字信号的传感器，如光栅、磁栅、容栅、感应同步器、激光干涉仪等传感器均使用增量码数字式测量电路。为了提高传感器的分辨率，常采用细分的方法，使传感器输出变化 $1/N$ 周期时计一个数，N 称为细分数。细分电路还常同时完成整形作用，有时为了便于读出还需要进行脉冲当量变换。辨向电路用于辨别运动部件的运动方向，以正确进行加法或减法计算。经计算后的数值被传送到相关的地方（显示或控制器）显示或控制。

3.3.3　中间转换电路

中间转换电路的种类和构成由传感器的类型决定。这里对常用的转换电路，如电桥、放大电路、调制与解调电路、A/D 转换电路与 D/A 转换电路等的作用做简单说明。

（1）电桥。电桥适用于参量式传感器。其作用是将被测物理量的变化引起敏感元件的电阻、电感或电容等参数的变化，转化为电量。

（2）放大电路。放大电路通常由运算放大器、晶体管等组成，用来放大来自传感器的微弱信号。为得到高质量的模拟信号，要求放大电路具有抗干扰、高输入阻抗等性能。常用的抗干扰措施有屏蔽、滤波、正确的接地等方法。屏蔽是抑制场干扰的主要措施，而滤波则是抑制干扰最有效的手段，特别是抑制由于导线耦合造成的电路中的干扰。对于信号通道中的干扰，可根据测量中的有效信号频谱和干扰信号的频谱设计滤波器，来保留有用信号，剔除干扰信号。接地的目的之一是给系统提供一个基准电位，若接地方法不正确，则会引起干扰。

（3）调制与解调电路。由传感器输出的电信号多为微弱的、变化缓慢的、类似于直流的信号，若采用一般直流放大器进行放大和传送，零点漂移及干扰等会影响测量精度。因此，常先用调制器把直流信号变换成某种频率的交流信号，经交流放大器放大后再通过解调器将此交流信号重新恢复为原来的直流信号形式。

（4）A/D 转换电路与 D/A 转换电路。在机电一体化系统中，传感器输出的信号如果是连续变化的模拟量，为了满足系统信息的传输、运算处理、显示或控制的需要，应将模拟量变为数字量，或再将数字量变为模拟量，前者是 A/D 转换电路，后者就是 D/A 转换电路。

本章小结

传感器技术已成为高新技术竞争的核心技术之一，并且发展十分迅速。从市场来看，压力、加速度、位移、温度、湿度等传感器应用较为广泛。传感器为机械与电气领域提供了必要的接口，其本质上是机电一体化的产品。本章首先对传感器的组成及分类做了简要说明；其次列举了工业上常用的几种传感器；最后阐述传感器的选择方法，以及传感器的数据采集。

实践活动

典型机电一体化系统传感器的使用和选择

1. 任务要求

（1）了解传感器的不同信号类型。

（2）能进行传感器的合理选取。

（3）学会传感器的规范接线与调试。

2. 任务内容

以 MPS（YL-335B 的上料检测单元）为例，了解该单元所用传感器的信号类型及其工作过程，并进行规范接线与调试。

3. 任务实施

（1）了解上料检测单元及其结构

上料检测单元是模块化生产加工系统的起始单元，在整个系统中起着向系统中的其他站提供原料的作用。它利用推出气缸和夹紧气缸，将料箱底层的工件，依次推出到物料台上。推出气缸、夹紧气缸、大工件装料箱、PLC、传感器等部件组成。

（2）认识上料检测单元的传感器

在上料检测单元中，磁性开关 D-C73L 是气缸外侧安装的传感器，用来检测气缸运动的行程；光电传感器 MHT15-N2317 是物料台下侧小孔处安装的传感器，用来检测物料台有无工件；光电传感器 E3Z-L61 是料箱外侧装的传感器，用来检测装料箱有无工件。

一般可根据以下步骤来进行传感器的选择。

① 根据测量对象选择相应传感器类型。

② 明确传感器的使用目的和条件，选择传感器的工作方式。

③ 了解所测量的范围、精度和灵敏度。根据设备具体要求查阅传感器手册，查找符合测量要求的传感器。

④ 综合考虑测量环境、测量的稳定性、寿命、使用的方便性、是否容易买到及价格因素。

上料检测单元的检测对象有气缸是否到达工作位置、装料箱或出料台工件检测、工件颜色检测。根据检测对象查阅资料可知，所选择传感器的类型（如位置、位移、速度、角度、力）应该是开关型传感器。

上料检测单元中工件检测传感器安装在装料箱外侧，因此可以选择反射式光电传感器。这种传感器的工作方式是将光照射到被测物体上，再检测其反射光线，以判断物料有无。工件颜色检测的传感器安装在物料台下的小孔处，因此可以选择漫反射式光电传感器。这种传感器的工作方式是利用物体对不同频率光的吸收作用不同，其中白色物体会将所有频率的光（白光）全部反射回来，这样漫反射式光电传感器感应到这些光，就会有信号输出；而黑色物体会把所有频率的光全部吸收，原则上黑色物体是不能被漫反射式光电传感器检测到的，漫反射式光电传感器没有信号输出。因上料检测单元的气缸缸筒采用导磁性弱、隔磁性强的材料，而非磁性体的活塞上安装了一个永久磁铁的磁环，因此可以选择采用舌簧传感器。这种传感器的工作方式是利用舌簧开关对接近磁环的敏感特性，达到识别物体靠近的目的。

在检测工件出料台上是否有工件时需要加入抗干扰条件。这是因为有时人们的肢体或其他物体的移动可能导致漫反射式光电传感器检测到信号，当人们需要屏蔽这些干扰信号时，通常最简单的做法是在 PLC 程序中加上一个计时器，当漫反射式光电传感器检测到工件后，再延时一段时间以确认是否真正有工件。

上料检测单元传感器的安装位置及用途见表 3-2。

表 3-2　上料检测单元传感器的安装位置及用途

名称	型号	安装位置	用途	信号特征
反射式光电传感器	E3Z-L61	料箱外侧	检测装料箱有无工件	信号为 1：有工件； 信号为 0：无工件
漫反射式光电传感器	MHT15-N2317	物料台下侧小孔处	检测工件颜色	信号为 1：工件为白色； 信号为 0：工件为黑色
磁性开关	D-C73L	气缸外侧	检测气缸运动的行程	信号为 1：有工件； 信号为 0：无工件

（3）传感器的规范接线

① 传感器的接线。图 3-2 为传感器与 PLC 相接的接线图，其中 B 表示磁性开关，SC 表示光电传感器。上料检测站的四个磁性开关 D-C73L 均有两根引出线，它的蓝色线均接 0 V，棕色线分别接 PLC 输入端 I0.0、I0.1、I0.2、I0.3。光电传感器 MHT15-N2317 有三根引出线，蓝色线接 0 V，棕色线接 24 V，黑色线接 PLC 输入端 I0.4。光电传感器 E3Z-L61 有四根引出线，蓝色线接 0 V，棕色线接 24 V，黑色线和白色线（分别是常开触点和常闭触点）接 PLC 输入端。在本实践活动中，两个光电传感

器 E32-L61 均采用常开触点，所以黑色线分别接 PLC 输入端 I0.5、I0.6。

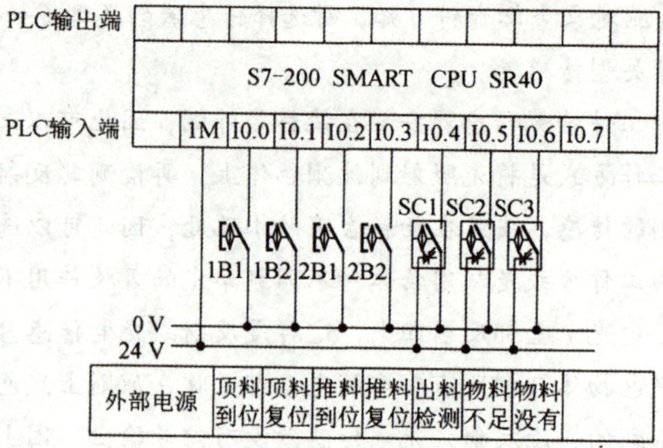

图 3-2 传感器与 PLC 相接的接线图

② 电气接线工艺规范。电气接线工艺规范要求见表 3-3。

表 3-3 电气接线工艺规范要求

规范编号	说明
1	电线连接时必须用冷压端子，电线金属材料不外露
2	冷压端子金属部分不外露
3	不要损伤电线绝缘部分
4	传感器不用的芯线应剪掉，并用热塑管套住或用绝缘胶带包裹在护套绝缘层的根部，不可裸露

（4）传感器的简单调试

传感器的调试有两种方法，既可以利用万用表进行调试，也可以利用 PLC 进行调试。

① 万用表调试。在断电情况下，利用万用表二极管挡位，通过测量传感器导线的通断，判断传感器接线是否正确。

② PLC 调试。打开 PLC 和开关电源，在物料台上放置工件，观察 PLC 输入端对应的指示灯是否点亮，按照此法可以检查所有传感器的输入接线。

思考练习

1．简述传感器的组成。

2．传感器的分类方法有哪些？

3．简单说明传感器的选择方法。

4．简述模拟型测量电路。

5．简述数字型测量电路。

第4章 自动控制基础

本章导读

自动控制是指在没有人直接参与的情况下，利用控制装置或控制器，使机器、设备或生产过程等被控对象的某个工作状态或参数（被控量）自动地按照预定的程序运行。例如，数控车床按照预定程序自动地切削工件，化学反应炉自动地保持温度或压力的恒定，雷达与计算机组成的导弹发射和制导系统自动地将导弹引导到敌方目标等，这些都是通过高水平的自动控制技术来完成的。

学习目标

◎知识目标

（1）了解控制系统的组成、特点、分类及自动控制科学发展历程。

（2）掌握控制系统数学模型。

（3）掌握结构图、信号流图的组成与绘制。

（4）了解线性系统的分析方法。

◎能力目标

（1）掌握自动控制系统的设计、建立、调试和维护方法。

（2）培养学生的分析解决问题能力。

◎素质目标

引导学生形成诚实守信、爱岗就业、积极创新等良好品质。

◎思政目标

培养学生热爱工作的奉献精神，培养学生为“中国创造”添砖加瓦的大局意识。

4.1 控制系统的概述

4.1.1 控制系统的组成

1. 计算机控制系统的组成

计算机控制系统的原理

计算机以其运算速度快、可靠性高、价格便宜等优点被广泛应用于工业、农业、国防及日常生活的各个领域。计算机技术已成为促使机电一体化技术发展和变革的活跃因素。

简单地说，计算机控制系统就是采用计算机实现的自动控制系统。根据系统中信号相对于时间的连续性，自动控制系统可分为连续时间系统和离散时间系统。计算机控制系统本质上讲是一种离散时间系统。图 4-1 为典型计算机控制系统的原理图。

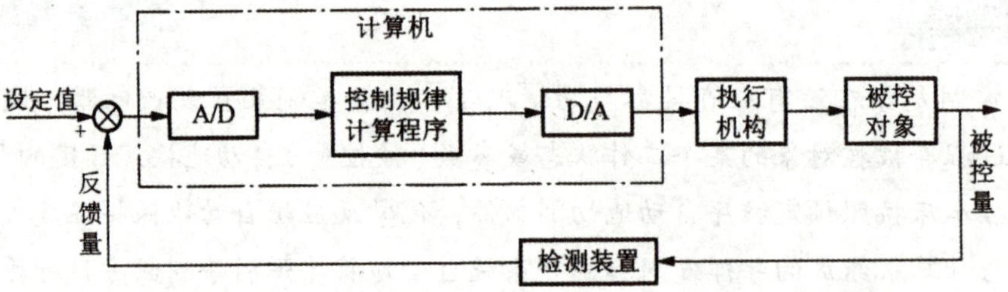

图 4-1　典型计算机控制系统的原理图

在控制系统中引入计算机，可以充分利用计算机的运算、逻辑判断和记忆等功能完成多种控制任务。在系统中，由于计算机只能处理数字信号，因此给定值和反馈量要先经过 A/D 转换器将其转换为数字量，才能输入计算机。当计算机接收了给定量和反馈量后，其会依照偏差值，按某种控制规律进行运算（如 PID 运算），计算结果（数字信号）再经过 D/A 转换器，将数字信号转换成模拟控制信号输出到执行机构，至此完成了对系统的控制作用。

机电一体化系统中的计算机控制系统由硬件和软件两部分组成。典型机电一体化计算机控制系统的结构如图 4-2 所示。

硬件是指计算机本身及其外围设备，一般包括 CPU、内存储器、磁盘驱动器、各种接口电路、以 A/D 转换和 D/A 转换为核心的模拟量 I/O 通道与数字量 I/O 通道，以及各种显示设备、记录设备、运行操作台等。就计算机本体而言，随着微处理器技术的快速发展，针对工业领域人们相继开发出了一系列的工业控制计算机，如单片微型计算机、PLC、总线式工业控制机、分散计算机控制系统等。这些工业控制设备弥补了商用计算机的不足，大大提高了机电一体化控制系统的自动化程度。

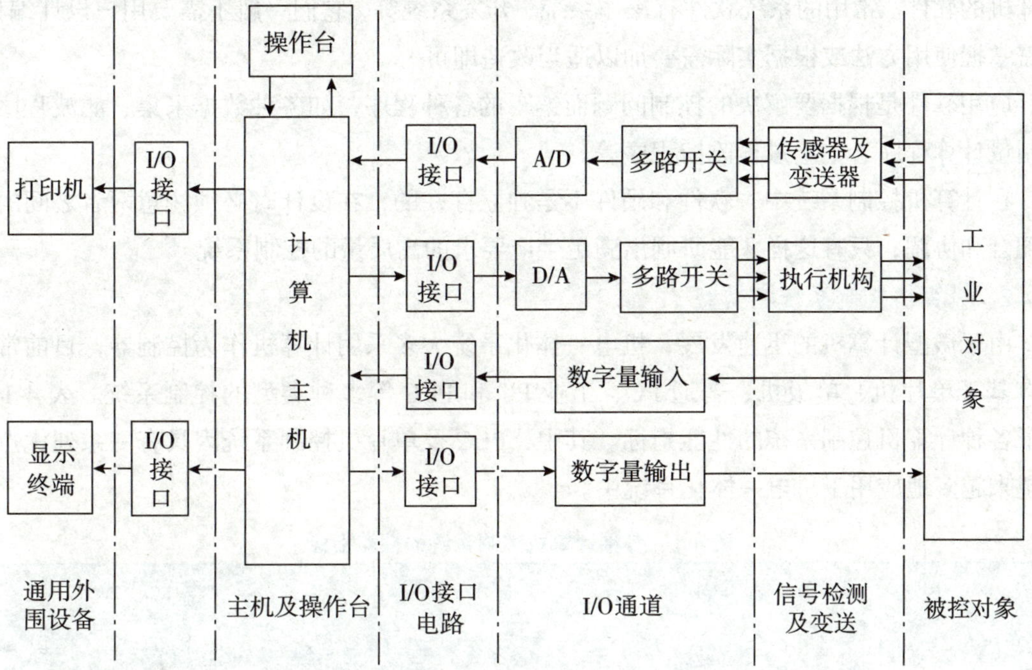

图 4-2 典型机电一体化计算机控制系统的结构

计算机是整个控制系统的核心。它接收控制台发出的命令，对系统各参数进行巡回检测，执行数据处理、计算和逻辑判断、报警处理等，并根据计算的结果通过接口发出输出命令。

接口和 I/O 通道是计算机与被控对象进行信息交换的桥梁。常用的 I/O 接口有并行接口和串行接口之分。由于计算机处理的只能是数字量，而被控对象的参数既有数字量又有模拟量，因此 I/O 通道有模拟量 I/O 通道和数字量 I/O 通道之分。

计算机控制系统中最基本的外围设备是操作台。它是人机对话的纽带，操作人员可通过操作台向计算机输入和修改控制参数，发出各种操作命令；计算机可向操作人员显示系统运行状况，发出报警信号。操作台一般包括各种控制开关、数字键、功能键、指示灯、声讯器、数字显示器或阴极射线管（cathode ray tube，CRT）显示器等。

传感器的主要功能是将被检测的非电学量参数转变成电学量参数，变送器的作用是将传感器得到的电信号转变成适合计算机接口使用的标准电信号（如 DC 0 ~ 10 mA）。计算机控制系统需要把各种被测参数转变为电信号送到计算机中，同时，也需要各种执行机构按计算机的输出命令去控制对象。常用的执行机构有各种电动开关、液动开关、气动开关，电液伺服阀，交、直流电动机，步进电动机等。

软件是指计算机控制系统中具有各种功能的计算机程序的总和，如完成操作、监控、管理、控制、计算和自诊断等功能的程序。整个控制系统在软件指挥下协调工作。从功能区分，软件可分为系统软件和应用软件。

系统软件是由计算机的制造厂商提供的，用来管理计算机本身的资源和方便用户使用计算机的软件。常用的系统软件有操作系统、开发系统等，它们一般不需要用户设计编程，只需掌握使用方法或根据实际需要加以适当改造即可。

应用软件是根据要解决的控制问题而编写的各种程序，如各种数据采集、滤波程序、控制量计算程序、生产过程监控程序等。

在计算机控制系统中，软件和硬件不是独立存在的，在设计时必须注意两者之间的有机配合和协调，只有这样才能研制出满足生产要求的高质量的控制系统。

2. 计算机控制系统的类型

由于微型计算机的迅速发展，机电一体化系统大多采用计算机作为控制器，目前常用的有基于单片机、单板机、普通 PC、工业 PC 和 PLC 等多种类型的控制系统。表 4-1 给出了各种计算机控制系统的性能指标。其中，PLC 及单片机控制系统因具有一系列优点而被越来越多地应用于机电一体化系统中。

表 4-1　各种计算机控制系统的性能指标

控制装置 比较项目	普通计算机系统		工业控制机		PLC	
	单片（单板）系统	PC 扩展系统	STD 总线系统	工业 PC 系统	小型 PLC	大型 PLC
控制系统的组成	自行研制（非标准化）	配备各类功能接口板	选购标准化 STD 模块	整机已成系统，外部另行配置	按使用要求选购相应的产品	
系统功能	简单的逻辑控制或模拟量控制	数据处理功能强，可组成功能强的完整系统	可组成从简单到复杂的各种测控系统	本身已具备完整的控制功能，软件丰富，执行速度快	逻辑控制为主，也可组成模拟控制系统	大型复杂的多点控制系统
通信功能	按需要自行配置	已备一个串行口，再多的串行口另行配置	选用通用模板	产品已提供串行口	选用 RS232 通信模块	选取相应的模块
硬件制作工作量	多	稍少	少	少	很少	很少
程序语言	汇编语言为主	汇编和高级语言均可	汇编和高级语言均可	高级语言为主	梯形图编程为主	多种高级语言
软件工作开发量	很多	多	较多	较多	很少	较多
执行速度	快	很快	快	很快	稍慢	很快
输出带负载能力	差	较差	较强	较强	强	强

续表

控制装置比较项目	普通计算机系统		工业控制机		PLC	
	单片(单板)系统	PC 扩展系统	STD 总线系统	工业 PC 系统	小型 PLC	大型 PLC
抗电干扰能力	较差	较差	好	好	很好	很好
可靠性	较差	较差	好	好	很好	很好
环境适应性	较差	差	较好	一般	很好	很好
应用场合	智能仪器，简单控制	实验室环境的信号采集及控制	一般工业现场控制	较大规模的工业现场控制	一般规模的工业现场控制	大规模的工业现场控制，可组成监控网络
价格	最低	较高	稍高	高	高	很高

4.1.2 控制方式及特点

反馈控制是自动控制系统最基本的控制方式，也是应用最广泛的一种控制方式。除此之外，还有开环控制方式和复合控制方式，它们都有各自的特点和不同的适用场合。

1. 反馈控制方式

反馈控制方式是按偏差进行控制的，其特点是不论什么原因使被控量偏离期望值而出现偏差时，必定会产生一个相应的控制作用去降低或消除这个偏差，使被控量与期望值趋于一致。可以说，按反馈控制方式组成的反馈控制系统具有抑制任何内、外扰动对被控量产生影响的能力，有较高的控制精度。但这种系统使用的元件多，结构复杂，特别是系统的性能分析和设计也较麻烦。尽管如此，它仍是一种重要的并被广泛应用的控制方式，自动控制理论主要的研究对象就是用这种控制方式组成的系统。

2. 开环控制方式

开环控制方式是指控制装置与被控对象之间只有顺向作用而没有反向联系的控制方式。按这种方式组成的系统称为开环控制系统，其特点是系统的输出量不会对系统的控制作用产生影响。开环控制系统可以按给定量控制方式组成，也可以按扰动控制方式组成。

按给定量控制的开环控制系统的控制作用直接由系统的输入量产生，给定一个输入量，就有一个输出量与之相对应，控制精度完全取决于所用的元件及校准的精度。开环控制方式没有自动修正偏差的能力，抗扰动性较差。但其由于结构简单、调整方便、成本低，在精度要求不高或扰动影响较小的情况下，具有一定的实用价值。

目前，一些常见的自动化装置，如自动售货机、自动洗衣机、产品生产自动线、数控车床以及指挥交通的红绿灯的转换等一般都是采用开环控制系统。

按扰动控制的开环控制系统是利用可测量的扰动量产生一种补偿作用，以降低或抵消扰动对输出量的影响。这种控制方式也称顺馈控制。例如，在一般的直流速度控制系统中，转速常常随负载的增加而下降，且其转速的下降是由电枢回路的电压降引起的，如果设法将负载引起的电流变化测量出来，并按其大小产生一个附加的控制作用，用以补偿由它引起的转速下降，这样就可以构成按扰动控制的开环控制系统。可见，这种按扰动控制的开环控制方式是直接从扰动取得信息，并据以改变被控量，因此其抗扰动性好，控制精度也较高。但它只适用于扰动是可测量的场合。

3．复合控制方式

按扰动控制方式在技术上较按偏差控制方式简单，但它只适用于扰动是可测量的场合，而且一个补偿装置只能补偿一种扰动因素，对其他扰动均不起补用。因此，比较合理的控制方式是把按偏差控制与按扰动控制结合起来，对于主要扰动采用适当的补偿装置实现按扰动控制，同时，再采用反馈控制系统实现按偏差控制，以消除其他扰动产生的偏差。这样，系统的主要扰动已被补偿，反馈控制系统就比较容易设计，控制效果也会更好。这种按偏差控制和按扰动控制相结合的控制方式称为复合控制方式。

近几十年来，以现代数学为基础，引入计算机的新的控制方式也有了很大发展，如最优控制、自适应控制和模糊控制等。

4.1.3 控制系统的分类

自动控制系统有多种分类方法，按控制方式可分为开环控制系统、反馈控制系统、复合控制系统等，按元件类型可分为机械系统、电气系统、机电系统、液压系统、气动系统、生物系统等，按系统功用可分为温度控制系统、压力控制系统、位置控制系统等，按系统性能可分为线性系统和非线性系统、连续系统和离散系统、定常系统和时变系统、确定性系统和不确定性系统等，按输入量变化规律可分为恒值控制系统、随动系统和程序控制系统等。为了使自动控制系统能够实现全面控制，常常将上述各种分类方法中的系统组合应用。

1．线性连续控制系统

这类系统可以用线性微分方程式描述，其一般形式为

$$a_0\frac{\mathrm{d}^n}{\mathrm{d}t^n}c(t)+a_1\frac{\mathrm{d}^{n-1}}{\mathrm{d}t^{n-1}}c(t)+\cdots+a_{n-1}\frac{\mathrm{d}}{\mathrm{d}t}c(t)+a_nc(t)$$

$$=b_0\frac{\mathrm{d}^m}{\mathrm{d}t^m}r(t)+b_1\frac{\mathrm{d}^{m-1}}{\mathrm{d}t^{m-1}}r(t)+\cdots+b_{m-1}\frac{\mathrm{d}}{\mathrm{d}t}r(t)+b_mr(t)$$

式中，$c(t)$是被控量；$r(t)$是系统输入量。系数 a_0，a_1，…，a_n 和 b_0，b_1，…，b_m 是常数时，该系统称为定常系统；系数 a_0，a_1，…，a_n 和 b_0，b_1，…，b_m 随时间变化时，该系统称为

时变系统。线性定常连续系统按其输入量的变化规律不同又可分为恒值控制系统、随动系统和程序控制系统。

（1）恒值控制系统。这类控制系统的输入量是一个常值，要求被控量也是一个常值，故又称为调节器。但由于扰动的影响，被控量会偏离输入量而出现偏差，控制系统便根据偏差产生控制作用，以克服扰动的影响，使被控量恢复到给定的常值。因此，恒值控制系统分析、设计的重点是研究各种扰动对被控对象的影响以及抗扰动的措施。在恒值控制系统中，输入量可以随生产条件的变化而改变，但是输入量一经调整后，被控量就应与调整好的输入量保持一致。例如，刨床速度控制系统就是一种恒值控制系统。此外，还有温度控制系统、压力控制系统、液位控制系统等。在工业控制中，如果被控量是温度、流量、压力、液位等生产过程参量时，这种控制系统则称为过程控制系统。这种过程控制系统大多数都属于恒值控制系统。

（2）随动系统。这类控制系统的输入量是预先未知的随时间任意变化的函数，要求被控量以尽可能小的误差跟随输入量的变化，故又称为跟踪系统。在随动系统中，扰动的影响是次要的，系统分析、设计的重点是研究被控量跟随的快速性和准确性。在随动系统中，如果被控量是机械位置或其导数，则这类系统称为伺服系统。

（3）程序控制系统。这类控制系统的输入量是按预定规则随时间变化的函数，要求被控量能够迅速、准确地加以复现。例如，机械加工使用的数字程序控制机床，程序控制系统和随动系统的输入量都是时间函数，不同之处在于前者是已知的时间函数，后者则是未知的任意时间函数。恒值控制系统则可视为程序控制系统的特例。

2．线性定常离散控制系统

离散系统是指系统的某处或多处的信号以脉冲序列或数码形式传递的系统，因而信号在时间上是离散的。连续信号经过采样开关的采样就可以转换成离散信号。一般情况下，在离散系统中既有连续的模拟信号，也有离散的数字信号，因此离散系统要用差分方程描述。线性差分方程的一般形式为

$$a_0c(k+n)+a_1c(k+n-1)+\cdots+a_{n-1}c(k+1)+a_nc(k)$$

$$=b_0r(k+m)+b_1r(k+m-1)+\cdots+b_{m-1}r(k+1)+b_mr(k)$$

式中，$m \leqslant n$，n 为差分方程的次数；a_0，a_1，…，a_n 和 b_0，b_1，…，b_m 是常系数；$r(k)$、$c(k)$ 分别为输入和输出采样序列。

工业计算机控制系统就是典型的离散系统。

3．非线性控制系统

系统中只要有一个元部件的输入－输出特性是非线性的，这类系统就称为非线性控制系统。对非线性控制系统，要用非线性微分（或差分）方程描述其特性。非线性方程的特点是，系数与变量有关，或者方程中含有变量及其导数的高次幂或乘积项，例如

$$\ddot{y}(t)+y(t)\dot{y}(t)+y^2(t)=r(t)$$

严格地说，实际的物理系统中都含有程度不同的非线性电子元器件与机械部件，其特性曲线都是非线性的，如放大器和电磁元件的饱和特性，运动部件的死区、间隙和摩擦特性等。由于非线性方程在数学处理上较困难，因此目前对不同类型的非线性控制系统的研究还没有统一的方法。但对于非线性程度不太严重的元部件可采用在一定范围内线性化的方法，从而将非线性控制系统近似为线性控制系统。

4.2 控制系统数学模型

在控制系统的研究、分析和设计中，仅仅分析其工作原理及大致的运动过程是不够的，必须进行定量分析。在控制系统研究中，定量分析和设计控制系统需要建立合适的数学模型。控制系统的数学模型是用数学的方法和形式描述系统内部物理量（或变量）之间关系的数学表达式。由于相似性原理，不同类型的系统（如机械系统、电气系统、液压系统、气动系统、经济学系统和管理学系统等）可以拥有反映其运动规律的相同形式的数学模型。因此，通过数学模型研究控制系统，可以摆脱各种类型系统的外部特征而研究其内在的共性运动规律。

在静态条件下（即变量各阶导数为零），描述变量之间关系的代数方程叫作静态数学模型；描述变量各阶导数之间关系的微分方程叫作动态数学模型。如果已知输入量及变量的初始条件，对微分方程求解，就可以得到系统输出量的表达式，并由此可对系统进行性能分析。因此，建立控制系统的数学模型是分析和设计控制系统的首要工作。

建立控制系统数学模型的方法有分析法和实验法两种。分析法是对系统各部分的运动机理进行分析，根据它们所依据的物理规律或化学规律分别列出相应的运动方程。例如，电学中有基尔霍夫定律，力学中有牛顿定律，热力学中有热力学定律等。实验法是人为地给系统施加某种测试信号，记录其输出响应，并用适当的数学模型去逼近。这种方法又称为系统辨识。近年来，系统辨识已发展成一门独立的分支学科。

在自动控制理论中，数学模型有多种形式，如时域中常用的数学模型有微分方程、差分方程和状态方程，复数域中有传递函数和结构图，频域中有频率特性等。本节主要介绍各类系统的数学模型的建立。

4.2.1 时域数学模型

1. 控制系统微分方程的建立

建立控制系统的微分方程时，一般先由系统原理图画出系统方块图，并分别列出组成系统各元器件的微分方程；在列出系统各元器件的微分方程后，消去中间变量，便可得到描述系统输出量与输入量之间关系的微分方程。列写微分方程的步骤可归纳如下。

（1）根据元器件的工作原理及其在控制系统中的作用，确定其输入量和输出量。

（2）分析元器件工作中所遵循的物理规律或化学规律，列出相应的微分方程。

（3）消去中间变量，得到输出量与输入量之间关系的微分方程，这便是元器件时域的数学模型。

一般情况下，应将微分方程写为标准形式，即与输入量有关的项写在方程的右端，与输出量有关的项写在方程的左端，方程两端变量的导数项均按降幂次序排列。

例 4–1　图 4-3 为由电阻 R、电感 L 和电容 C 组成的无源网络，试列出以 $u_{\rm i}(t)$ 为输入量、以 $u_{\rm o}(t)$ 为输出量的网络微分方程。

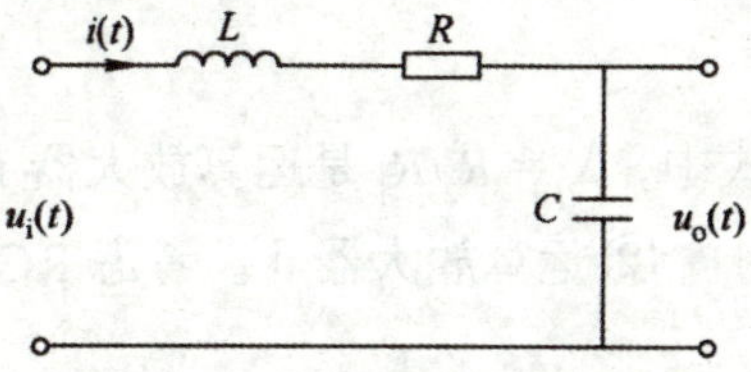

图 4-3　RLC 无源网络

解：设回路电流为 $i(t)$，由基尔霍夫定律，可写出回路方程为

$$L=\frac{\mathrm{d}i(t)}{\mathrm{d}t}+\frac{1}{C}\int i(t)\,\mathrm{d}t+Ri(t)=u_{\rm i}(t)$$

$$u_{\rm o}(t)=\frac{1}{C}\int i(t)\mathrm{d}t$$

消去中间变量 $i(t)$，便可得到描述网络输入输出关系的微分方程，即

$$LC=\frac{\mathrm{d}^2u_{\rm o}(t)}{\mathrm{d}t^2}+RC\frac{\mathrm{d}u_{\rm o}(t)}{\mathrm{d}t}+u_{\rm o}(t)=u_{\rm i}(t) \tag{4-1}$$

显然，这是一个二阶线性微分方程。图 4-4 为无源网络的时域数学模型。

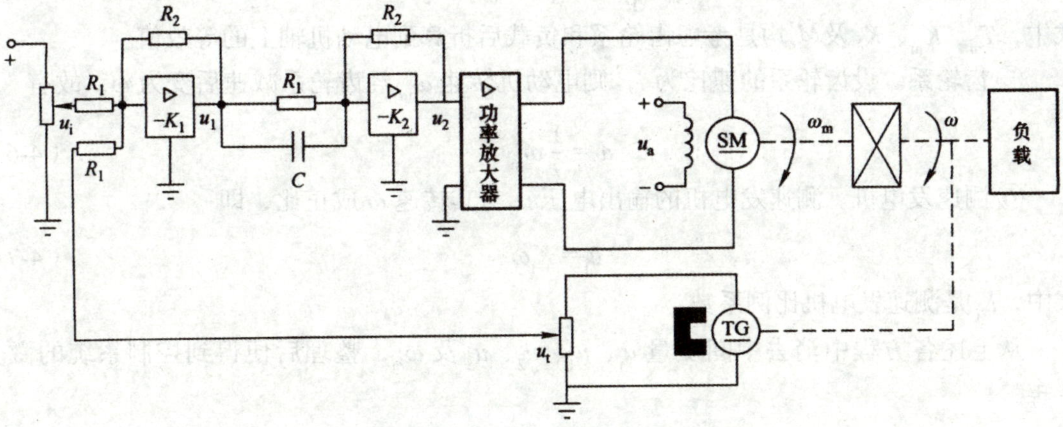

图 4-4　无源网络的时域数学模型

列写系统各元器件的微分方程时，一是应注意信号传递的单向性，即前一个元器件的输出是后一个元器件的输入，一级一级地单向传送；二是应注意前后连接的两个元器件中后级对前级的负载效应。例如，无源网络输入阻抗对前级的影响，齿轮系对电动机转动惯量的影响等。

例 4-2 试列写图 4-3 所示速度控制系统的微分方程。

解： 控制系统的被控对象是电动机（带负载），系统的输出量是转速 ω，输入量是 u_i。

控制系统由给定电位器、运算放大器Ⅰ（含比较作用）、运算放大器Ⅱ（含 RC 校正网络）、功率放大器、直流电动机、测速发电机和减速器等部分组成。现分别列写各元部件的微分方程。

① 运算放大器Ⅰ。输入量（即给定电压）u_i 与速度反馈电压 u_t 在此合成，产生偏差电压并经放大，即

$$u_1 = K_1(u_i - u_t) = K_1 u_e \tag{4-2}$$

式中，$K_1 = R_2/R_1$ 是运算放大器Ⅰ的放大系数。

② 运算放大器Ⅱ。考虑 RC 校正网络，u_2 与 u_1 之间的微分方程为

$$u_2 = K_2\left(\tau\frac{\mathrm{d}u_1}{\mathrm{d}t} + u_1\right) \tag{4-3}$$

式中，$K_2 = R_2/R_1$ 是运算放大器Ⅱ的放大系数；$\tau = R_1C$ 是微分时间常数。

③ 功率放大器。本系统采用晶闸管整流装置，它包括触发电路和晶闸管主回路。忽略晶闸管控制电路的时间滞后，其输入输出方程为

$$u_a = K_3 u_2 \tag{4-4}$$

式中，K_3 为功放系数。

④ 直流电动机。直流电动机的微分方程为

$$T_m\frac{\mathrm{d}\omega_m}{\mathrm{d}t} + \omega_m = K_m u_a - K_c M_c' \tag{4-5}$$

式中，T_m、K_m、K_c 及 M_c' 均是考虑齿轮系和负载后折算到电动机轴上的等效值。

⑤ 齿轮系。设齿轮系的速比为 i，则电动机转速 ω_m 经齿轮系减速后变为 ω，故有

$$\omega = \frac{1}{i}\omega_m \tag{4-6}$$

⑥ 测速发电机。测速发电机的输出电压 u_t 与其转速 ω 成正比，即

$$u_t = K_t\omega \tag{4-7}$$

式中，K_t 是测速发电机比例系数。

从上述各方程中消去中间变量 u_t、u_1、u_2、u_a 及 ω_m，整理后便得到控制系统的微分方程。

$$T_m'\frac{\mathrm{d}\omega}{\mathrm{d}t} + \omega = K_g'\frac{\mathrm{d}u_i}{\mathrm{d}t} + K_g u_i - K_c' M_c' \tag{4-8}$$

式中

$$T_m' = \frac{iT_m + K_1K_2K_3K_mK_t\tau}{i + K_1K_2K_3K_mK_t},\quad K_g' = \frac{K_1K_2K_3K_m\tau}{i + K_1K_2K_3K_mK_t}$$

$$K_g=\frac{K_1K_2K_3K_m}{i+K_1K_2K_3K_mK_t}, \quad K_c=\frac{K_c}{i+K_1K_2K_3K_mK_t}$$

式(4-8)可用于研究在给定电压 u_i 或有负载扰动转矩 M_c 时，速度控制系统的动态性能。

2. 线性系统的基本特性

用线性微分方程描述的元件或系统称为线性元件或线性系统。线性系统的重要性质是可以应用叠加原理。叠加原理有两重含义，即系统具有可叠加性和均匀性（或齐次性）。现举例说明：设有线性微分方程

$$\frac{d^2c(t)}{dt^2}+\frac{dc(t)}{dt}+c(t)=f(t)$$

当 $f(t)=f_1(t)$ 时，上述方程的解为 $c_1(t)$；当 $f(t)=f_2(t)$ 时，上述方程的解为 $c_2(t)$。如果 $f(t)=f_1(t)+f_2(t)$，容易验证，方程的解必为 $c(t)=c_1(t)+c_2(t)$，这就是可叠加性。而当 $f(t)=Af_1(t)$ 时（其中 A 为常数），则方程的解必为 $c(t)=Ac_1(t)$，这就是均匀性。

线性系统的叠加原理表明，两个外作用同时加于系统所产生的总输出等于各个外作用单独作用时分别产生的输出之和，且外作用的数值增大若干倍时，其输出也增大同样的倍数。因此，对线性系统进行分析和设计时，如果有几个外作用同时加于系统，则可以将它们分别处理，依次求出各个外作用单独加入时系统的输出，然后将它们叠加。此外，每个外作用在数值上可只取单位值，从而大大简化了线性系统的研究工作。

3. 线性定常微分方程的求解

建立控制系统数学模型的目的之一是用数学方法定量研究控制系统的工作特性。当系统微分方程列写出来后，只要给定输入量和初始条件，便可对微分方程求解，并由此了解系统输出量随时间变化的特性。线性定常微分方程的求解方法有经典法和拉普拉斯变换（以下简称拉氏变换）法两种，也可借助电子计算机求解。这里只研究用拉氏变换法求解微分方程的方法，同时分析微分方程的组成，为引出传递函数概念奠定基础。

例 4–3　在例 4-1 中，若已知 $L=1\,\text{H}$，$C=1\,\text{F}$，$R=1\,\Omega$，且电容的初始电压 $u_o(0)=0.1\,\text{V}$，初始电流 $i(0)=0.1\,\text{A}$，电源电压 $u_i(t)=1\,\text{V}$，试求电路突然接通电源时，电容电压 $u_o(t)$ 的变化规律。

解： 已求得网络微分方程为

$$LC=\frac{d^2u_o(t)}{dt^2}+RC\frac{du_o(t)}{dt}+u_o(t)=u_i(t) \tag{4-9}$$

令 $U_i(s)=L[u_i(t)]$，$U_o(s)=L[u_o(t)]$；且

$$L\left[\frac{du_o(t)}{dt}\right]=sU_o(s)-u_o(0)$$

$$L\left[\frac{\mathrm{d}^2u_o(t)}{\mathrm{d}t^2}\right]=s^2U_o(s)-su_o(0)-u'_o(0)$$

式中，u'_o（0）是 $\mathrm{d}u_o$（t）/dt 在 = 0 时的值，即

$$u'_o(0)=\frac{\mathrm{d}u_o(t)}{\mathrm{d}t}\bigg|_{t=0}=\frac{1}{C}i(t)\bigg|_{t=0}=\frac{1}{C}i(0)$$

对式（4-9）中各项分别求拉氏变换并代入已知数据，经整理后有

$$U_o(s)=\frac{U_i(s)}{s^2+s+1}+\frac{0.1s+0.2}{s^2+s+1} \tag{4-10}$$

由于电路是突然接通电源的，故 u_i（t）可视为阶跃输入量，即 u_i（t）= 1（t），或 U_i（s）= $L[u_i$（t）] = 1/s。对式（4-10）的 U_o（s）求拉氏反变换，便得到式（4-9）网络微分方程的解 u_o（t），即

$$u_o(t)=L^{-1}[U_o(s)]=L_{-1}\left[\frac{1}{s(s^2+s+1)}+\frac{0.1s+0.2}{s^2+s+1}\right] \tag{4-11}$$

$$=1+1.15\mathrm{e}^{-0.5t}\sin(0.866t-120°)+0.2\mathrm{e}^{-0.5t}\sin(0.866t+30°)$$

在式（4-11）中，前两项是由网络输入电压产生的输出分量，与初始条件无关，故称为零初始条件响应；后一项则是由初始条件产生的输出分量，与输入电压无关，故称为零输入响应。它们统称为网络的单位阶跃响应。

如果输入电压是单位脉冲量 δ（t），相当于电路突然接通电源又立即断开的情况，此时 U_i（s）$=L[\delta$（t）] = 1，网络的输出则称为单位脉冲响应，即

$$u_o(t)=L^{-1}\left[\frac{1}{s^2+s+1}+\frac{0.1s+0.2}{s^2+s+1}\right] \tag{4-12}$$

$$=1.15\mathrm{e}^{-0.5t}\sin 0.866t+0.2\mathrm{e}^{-0.5t}\sin(0.866t+30°)$$

利用拉氏变换的初值定理和终值定理，可以直接从式（4-10）中了解网络中电容电压 u_o（t）的初始值和终值。当 u_i（t）= 1（t）时，u_o（t）的初始值为

$$u_o(0)=\lim_{t\to 0}u_o(t)=\lim_{s\to\infty}s\cdot U_o(s)=\lim_{s\to\infty}s\left[\frac{1}{s(s^2+s+1)}+\frac{0.1s+0.2}{s^2+s+1}\right]=0.1\ \mathrm{V}$$

u_o（t）的终值为

$$u_o(\infty)=\lim_{t\to\infty}u_o(t)=\lim_{s\to 0}s\cdot U_o(s)=\lim_{s\to 0}s\left[\frac{1}{s(s^2+s+1)}+\frac{0.1s+0.2}{s^2+s+1}\right]=1\ \mathrm{V}$$

其结果与式（4-11）求得的数值一致。

于是，用拉氏变换法求解线性定常微分方程的过程可归结如下。

（1）考虑初始条件，对微分方程中的每一项分别进行拉氏变换，将微分方程转换为变量 s 的代数方程。

（2）由代数方程求出输出量拉氏变换函数的表达式。

（3）对输出量拉氏变换函数求反变换，得到输出量的时域表达式，即可求出微分方程的解。

4.2.2　复数域数学模型

控制系统的微分方程是在时间域描述系统动态性能的数学模型，在给定外作用及初始条件下，求解微分方程可以得到系统的输出响应。这种方法比较直观，特别是借助于计算机可以迅速而准确地求得结果，但是如果系统的结构改变或某个参数变化时，就要重新列写并求解微分方程，不便于对系统进行分析和设计。

用拉氏变换法求解线性系统的微分方程时，可以得到控制系统在复数域中的数学模型"传递函数"。传递函数不仅可以表征系统的动态性能，而且可以用来研究系统的结构或参数变化对系统性能的影响。经典控制理论中广泛应用的频率法和根轨迹法就是以传递函数为基础建立起来的，传递函数是经典控制理论中最基本和最重要的概念。

1. 传递函数的定义

线性定常系统的传递函数，定义为零初始条件下系统输出量的拉氏变换与输入量的拉氏变换之比。

设线性定常系统由以下 n 阶线性常微分方程描述

$$a_0\frac{\mathrm{d}^n}{\mathrm{d}t^n}c(t)+a_1\frac{\mathrm{d}^{n-1}}{\mathrm{d}t^{n-1}}c(t)+\cdots+a_{n-1}\frac{\mathrm{d}}{\mathrm{d}t}c(t)+a_nc(t)$$
$$=b_0\frac{\mathrm{d}^m}{\mathrm{d}t^m}r(t)+b_1\frac{\mathrm{d}^{m-1}}{\mathrm{d}t^{m-1}}r(t)+\cdots+b_{m-1}\frac{\mathrm{d}}{\mathrm{d}t}r(t)+b_mr(t)$$

式中，$c(t)$ 是系统输出量；$r(t)$ 是系统输入量；a_i（$i=1, 2, \cdots, n$）和 b_j（$j=1, 2, \cdots, m$）是与系统结构和参数有关的常系数。设 $r(t)$ 和 $c(t)$ 及其各阶导数在 $t=0$ 时的值均为 0，即零初始条件，对上式中各项分别进行拉氏变换，并令 $C(s)=L[c(t)]$，$R(s)=L[r(t)]$，可得 s 的代数方程为

$$(a_0sn+a_1s^{n-1}+\cdots+a_{n-1}s+a_n)C(s)=(b_0s^m+b_1s^{m-1}+\cdots+b_{m-1}s+b_m)R(s)$$

于是，由定义得系统的传递函数：

$$G(s)-\frac{C(s)}{R(s)}=\frac{b_0s^m+b_1s^{m-1}+\cdots+b_{m-1}s+b_m}{a_0s^n+a_1s^{n-1}+\cdots+a_{n-1}s+a_n}=\frac{M(s)}{N(s)}$$

式中

$$M(s)=b_0s^m+b_1s^{m-1}+\cdots+b_{m-1}s+b_m$$
$$N(s)=a_0s^n+a_1s^{n-1}+\cdots+a_{n-1}s+a_n$$

例 4-4　RLC 网络的微分方程为

$$LC\frac{\mathrm{d}^2u_o(t)}{\mathrm{d}t^2}+RC\frac{\mathrm{d}u_o(t)}{\mathrm{d}t}+u_o(t)=u_i(t)$$

求传递函数。

解： 在零初始条件下，对上述方程中各项求拉氏变换，并令 $U_i(s)=L[u_i(t)]$，$U_o(s)=L[u_o(t)]$，可得 s 的代数方程为 $(LCs^2+RCs+1)U_o(s)=U_i(s)$，再由传递函数定义，网络传递函数为

$$G(s)=\frac{U_o(s)}{U_i(s)}=\frac{1}{LCs^2+RCs+1}$$

2. 传递函数的性质

（1）传递函数是复变量 s 的有理真分式函数，具有复变函数的所有性质；$m\leqslant n$，且所有系数均为实数。

（2）传递函数是一种用系统参数表示输出量与输入量之间关系的表达式，它只取决于系统或元件的结构和参数，而与输入量的形式无关，也不反映系统内部的任何信息。因此，可以用图 4-5 所示的方块图来表示一个具有传递函数 $G(s)$ 的线性系统。图中表明，系统的输入量与输出量的因果关系可以用传递函数联系起来。

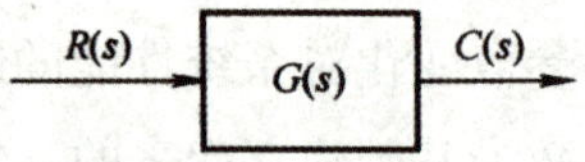

图 4-5　传递函数的方块图

（3）传递函数与微分方程有相通性。传递函数分子多项式系数及分母多项式系数分别与相应的微分方程的右端及左端微分算符多项式系数相对应，故在零初始条件下，将微分方程的算符 d/dt 用复数 s 置换可得到传递函数；反之，将传递函数多项式中的变量 s 用算符 d/dt 置换可得到微分方程。例如，由传递函数

$$G(s)=\frac{C(s)}{R(s)}=\frac{b_1s+b_2}{a_0s^2+a_1s+a_2}$$

可得 s 的代数方程 $(a_0s_2+a_1s+a_2)C(s)=(b_1s+b_2)R(s)$，在零初始条件下，用微分算符 d/d$t$ 置换 s，便得到相应的微分方程为

$$a_0\frac{\mathrm{d}^2}{\mathrm{d}t^2}c(t)+a_1\frac{\mathrm{d}}{\mathrm{d}t}c(t)+a_2c(t)=b_1\frac{\mathrm{d}}{\mathrm{d}t}r(t)+b_2r(t)$$

（4）传递函数 $G(s)$ 的拉氏变换是脉冲响应 $g(t)$。脉冲响应（也称脉冲过渡函数）$g(t)$ 是系统在单位脉冲 $\delta(t)$ 输入时的输出响应，此时 $R(s)=L[\delta(t)]$，故有

$$g(t)=L^{-1}(C(s))=L^{-1}(G(s)R(s))=L^{-1}(G(s))$$

传递函数是在零初始条件下定义的。控制系统的零初始条件有两方面的含义：一是指输入量是在 $t\geqslant 0$ 时才作用于系统，因此在 $t=0$ 时，输入量及其各阶导数均为零；二是指输入量加于系统之前，系统处于稳定的工作状态，即输出量及其各阶导数在 $t=0$ 时的值也为零，现实的工程控制系统多属于此类情况。因此，传递函数可表征控制系统的动态性能，并用以求出在给定输入量时系统的零初始条件响应，即由拉氏变换的卷积定理，有

$$c(t)=L^{-1}[C(s)]=L^{-1}[G(s)R(s)]=\int_0^t r(\tau)g(t-\tau)\mathrm{d}\tau=\int_0^t r(t-\tau)g(\tau)\mathrm{d}\tau$$

式中，$g(t)=L^{-1}[G(s)]$ 是系统的脉冲响应。

例 4–5 对电枢控制直流电动机取电枢电压 $u_a(t)$ 为输入量，取电动机转速 $\omega_m(t)$ 为输出量。$M_c(t)$ 是折合到电动机轴上的总负载转矩，其微分方程式如下。

$$T_m \frac{d\omega_m(t)}{dt}+\omega_m(t)=K_m u_a(t)-K_c M_c(t)$$

式中，T_m 为电动机机电时间常数；K_m 为电动机传递系数；$M_c(t)$ 可视为负载扰动转矩；K_c 为负载扰动转矩系数。试求传递函数 $\Omega_m(s)/U_a(s)$。

解： 根据线性系统的叠加原理，可分别求 $u_a(t)$ 到 $\omega_m(t)$ 和 $M_c(t)$ 到 $\omega_m(t)$ 的传递函数，以便研究在 $u_a(t)$ 和 $M_c(t)$ 分别作用下电动机转速 $\omega_m(t)$ 的性能，将它们叠加后，便是电动机转速的响应特性。为求 $\Omega_m(s)/U_a(s)$，令 $M_c(t)=0$，则有

$$T_m \frac{d\omega_m(t)}{dt}+\omega_m(t)=K_m u_a(t)$$

在零初始条件下，即 $\omega_m(0)=\omega'_m(0)=0$ 时，对上式各项进行拉氏变换，并令 $\Omega_m(s)=L[\omega_m(t)]$，$U_a(s)=L[u_a(t)]$，可得 s 的代数方程为 $(T_m s+1)\Omega_m(s)=K_m U_a(s)$。由传递函数定义，于是有

$$G(s)=\frac{\Omega_m(s)}{U_a(s)}=\frac{K_m}{T_m s+1} \tag{4-13}$$

$G(s)$ 便是电枢电压 $u_a(t)$ 到转速 $\omega_m(t)$ 的传递函数。令 $u_a(t)=0$，用同样方法可求得负载扰动转矩 $M_c(t)$ 到转速 $\omega_m(t)$ 的传递函数为

$$G_m(s)=\frac{\Omega_m(s)}{M_a(s)}=\frac{-K_c}{T_m s+1} \tag{4-14}$$

由式（4-13）和式（4-14）可求得电动机转速 $\omega_m(t)$ 在电枢电压 $u_a(t)=0$ 和负载转矩 $M_c(t)$ 同时作用下的响应特性为

$$\omega_m(t)=L^{-1}[\Omega_m(s)]=L^{-1}\left[\frac{K_m}{T_m s+1}U_a(s)-\frac{K_c}{T_m s+1}M_c(s)\right]$$

$$=L^{-1}\left[\frac{K_m}{T_m s+1}U_a(s)\right]+L^{-1}\left[\frac{-K_c}{T_m s+1}M_c(s)\right]=\omega_1(t)+\omega_2(t)$$

式中，$\omega_1(t)$ 是 $u_a(t)$ 作用下的转速特性；$\omega_2(t)$ 是 $M_c(t)$ 作用下的转速特性。

3. 传递函数的零点和极点

传递函数的分子多项式和分母多项式经因式分解后可写为如下形式

$$G_m(s)=\frac{b_0(s-z_1)(s-z_2)\cdots(s-z_m)}{a_0(s-p_1)(s-p_2)\cdots(s-p_n)}=K^*\frac{\prod_{i=1}^{m}(s-z_i)}{\prod_{j=1}^{n}(s-p_j)}$$

式中，$z_i(i=1, 2, \cdots, m)$ 是分子多项式的零点，称为传递函数的零点（传递函数的零

点可以是实数，也可以是复数）；p_j（$j=1, 2, \cdots, n$）是分母多项式的零点，称为传递函数的极点（传递函数的极点可以是实数，也可以是复数）；系数 $K^*=b_0/a_0$ 称为传递系数或根轨迹增益。这种用零点和极点表示传递函数的方法在根轨迹法中使用较多。

在复数平面上表示传递函数的零点和极点的图形，称为传递函数的零极点分布图。在图中一般用“○”表示零点，用“×”表示极点。传递函数的零极点分布图可以更形象地反映系统的全面特性。

4.2.3 典型元件数学模型

1. 机械平移系统

机械平移系统的基本元件是质量、阻尼和弹簧。图 4-6 为这三个机械元件的符号表示。图中，$F(t)$ 为外力，$x(t)$ 为位移，m 为质量，f 为黏滞阻尼系数，K 为弹簧刚度。由图可得到质量的数学模型为

$$F(t)=m\frac{\mathrm{d}^2x(t)}{\mathrm{d}t^2} \tag{4-15}$$

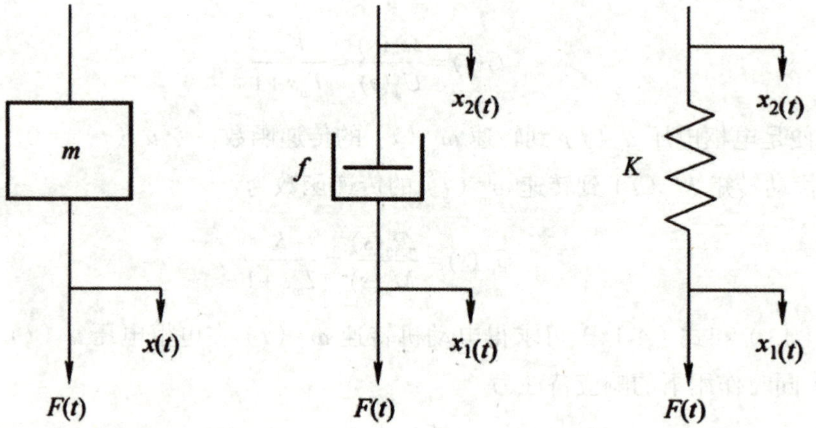

（a）质量　　（b）阻尼　　（c）弹簧

图 4-6　机械直线移动元件

阻尼器的数学模型为

$$F(t)=f\left(\frac{\mathrm{d}x_1(t)}{\mathrm{d}t}-\frac{\mathrm{d}x_2(t)}{\mathrm{d}t}\right) \tag{4-16}$$

弹簧的数学模型为

$$F(t)=K[x_1(t)-x_2(t)] \tag{4-17}$$

下面举例说明平移系统的建模方法。

图 4-7 为组合机床动力滑台铣平面。若不计运动体（质量为 M）与地面间的摩擦，系统可以抽象成图 4-8 所示的力学模型。根据牛顿第二定律，系统方程为

$$F_i(t)-Kx_0(t)-f\frac{\mathrm{d}x_0(t)}{\mathrm{d}t}=M\frac{\mathrm{d}^2x_0(t)}{\mathrm{d}t} \tag{4-18}$$

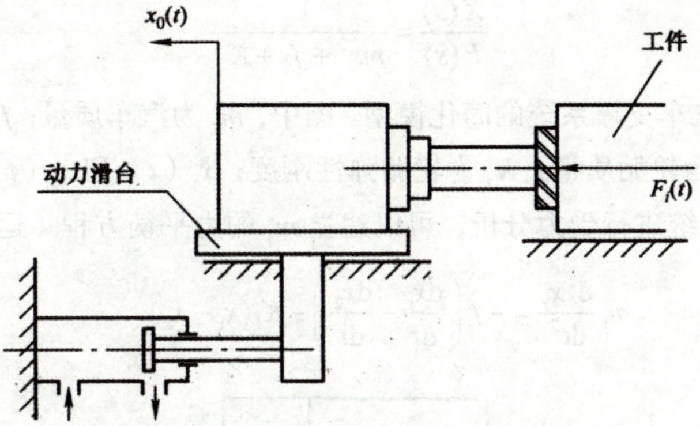

图 4-7　组合机床动力滑台铣平面

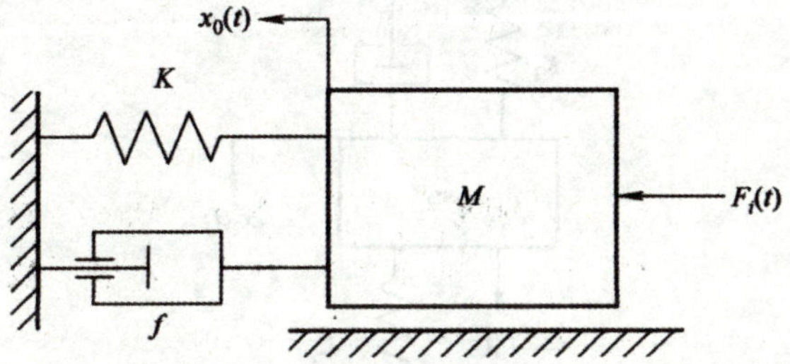

图 4-8　力学模型

对式（4-18）进行拉普拉斯变换，得该系统传递函数为

$$\frac{X_0(s)}{F_i(s)}=\frac{1}{Ms^2+fs+K} \tag{4-19}$$

图 4-9 为简单隔震装置。对其受力情况进行分析后，同样可以得出系统运动方程为

$$F(t)-Kx(t)-f\frac{\mathrm{d}x(t)}{\mathrm{d}t}=m\frac{\mathrm{d}^2x(t)}{\mathrm{d}t^2} \tag{4-20}$$

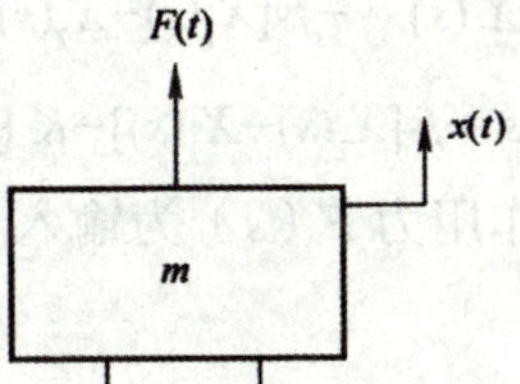

图 4-9　简单隔震装置

式（4-20）与式（4-18）几乎完全相同。对式（4-20）进行拉普拉斯变换，得系统传递函数为

$$\frac{X(s)}{F(s)}=\frac{1}{ms^2+fs+K} \tag{4-21}$$

图 4-10 为单轮汽车支撑系统的简化模型。图中，m_1 为汽车质量；f 为振动阻尼器系数；K_1 为弹簧刚度；m_2 为轮胎质量；K_2 为轮胎弹性刚度；x_1（t）和 x_2（t）分别为 m_1 和 m_2 的独立位移。通过对系统进行受力分析，可以建立 m_1 的力平衡方程（运动方程）为

$$m_1\frac{\mathrm{d}^2x_1}{\mathrm{d}t^2}=-f\left(\frac{\mathrm{d}x_1}{\mathrm{d}t}-\frac{\mathrm{d}x_2}{\mathrm{d}t}\right)-K_1(x_1-x_2) \tag{4-22}$$

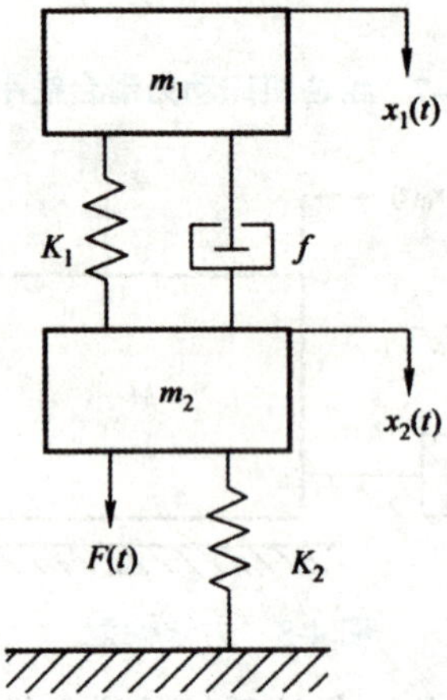

图 4-10　单轮汽车支撑系统的简化模型

又 m_2 的力平衡方程为

$$m_2\frac{\mathrm{d}^2x_2}{\mathrm{d}t^2}=-F(t)-f\left(\frac{\mathrm{d}x_2}{\mathrm{d}t}-\frac{\mathrm{d}x_1}{\mathrm{d}t}\right)-K_1(x_2-x_1)-K_2x_2 \tag{4-23}$$

对式（4-22）和式（4-23）分别进行拉普拉斯变换，可得

$$m_1s^2X_1(s)=-fs[X_1(s)-X_2(s)]-K_1[X_1(s)-X_2(s)] \tag{4-24}$$

$$m_2s^2X_2(s)=F(s)-fs[X_2(s)-X_1(s)]-K_1[X_2(s)-X_1(s)]-K_2X_2(s) \tag{4-25}$$

消去中间变量，可以求出以作用力 F（s）为输入、分别以 X_1（s）和 X_2（s）为输出位移的传递函数

$$\frac{X_1(s)}{F(s)}=\frac{G_1(s)G_2(s)}{1+m_1s^2G_1(s)G_2(s)}=\frac{fs+K_1}{(m_2s^2+K_2)(m_1s^2+fs+K_1)m_1s^2(fs+K_1)}$$
$$=\frac{fs+K_1}{m_1m_2s^4+(m_1+m_2)fs^3+(m_1K_1+m_1K_2+m_2K_1)s^2+fK_2s+K_1K_2} \tag{4-26}$$

$$\frac{X_2(s)}{F(s)}=\frac{G_1(s)}{1+G_1(s)G_2(s)m_1s^2}$$
$$=\frac{m_1s^2+fs+K_1}{m_1m_2s^4+(m_1+m_2)fs^3+(m_1K_1+m_1K_2+m_2K_1)s^2+fK_2s+K_1K_2} \tag{4-27}$$

式（4-26）和式（4-27）完全描述了该机械系统的动力特性，只要给定汽车的质量、轮胎的质量、阻尼器及弹簧参数、轮胎的弹性，便可决定车辆行驶的运动特性。

2. 机械转动系统

机械转动系统的基本元件是转动惯量、阻尼器和弹簧。图 4-11 所示为三个元件的表示符号。图中，M 为外力矩，θ 为转角，J 为转动惯量，f 为黏滞阻尼系数，K 为弹簧刚度。由图可得到转动惯量的数学模型为

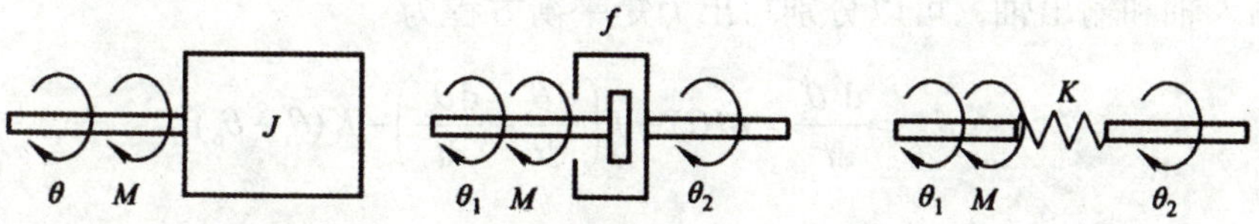

（a）转动惯量　　（b）阻尼器　　（c）弹簧

图 4-11　机械转动元件

$$M(t)=J\frac{\mathrm{d}^2\theta(t)}{\mathrm{d}t^2} \tag{4-28}$$

黏滞阻尼器的数学模型为

$$M(t)=f\left[\frac{\mathrm{d}\theta_1(t)}{\mathrm{d}t}-\frac{\mathrm{d}\theta_2(t)}{\mathrm{d}t}\right] \tag{4-29}$$

弹簧的数学模型为

$$M(t)=K[\theta_1(t)-\theta_2(t)] \tag{4-30}$$

下面举例说明机械转动系统的建模方法。

图 4-12 为扭摆的工作原理图。图中，J 表示摆锤的转动惯量，f 表示摆锤与空气的黏性阻尼系数，K 表示扭簧弹性刚度。由图可得到加在摆锤上的力矩 $M(t)$ 与摆锤转角 $\theta(t)$ 之间的运动方程为

$$J\frac{\mathrm{d}^2\theta(t)}{\mathrm{d}t^2}=M(t)-f\frac{\mathrm{d}\theta(t)}{\mathrm{d}t}-K\theta(t) \tag{4-31}$$

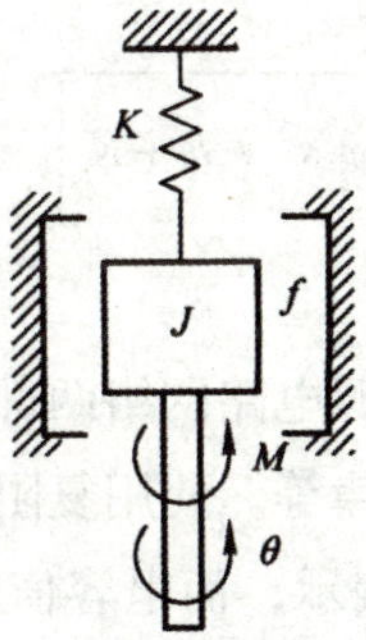

图 4-12　扭摆的工作原理图

对式（4-31）进行拉普拉斯变换，得该系递传递函数为

$$\frac{\theta(s)}{M(s)}=\frac{1}{Js^2+fs+K} \tag{4-32}$$

图 4-13 为打印机步进电动机 - 同步齿形带驱动装置示意图。图中，K 和 f 分别为同步齿形带的弹性与阻尼系数，M 为步进电动机的力矩，J_m 和 J_L 分别为步进电动机轴和负载的转动惯量，θ_i 与 θ_o 分别为输入轴与输出轴的转角。

针对输入轴和输出轴，可以分别写出力矩平衡方程为

$$J_m\frac{d^2\theta_i}{dt^2}=M(t)-f\left(\frac{d\theta_i}{dt}-\frac{d\theta_o}{dt}\right)-K(\theta_i-\theta_o) \tag{4-33}$$

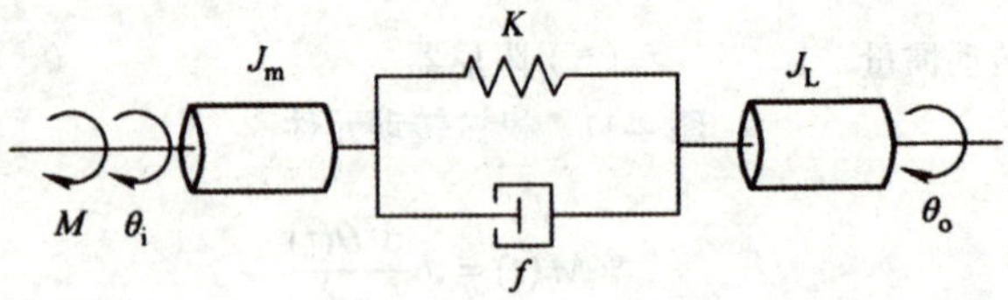

图 4-13　打印机步进电动机 - 同步齿形带驱动装置示意图

及

$$J_L\frac{d^2\theta_o}{dt^2}=-f\left(\frac{d\theta_o}{dt}-\frac{d\theta_i}{dt}\right)-K(\theta_o-\theta_i) \tag{4-34}$$

对上两式进行拉普拉斯变换，得

$$J_m s^2\theta_i(s)=M(s)-(fs+K)[\theta_i(s)-\theta_o(s)] \tag{4-35}$$

$$J_L s^2\theta_o(s)=(fs+K)[\theta_i(s)-\theta_o(s)] \tag{4-36}$$

可得该系统的传递函数为

$$\frac{\theta_o(s)}{M(s)}=\frac{\dfrac{fs+K}{J_L s^2(J_m s^2+fs+K)}}{1+\dfrac{J_m s^2(fs+K)}{J_L s^2(J_m s^2+fs+K)}}=\frac{fs+K}{J_L s^2(J_m s^2+fs+K)+J_m s^2(fs+K)}$$
$$=\frac{fs+K}{(J_L+J_m)s^2\left[\dfrac{J_L J_m}{J_L+J_m}s^2+fs+K\right]} \tag{4-37}$$

3．电路网络

电路网络包括无源电路网络和有源电路网络两部分。建立电路网络动态模型依据的是电路方面的物理定律，如基尔霍夫定律等。使用复阻抗的概念通常使电路建模较为方便，这时电阻值用 R 表示，电感值用 Ls 表示，而电容值用 $1/Cs$ 表示，这样可以用 s 的代数方程代替复杂的微分方程，从而方便地得到电路网络系统的传递函数。

图 4-14 所示的 RC 电路网络的微分方程组为

$$u_i = R_i + u_o$$

$$u_o = \frac{1}{C}\int i\mathrm{d}t$$

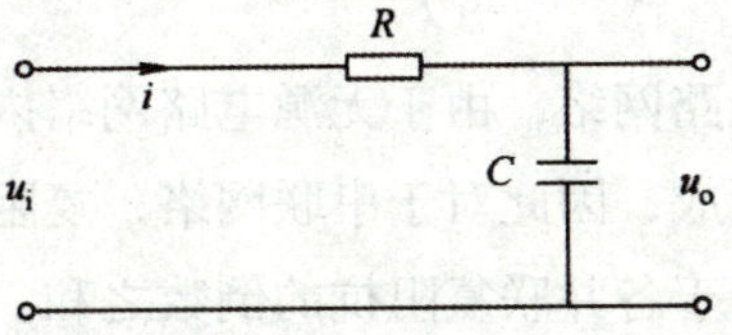

图 4-14　RC 电路网络

或写成

$$u_i - u_o = R_i$$

$$u_o = \frac{1}{C}\int i\mathrm{d}t$$

对上面二式进行拉普拉斯变换，得

$$U_i(s) - U_o(s) = RI(s) \tag{4-38}$$

$$U_o(s) = \frac{1}{Cs}I(s) \tag{4-39}$$

将式（4-38）写成

$$\frac{1}{R}[U_i(s) - U_o(s)] = I(s)$$

可以写出 RC 网络的传递函数

$$\frac{U_o(s)}{U_i(s)} = \frac{1}{RCs+1} \tag{4-40}$$

又如图 4-15 所示的 RC 无源电路网络，利用复阻抗的概念可直接写出以下关系式

$$I_1(s) = \frac{1}{R}[U_i(s) - U_o(s)]$$

$$I_2(s) = Cs[U_i(s) - U_o(s)]$$

$$I(s) = I_1(s) + I_2(s)$$

$$U_o(s) = I(s)R_2$$

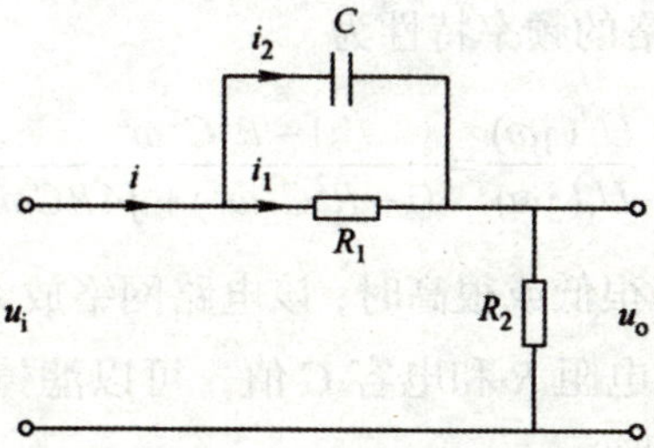

图 4-15　RC 无源电路网络

可得出系统传递函数为

$$\frac{U_o(s)}{U_i(s)}=\frac{\left(Cs+\dfrac{1}{R_1}\right)R_2}{1+\left(Cs+\dfrac{1}{R_1}\right)R_2}=\frac{R_1R_2Cs+R_2}{R_1R_2Cs+R_1+R_2} \tag{4-41}$$

对于求传递函数的无源电路网络，由于无源电路网络内部不含任何电压源或电流源，只由电阻、电容和电感组合而成，因此对于串联网络，复阻抗等于各串联复阻抗之和；对于并联网络，复阻抗的倒数等于各并联复阻抗的倒数之和。通过这样的简化，利用复阻抗分压，往往就可以求出多数无源电路网络的传递函数。

图 4-16 所示的电路为无源双 T 网络，由图可得到下列方程组

$$\frac{U_i(s)-U_a(s)}{\dfrac{1}{Cs}}=\frac{U_a(s)-U_o(s)}{\dfrac{1}{Cs}}+\frac{U_a(s)}{\dfrac{R}{2}}$$

$$\frac{U_i(s)-U_b(s)}{R}=\frac{U_b(s)-U_o(s)}{R}+\frac{U_b(s)}{\dfrac{1}{2Cs}}$$

$$\frac{U_a(s)-U_o(s)}{\dfrac{1}{Cs}}+\frac{U_b(s)-U_o(s)}{R}=0$$

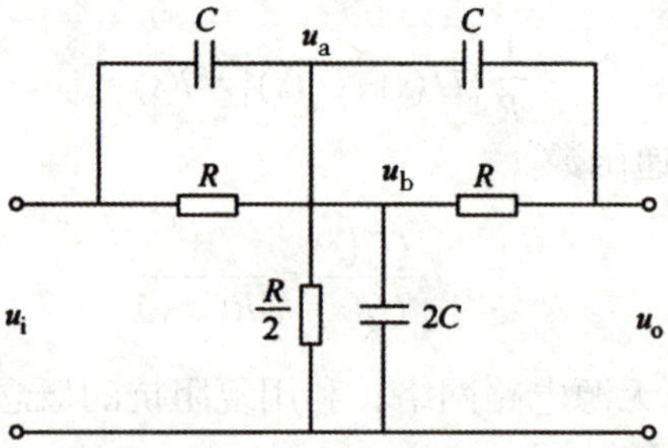

图 4-16　无源双 T 网络

消去中间变量 $U_a(s)$ 和 $U_b(s)$，求得传递函数为

$$\frac{U_o(s)}{U_i(s)}=\frac{R^2C^2s^2+1}{R^2C^2s^2+4RCs+1} \tag{4-42}$$

令 $s=\mathrm{j}\omega$，可得该电路网络的频率特性为

$$\frac{U_o(\mathrm{j}\omega)}{U_i(\mathrm{j}\omega)}=\frac{1-R^2C^2\omega^2}{(1-R^2C^2\omega^2)+\mathrm{j}4RC\omega} \tag{4-43}$$

由式（4-43）可见，当频率很低或很高时，该电路网络放大倍数接近 1，当 $\omega=1/RC$ 时，放大倍数为 0。若选择合适的电阻 R 和电容 C 值，可以滤掉频率为 ω 的干扰，因此这是一种使用效果很好的带阻滤波器。

运算放大器等有源装置由于开环放大倍数大、输入阻抗高、价格低，获得了越来越广

泛的应用。由运算放大器组成的有源电路网络在很多场合可取代无源电路网络。运算放大器相互连接时，由于各运算放大器输入阻抗很高，可以忽略负载效应。系统数学模型可通过分别求取各运算放大器的数学模型得到，大大简化了建模的步骤，降低了难度。各个运算放大器的模型一般可通过反馈复阻抗对输入复阻抗之比求得。

图 4-17 为运算放大器。由于运算放大器的开环增益极大，输入阻抗也极大，所以把 A 点看成“虚地”，即 $U_A \approx 0$，同时 $i_2 \approx 0$ 及 $i_1 \approx -i_f$。

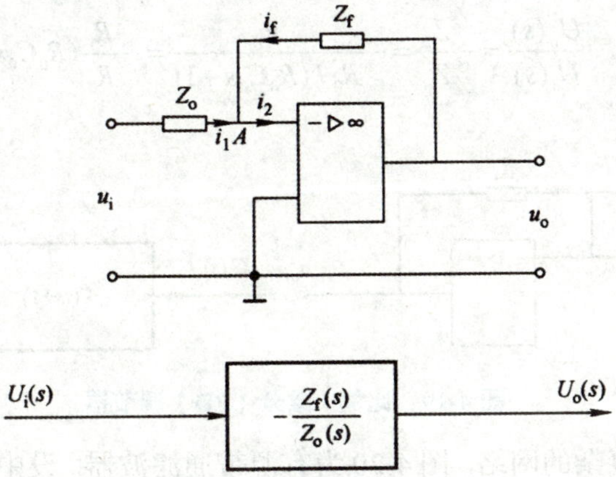

图 4-17　运算放大器

于是有

$$\frac{u_i}{Z_o} = -\frac{u_o}{Z_f}$$

对上式进行拉普拉斯变换，得

$$\frac{U_i(s)}{Z_o(s)} = -\frac{U_o(s)}{Z_f(s)}$$

因此，运算放大器的传递函数为

$$\frac{U_o(s)}{U_i(s)} = -\frac{Z_f(s)}{Z_o(s)} \tag{4-44}$$

式中，$Z_f(s)$ 和 $Z_o(s)$ 为复阻抗。

由式（4-44）可见，若选择不同的输入电路阻抗 Z_o 和反馈回路阻抗 Z_f，就可组成各种不同的传递函数，这是运放的一个突出优点。应用这一点，可以做成各种调节器和各种模拟电路。

图 4-18 为比例 - 积分（PI）调节器。由图可求出传递函数为

$$\frac{U_o(s)}{U_i(s)} = -\frac{Z_f(s)}{Z_o(s)} = -\frac{R_1 + \frac{1}{C_1 s}}{R_0} = -\left(\frac{R_1}{R_0} + \frac{1}{R_0 C_1 s}\right) = -\frac{R_1}{R_0}\frac{R_1 C_1 s + 1}{R_1 C_1 s} = -K_1 \frac{\tau_1 s + 1}{\tau_1 s} \tag{4-45}$$

式中，$K_1 = \frac{R_1}{R_0}$；$\tau_1 = R_1 C_1$。

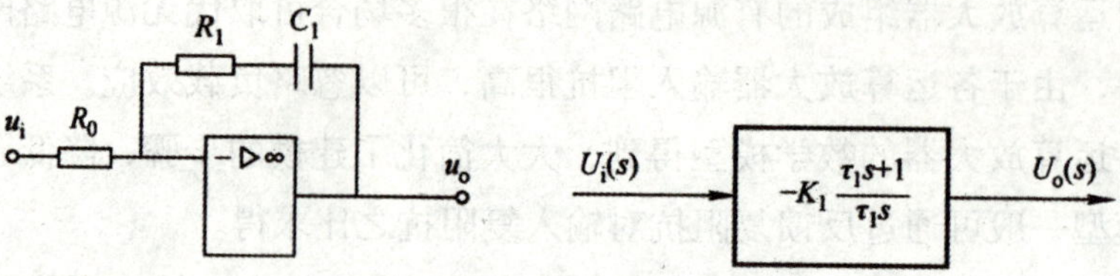

图 4-18　比例 - 积分（PI）调节器

图 4-19 为比例 - 微分（PD）调节器。由图可求出其传递函数为

$$\frac{U_o(s)}{U_i(s)}=-\frac{Z_f}{Z_o}=-\frac{R_1}{R_0/(R_0C_0s+1)}=-\frac{R_1}{R_0}(R_0C_0s+1) \tag{4-46}$$

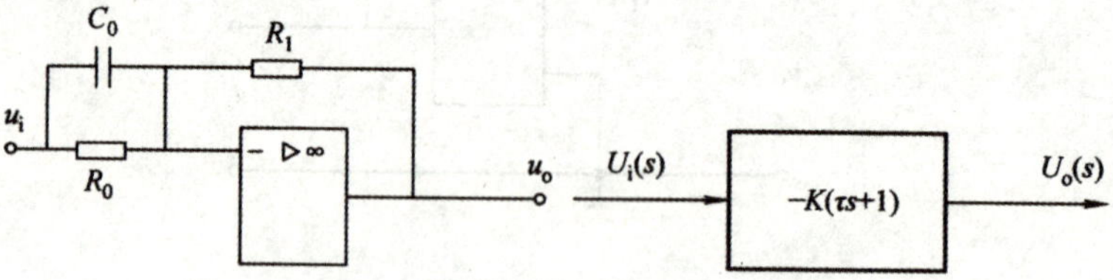

图 4-19　比例 - 微分（PD）调节器

下面再看两个较复杂的网络。图 4-20 为有源带通滤波器。设中间变量为 $i_1(t)$、$i_2(t)$、$i_3(t)$、$i_4(t)$ 和 $u_a(t)$，按照复阻抗可写出如下代数方程组

$$U_i(s)-U_a(s)=I_1(s)R_1$$
$$I_1(s)=I_2(s)+I_3(s)+I_4(s)$$
$$I_2(s)=\frac{U_a(s)}{R_2}$$
$$I_3(s)=U_a(s)sC_1$$
$$I_4(s)=[U_a(s)-U_o(s)]sC_2$$
$$I_3(s)=-\frac{U_o(s)}{R_3}$$

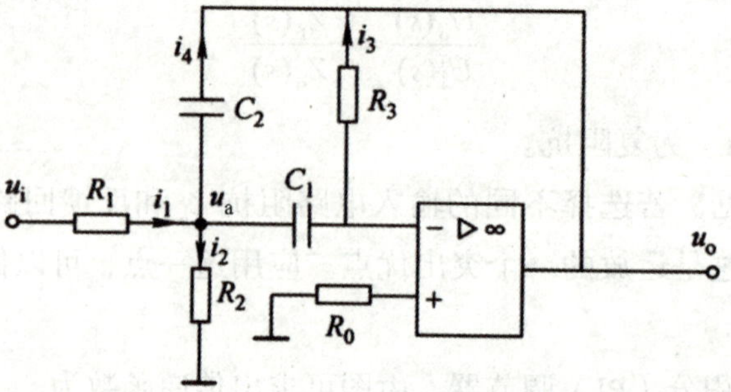

图 4-20　有源带通滤波器

消去中间变量 $I_1(s)$、$I_2(s)$、$I_3(s)$、$I_4(s)$ 和 $U_a(s)$，得该网络传递函数为

$$\frac{U_o(s)}{U_i(s)}=-\frac{\frac{R_2R_3}{R_1+R_2}C_1s}{\frac{R_1R_2R_3}{R_1+R_2}C_1C_2s^2+\frac{R_1R_2}{R_1+R_2}(C_1+C_2)s+1} \tag{4-47}$$

图 4-21 为滤除固定频率干扰的有源带通滤波器。设中间变量为 $u_a(t)$ 和 $u_b(t)$，则有如下代数方程组

$$\frac{U_i(s)}{R_1}+\frac{U_a(s)}{R_2}+\frac{U_a(s)}{\frac{1}{C_1s}}+\frac{U_b(s)}{R_3}=0$$

$$\frac{U_i(s)}{R_4}+\frac{U_a(s)}{R_7}+\frac{U_o(s)}{R_8}=0$$

$$\frac{U_i(s)}{R_5}+\frac{U_o(s)}{R_6}+\frac{U_b(s)}{\frac{1}{C_2s}}=0$$

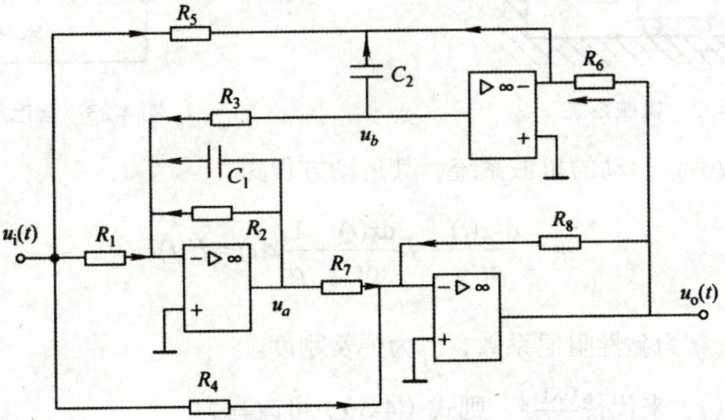

图 4-21　滤除固定频率干扰的有源带通滤波器

消去中间变量 $U_a(s)$ 和 $U_b(s)$，可得系统传递函数为

$$\frac{U_o(s)}{U_i(s)}=-\frac{R_8}{R_4}\frac{s^2+\frac{R_1R_7-R_2R_4}{R_1R_2R_7C_1}s+\frac{R_4}{R_3R_5R_7C_1C_2}}{s^2+\frac{1}{R_2+C_1}s+\frac{R_8}{R_3R_6R_7C_1C_2}} \tag{4-48}$$

使 $R_1R_7=R_2R_4$，$R_4/R_5=R_8/R_6$，则式（4-48）变为

$$\frac{U_o(s)}{U_i(s)}=-\frac{R_8}{R_4}\frac{s^2\frac{R_8}{R_3R_6R_7C_1C_2}}{s^2+\frac{1}{R_2C_1}s+\frac{R_8}{R_3R_6R_7C_1C_2}} \tag{4-49}$$

4.2.4 机械系统与电系统的模型相似

从上述各控制系统的元件或系统的微分方程可以发现，不同类型的元件或系统可具有形式相同的数学模型。例如，RLC 无源电路网络和弹簧 - 质量 - 阻尼器机械系统的数学模型均是二阶微分方程，称这些物理系统为相似系统。相似系统揭示了不同物理现象之间的相似关系，便于我们使用一个简单的系统模型去研究与其相似的复杂系统，也为控制系统的计算机数字仿真提供了基础。

前面讨论了机电系统及其一些典型元件的数学模型、运动微分方程和传递函数。导出了系统的数学模型之后，可以完全不管系统的物理模型如何，只要求解数学模型，就可以对系统性能进行分析。下面讨论图 4-22 和图 4-23 所示的两个系统。

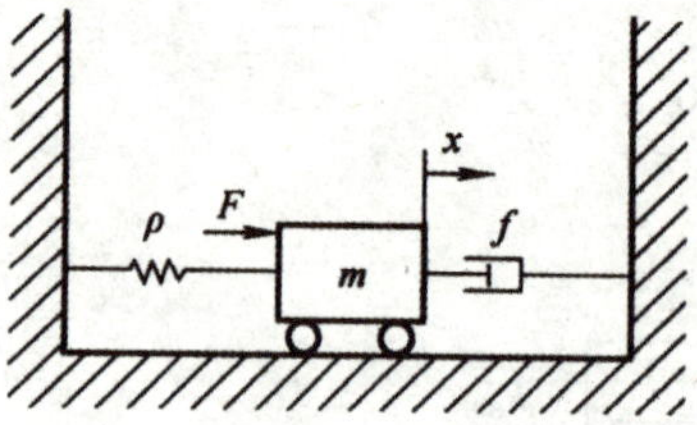

图 4-22　机械系统

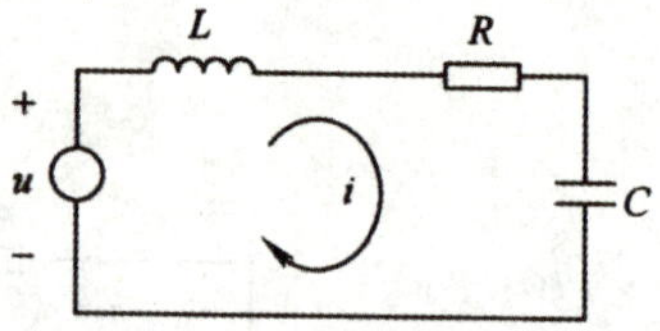

图 4-23　含电压源电路系统

图 4-22 为做平移运动的机械系统，其运动方程为

$$m=\frac{\mathrm{d}^2x(t)}{\mathrm{d}t^2}+f\frac{\mathrm{d}x(t)}{\mathrm{d}t}+\frac{1}{\rho}x(t)=F(t) \tag{4-50}$$

式中，m 为质量，f 为黏性阻尼系数，$\frac{1}{\rho}$ 为弹簧刚度。

若以速度 $\upsilon(t)$ 来代替 $\frac{\mathrm{d}x(t)}{\mathrm{d}t}$，则式（4-50）可改写为

$$m\frac{\mathrm{d}\upsilon(t)}{\mathrm{d}t}+f\upsilon(t)+\frac{1}{\rho}\int\upsilon(t)\,\mathrm{d}t=F(t) \tag{4-51}$$

而图 4-23 所示的电路系统的运动方程为

$$L\frac{\mathrm{d}i(t)}{\mathrm{d}t}+Ri(t)+\frac{1}{C}\int i(t)\,\mathrm{d}t=u(t) \tag{4-52}$$

比较式（4-51）和式（4-52），可以看出它们具有完全相似的形式，因此可以称为相似系统。两个相似系统中相对应的物理量称为相似量，如上述机械系统和电路系统中，驱动力源 F 与电压源 u 对应，质量 m 与电感 L 对应，黏性阻尼系数 f 与电阻 R 对应，弹簧柔度 ρ 与电容 C 对应。

分析机械系统时，如果能把它转化为相似的电路系统来研究，则优点如下：① 可以将一个复杂的机械系统变换为相似的电路图，容易利用电路理论，如网络理论等来分析机械系统，使问题变得简单；② 可以利用相似电路来模拟机械系统。用相似电路进行系统分析（实验）时，由于电路元器件易于更换，且电气参数（如电流、电压等）容易测量，

可以很方便地观察系统参数的变化对系统性能的影响，从而为选定参数来构成具有优良性能的系统提供了便利。

再看图 4-24 所示的电路系统，它具有一个电流源和三个无源元件 R、L 和 C。利用基尔霍夫电流定律，很容易导出节点方程为

$$C\frac{\mathrm{d}i(t)}{\mathrm{d}t}+Gu(t)+\frac{1}{L}\int u(t)\,\mathrm{d}t=i(t) \tag{4-53}$$

式中，G 为电导，$G=1/R$。

可以看出，式（4-53）与式（4-51）相似，因此，图 4-24 所示的电路系统也是图 4-22 所示机械系统的相似系统。其对应的相似量为：驱动力源 F 相似于电流源 i；质量 m 相似于电容 C；黏性阻尼系数 f 相似于电导 G；弹簧柔度 ρ 相似于电感 L 等。

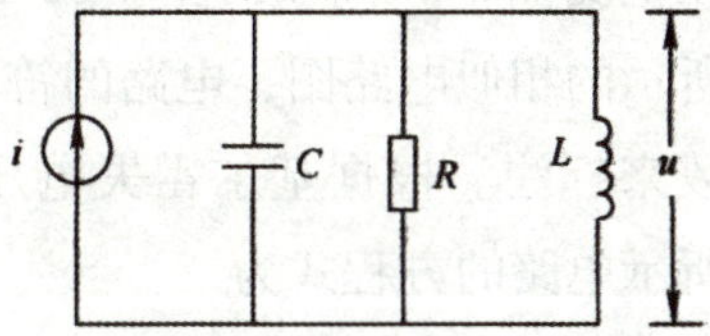

图 4-24　含电流源电路系统

我们注意到，图 4-23 和图 4-24 所示的两个电路系统电路图的不同是因为驱动源不同，前者为电压源，后者为电流源，它们都是图 4-22 所示的机械系统的相似系统。由于机械系统的驱动源为力源，所以我们称图 4-22 与图 4-23 的相似为力 - 电压相似，而将图 4-22 与图 4-24 的相似称为力 - 电流相似。

1. 力 - 电压相似

对机械系统进行研究时，首先必须确定连接点、参考地和参考方向。连接点是若干机械元件相互连接的地方。若系统中各连接点的力、位移和速度确定了，则整个系统中各元件的力、位移和速度也就确定了。我们规定，同一刚体上的所有点都属于同一个连接点。这样，在图 4-22 中，由于外力 F 和质量 m 引起的惯性力的作用点以及弹簧和阻尼的一端均位于小车这一刚体上，所以只选了一个连接点，即小车这一刚体。阴影部分表示参考地，连接点的位移和速度都是相对于参考地而言的，参考方向如图 4-22 中箭头所示。前面已经得到了图 4-22 和图 4-23 所示相似系统的运动方程式，即式（4-51）和式（4-52），由这两个方程式可以获得力 - 电压相似变换关系见表 4-2。

表 4-2　力 - 电压相似变换关系

机械系统	电路系统
力，F	电压，u
位移，$x=\int \upsilon\mathrm{d}t$	电荷，$g=\int i\mathrm{d}t$
速度，$\upsilon=\frac{\mathrm{d}x}{\mathrm{d}t}$	电流，$i=\frac{\mathrm{d}g}{\mathrm{d}t}$
质量，m	电感，L
黏滞阻尼系数，f	电阻，R
弹簧柔度，ρ	电容，C
连接点	闭合回路
参考壁（地）	地

利用力 - 电压相似原理，将一个机械系统变换成相似的电路图时，应遵循如下的变换规则：机械系统的一个连接点相似于一个由电压源和无源元件所组成的独立闭合回路，回路中的电压源和无源元件相似于机械系统中的对应元件，而参考地则相似于电路系统的公共点——地。

在将机械系统变换成相似的电路图时，可以只利用电路的各种符号，而参数及数值原封不动地按相似关系标注在电路图中。例如，图 4-22 的机械系统可变换成图 4-25 所示的相似电路图，电路的符号皆用相似的机械系统的参数来标注。根据基尔霍夫电压定律，很容易得出图 4-25 所示电路的方程式为

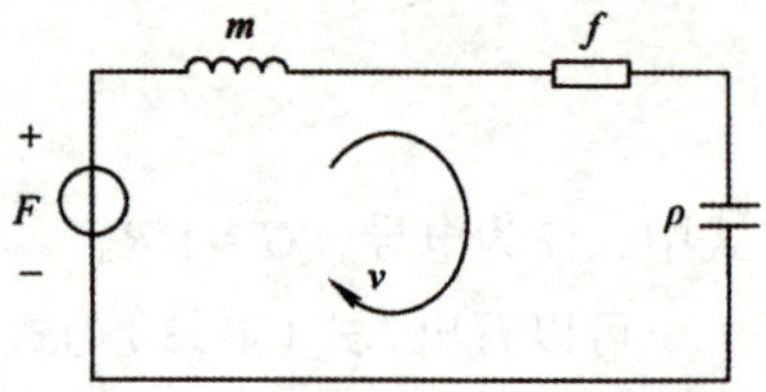

图 4-25　机械系统相似电路图

$$m\frac{\mathrm{d}\upsilon(t)}{\mathrm{d}t}+f\upsilon(t)+\frac{1}{\rho}\int\upsilon(t)\,\mathrm{d}t=F(t) \tag{4-54}$$

式（4-54）是图 4-22 所示机械系统的运动方程式。图 4-22 是利用电路系统的形式来表示机械系统的内容。

例 4–6　对图 4-26 所示的机械平移系统进行力 - 电压相似变换，得出系统运动方程式。

解： 对图 4-26，选择右向为参考方向的正方向（如 x_1、x_2 和 F 的箭头所示方向）；m_1 与 m_2 刚性相连，可视为一个质量（m_1+m_2）；选择两个连接点① 和②；参考地为阴影部分。

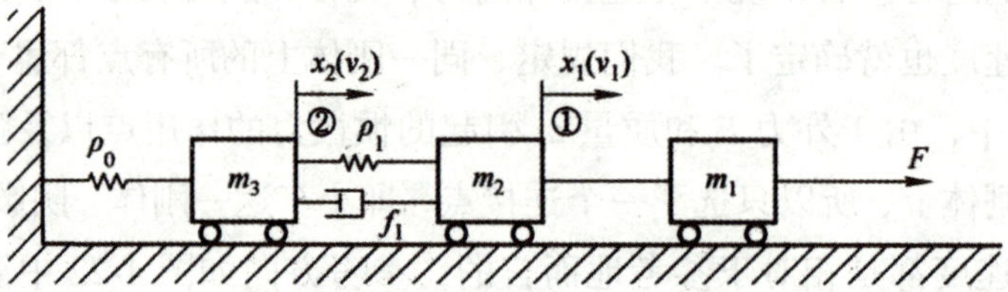

图 4-26　机械平移系统

首先画出此机械系统的相似电路图。因为有两个连接点，所以相似电路有两个独立的闭合回路：第一个回路相应于连接点①，由相似于连接点① 上的电压源 u（力源 F）、电感 L_1 和 L_2（质量 m_1 和 m_2）、电容 C_1（弹簧 ρ_1）、电阻 R_1（阻尼器 f_1）所组成，第二个回路相应于连接点②，由相似于连接点② 上的电感 L_3（质量 m_3）、电容 C_0 和 C_1（弹簧 ρ_0 和 ρ_1）、电阻 R_1（阻尼器 f_1）所组成。可以看到，R_1 和 C_1 是两个回路共有的，所以 R_1 和 C_1 应串联在两个回路的公共支路上。由图 4-27（a）所示的相似电路，很容易列出它的回路方程式

$$(L_1+L_2)\frac{\mathrm{d}i_1}{\mathrm{d}t}+R_1(i_1-i_2)+\frac{1}{C_1}\int(i_1-i_2)\,\mathrm{d}t=u \tag{4-55}$$

$$L_3\frac{\mathrm{d}i_2}{\mathrm{d}t}+R_1(i_1-i_2)+\frac{1}{C_1}\int(i_1-i_2)\mathrm{d}t+\frac{1}{C_0}\int i_2\mathrm{d}t=0 \tag{4-56}$$

再利用力 - 电压相似变换表进行相似量的变换，便可得到机械系统的运动方程式。同样，由图 4-27（b）可以直接写出机械系统的运动方程式

$$(m_1+m_2)\frac{\mathrm{d}i_1}{\mathrm{d}t}+f_1(\upsilon_1+\upsilon_1)+\frac{1}{\rho_1}\int(\upsilon_1-\upsilon_2)\,\mathrm{d}t=F \tag{4-57}$$

$$m_3\frac{\mathrm{d}\upsilon_2}{\mathrm{d}t}+f_1(\upsilon_1-\upsilon_2)+\frac{1}{\rho_1}\int(\upsilon_2-\upsilon_1)\,\mathrm{d}t+\frac{1}{\rho_0}\int\upsilon_2\mathrm{d}t=0 \tag{4-58}$$

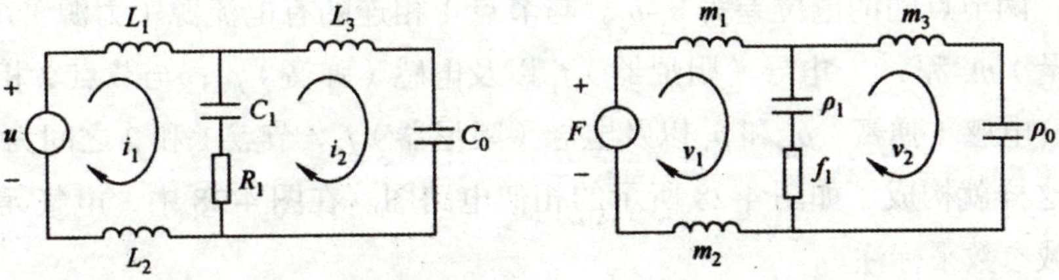

（a）用电气参数标注的相似电路　　（b）用机械参数标注的相似电路

图 4-27　机械平移系统的力 - 电压相似电路

其中，图 4-27（b）中的元件参数是根据力 - 电压相似变换表由图 4-25 进行相似量变换得到的。

2. 力 - 电流相似

若设法将机械系统中的连接点与电路系统中的节点相对应，则在变换中将显得更自然些，这就导出了力 - 电流相似。在这种相似变换中，通过机械元件传递的力与流经电路元件的电流相似，而连接点之间的速度差与电路中节点之间或节点与地之间的电位差相似。力 - 电流相似中的相似变换关系见表 4-3。

表 4-3　力 - 电流相似变换关系

机械系统	电路系统
力，F	电流，i
位移，x	磁通量，Φ
速度，$\upsilon=\frac{\mathrm{d}x}{\mathrm{d}t}$	电压，$u=\frac{\mathrm{d}\Phi}{\mathrm{d}t}$
质量，m	电容，C
黏滞阻尼系数，f	电导，G
弹簧柔度，ρ	电感，L
连接点	节点
参考壁（地）	地

力 - 电流相似的变换规则为：机械系统中的一个连接点相应于相似电路中的一个节点。机械系统连接点所连接的驱动力源及无源机械元件与相似电路中的相应节点所连接的电流源及无源电路元件一一对应。同样规定，刚体上的所有点都看作处于同一连接点上。在力 - 电流相似中，质量 m 与电容 C 相似，而各质量的速度皆是相对参考地而言。既然如此，

则在相似电路中，电容器的一端总是接地的，因为与质量 m 的速度 v 相似的电容器两端的电位也是相对于地电位而言的。这样，若有两个以上的质量刚性相连，则在相似电路中相应有两个以上的电容器接在节点与地之间。

例 4–7 仍以图 4-26 所示的机械平移系统为例，应用力 - 电流相似，写出该系统的运动方程式。

解： 选择图 4-26 中的两个连接点① 和②，与之相对应，在相似电路中有节点 1 和 2。按照力 - 电流相似变换规则，节点 1 和地之间的电位差（速度）为 v_1，节点 2 与地之间的电位差为 v_2，两节点间的电位差为 v_1-v_2。与节点 1 相连的有电流源（力源）F，无源元件有电容（质量）m_1 和 m_2、电导（阻尼器）f_1 以及电感（弹簧）ρ_1；与节点 2 相连的有电容（质量）m_3、电感（弹簧）ρ_0 和 ρ_1 以及电导（阻尼器）f_1。节点 1 和 2 之间为电感 ρ_1 和电导 f_1 并联。这样就构成了如图 4-28 所示的相似电路图。在图 4-28 中，电气元件的参数皆用相似的机械参数来标注。

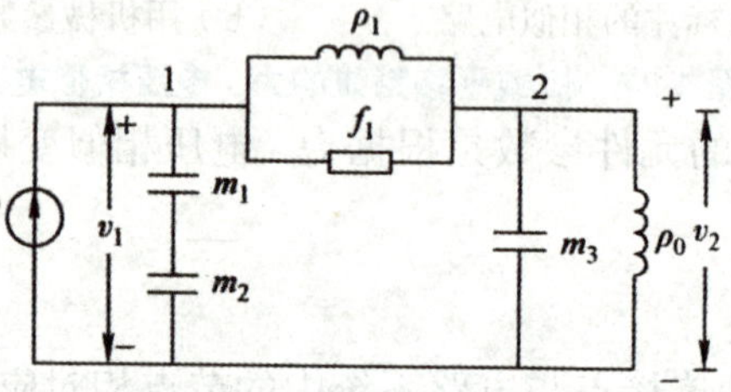

图 4-28　机械平移系统相似电路图

对此电路图应用基尔霍夫电流定律，可列出节点方程式。

对节点 1，有

$$(m_1+m_2)\frac{\mathrm{d}v_1}{\mathrm{d}t}+f_1(v_1+v_2)+\frac{1}{\rho_1}\int(v_1-v_2)\,\mathrm{d}t=F \tag{4-59}$$

对节点 2，有

$$-\frac{1}{\rho_1}\int(v_1-v_2)\mathrm{d}t-f_1(v_1-v_2)+m_3\frac{\mathrm{d}v_2}{\mathrm{d}t}+\frac{1}{\rho_0}\int v_2\mathrm{d}t=0$$

或

$$m_3\frac{\mathrm{d}v_2}{\mathrm{d}t}+f_1(v_2-v_1)+\frac{1}{\rho_1}\int(v_2-v_1)\mathrm{d}t+\frac{1}{\rho_0}\int v_2\mathrm{d}t=0 \tag{4-60}$$

可以看到，得到的运动方程式与前面导出的结果相同，这就表明无论是利用力 - 电压相似，还是应用力 - 电流相似，皆可获得机械系统的相似电路图。

前面讨论了机械平移系统的相似变换，对于机械旋转系统同样可以根据力 - 电压相似或力 - 电流相似的原理来进行相似变换，只不过要将旋转系统中的参数变成平移系统中的相似量，其相似变换关系见表 4-4。

表 4-4　机械平移系统与机械旋转系统相似变换关系

平移系统	旋转系统
力，F	转矩，M
位移，x	角位移，θ
速度，$\upsilon=\frac{dx}{dt}$	角速度，$\omega=\frac{d\theta}{dt}$
加速度，$a=\frac{d^2x}{dt^2}=\frac{d\upsilon}{dt}$	角加速度，$a=\frac{d^2\theta}{dt^2}=\frac{d\Omega}{dt}$
质量，m	转动惯量，J
黏滞阻尼系数，f	旋转黏滞阻尼系数，f_θ
弹簧柔度，ρ	弹簧扭转柔度，ρ_θ

例 4–8　试画出图 4-29 所示机械旋转系统的相似电路图，并导出该系统的运动方程式。图中，参数 M 为作用在飞轮上的外力矩，J 为飞轮转动惯量，ρ_θ 为轴的弹簧扭转柔度，f_θ 为飞轮旋转黏滞阻尼系数，θ 为轴的扭转角位移。

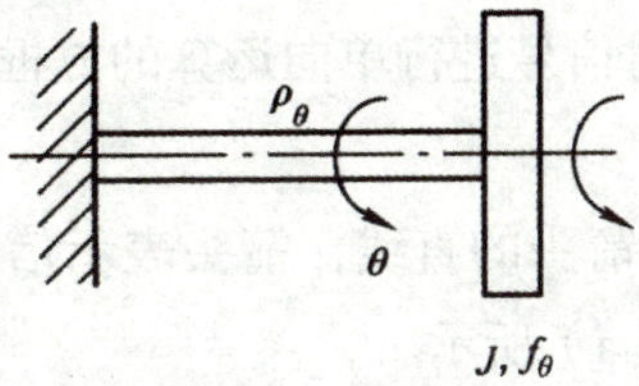

图 4-29　机械旋转系统的相似电路图

解：本例利用力矩 - 电流相似原理来进行研究。选择飞轮为连接点，它连接力矩源 M 和三个元件，即扭转刚度为 $1/\rho_\theta$ 的轴、转动惯量为 J 的飞轮以及黏滞阻尼系数为 f_θ 的阻尼器。这相应于相似电路中有一个节点，它连接一个电流源（力矩源）和三个元件，即电容 C（转动惯量 J）、电导 G（阻尼器 f_θ）和电感 L（弹簧扭转柔度 ρ_θ）。相似电路系统如图 4-30 所示。由图可得节点方程为

$$C\frac{du}{dt}+Gu+\frac{1}{L}\int u dt=i \tag{4-61}$$

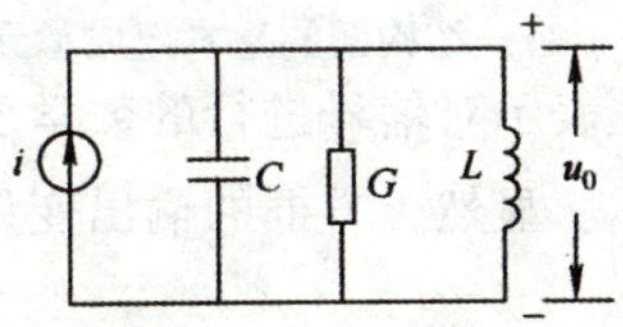

图 4-30　机械旋转系统的相似电路系统

根据力矩 - 电流相似变换关系，很容易写出相似方程式

$$J\frac{d\Omega}{dt}+f_\theta\Omega+\frac{1}{\rho_\theta}\int\Omega dt=M \tag{4-62}$$

这就是机械旋转系统的运动方程式。

4.3 结构图与信号流图

控制系统的结构图和信号流图都是描述系统各元部件之间信号传递关系的数学图形，它们表示了系统中各变量之间的因果关系以及对各变量所进行的运算，是控制理论中描述复杂系统的一种简便方法。与结构图相比，信号流图符号简单，更便于绘制和应用，特别是在系统的计算机模拟仿真研究以及状态空间法分析设计中，信号流图可以直接给出计算机模拟仿真程序和系统的状态方程描述，更显示出其优越性。但是，信号流图只适用于线性系统，而结构图也可用于非线性系统。

4.3.1 结构图的组成与绘制

控制系统的结构图是由许多对信号进行单向运算的方框和一些信号流向线组成，它包含如下四种基本单元。

（1）信号线。信号线是带有箭头的直线，箭头表示信号的流向，在直线旁标记信号的时间函数或象函数，如图 4-31（a）所示。

（2）引出点（或测量点）。引出点表示信号引出或测量的位置，从同一位置引出的信号在数值和性质方面完全相同，如图 4-31（b）所示。

（3）比较点（或综合点）。比较点表示对两个以上的信号进行加减运算，“+”号表示相加，“-”号表示相减，“+”号可省略不写，如图 4-31（c）所示。

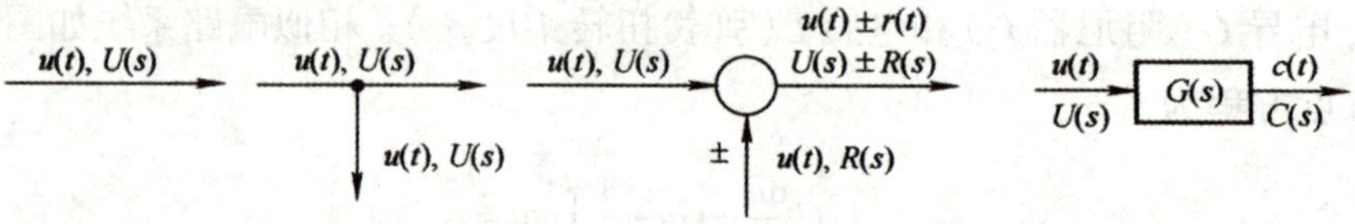

（a）信号线　（b）引出点　（c）比较点　（d）方框

图 4-31　结构图的基本组成单元

（4）方框（或环节）。方框表示对信号进行的数学变换，方框中写入元部件或系统的传递函数，如图 4-31（d）所示。显然，方框的输出变量等于方框的输入变量与传递函数的乘积，即

$$C(s) = G(s)U(s)$$

因此，方框可视为单向运算的算子。

绘制系统结构图时，首先考虑负载效应，分别列写系统各元部件的微分方程或传递函数，并将它们用方框表示；然后根据各元部件的信号流向，用信号线依次将各方框连接便得到系统的结构图。因此，系统结构图实质上是系统原理图与数学方程两者的结合，既补

充了原理图所缺少的定量描述，又避免了纯数学的抽象运算。从结构图上可以用方框进行数学运算，也可以直观了解各元部件的相互关系及其在系统中所起的作用，更重要的是，从系统结构图可以方便地求得系统的传递函数。所以，系统结构图也是控制系统的一种数学模型。

要指出的是，虽然系统结构图是从系统元部件的数学模型得到的，但结构图中的方框与实际系统的元部件并非一一对应。一个实际元部件可以用一个方框或几个方框表示；而一个方框也可以表示几个元部件或一个子系统，或是一个大的复杂系统。

下面举例说明系统结构图的绘制方法。

例 4–9 图 4-32 为电压测量装置，也是一个反馈控制系统。e_1 是待测量电压，e_2 是指示的电压测量值。如果 e_2 不同于 e_1，则产生误差电压 $e=e_1-e_2$，经调制、放大之后，驱动两相伺服电动机运转，并带动测量指针移动，直至 $e_1=e_2$。这时指针指示的电压值即待测量的电压值。试绘制该系统的结构图。

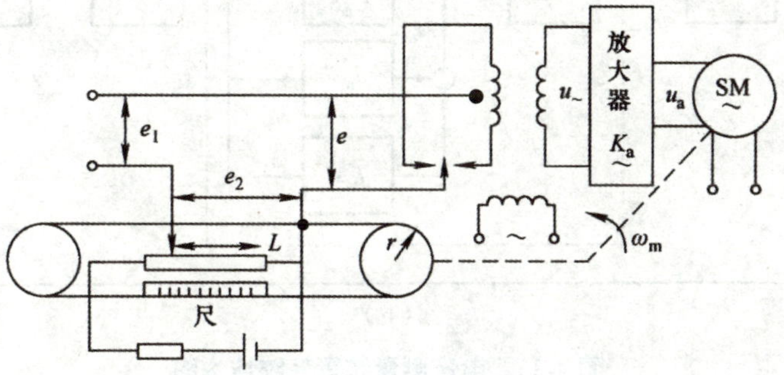

图 4-32 电压测量装置

解：系统由比较电路、机械调制器、放大器、两相伺服电动机及指针机构组成。首先，考虑负载效应，分别列写各元部件的运动方程，并在零初始条件下进行拉氏变换，于是有

比较电路 $E(s)=E_1(s)-E_2(s)$

调制器 $U_\sim(s)=E(s)$

放大器 $U_a(s)=K_aE(s)$

两相伺服电动机 $M_m=-C_\omega s\Theta_m(s)+M_s$, $M_s=C_mU_a(s)$, $M_m=J_ms^2\Theta_m(s)+f_ms\Theta_m(s)$

式中，M_m 是电动机转矩；M_s 是电动机堵转转矩；$U_a(s)$ 是控制电压；K_a 是放大器放大系数；$\Theta_m(s)$ 是电动机角位移；J_m 和 f_m 分别是折算到电动机上的总转动惯量及总黏性摩擦系数；$C_\omega=\mathrm{d}M_m/\mathrm{d}\omega_m$ 是阻尼系数，即机械特性线性化的直线斜率；C_m 可用额定电压 U_e 时的堵转转矩确定，即 $C_m=M_s/U_e$。

绳轮传动机构 $L(s)=r\Theta_m(s)$

式中，r 是绳轮半径；L 是指针位移。

测量电位器 $E_2(s)=K_1L(s)$

式中，K_1 是电位器传递系数。

其次，根据各元部件在系统中的工作关系，确定其输入量和输出量，并按照各自的运动方程分别画出每个元部件的框图，如图 4-33（a）至图 4-33（g）所示。最后，用信号线按信号流向依次将各元部件的方框连接起来，便得到系统结构图，如图 4-33（h）所示。

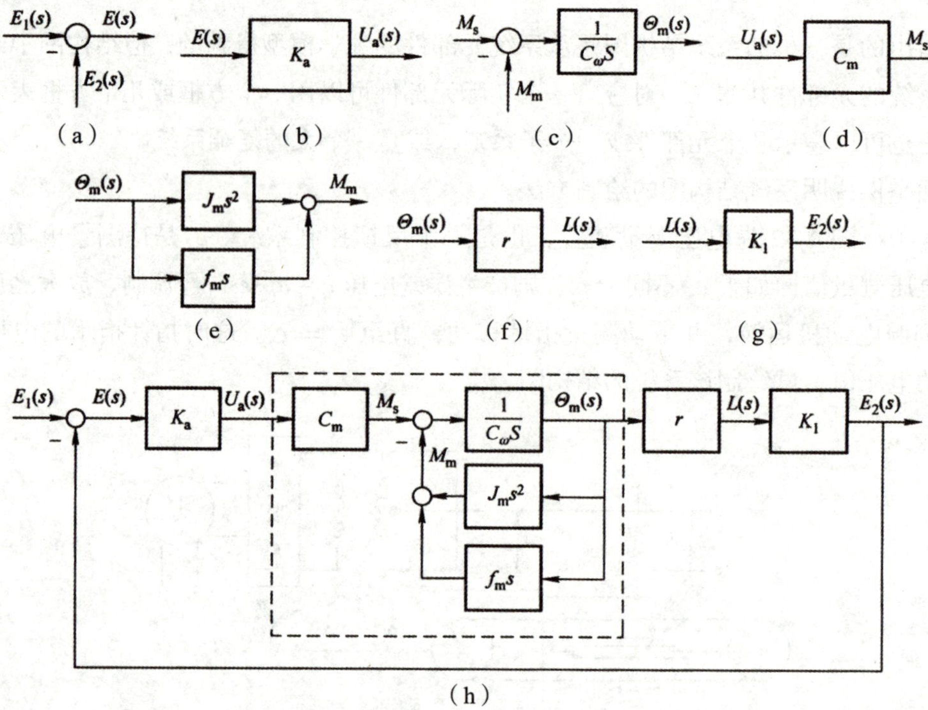

图 4-33　电压测量装置系统结构图

4.3.2　结构图的等效变换与简化

由控制系统的结构图通过等效变换（或简化）可以方便地求取闭环系统的传递函数或系统输出量的响应。实际上，这个过程对应于由元部件运动方程消去中间变量求取系统传递函数的过程。

一个复杂的系统结构图，其方框间的连接必然是错综复杂的，但方框间的基本连接方式只有串联、并联和反馈连接三种。因此，结构图简化的一般方法是移动引出点或比较点，交换比较点，进行方框运算将串联、并联和反馈连接的方框合并。在简化过程中应遵循变换前后变量关系保持等效的原则，具体而言，就是变换前后前向通路中传递函数的乘积应保持不变，回路中传递函数的乘积应保持不变。

1. 串联方框的简化（等效）

传递函数分别为 $G_1(s)$ 和 $G_2(s)$ 的两个方框，若 $G_1(s)$ 的输出量作为 $G_2(s)$ 的输入量，则 $G_1(s)$ 与 $G_2(s)$ 称为串联连接，如图 4-34（a）所示（注意，两个串联连接元件的框图应考虑负载效应）。

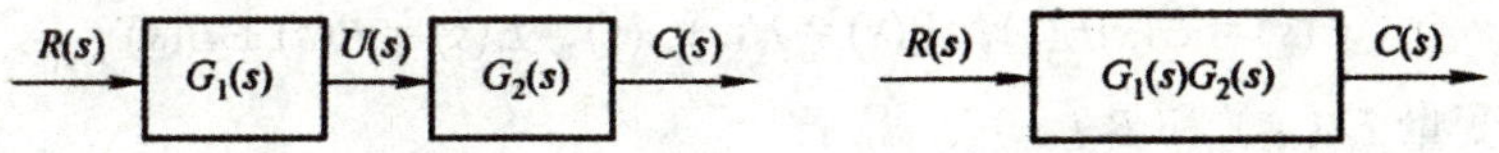

（a）方框串联　　（b）串联等效表示

图 4-34　方框串联连接及其简化

由图 4-34（a），有

$$U(s)=G_1(s)R(s),\ C(s)=G_2(s)U(s)$$

消去 $U(s)$，得

$$C(s)=G_1(s)G_2(s)R(s)=G(s)R(s)$$

式中，$G(s)=G_1(s)G_2(s)$，是串联方框的等效传递函数，可用图 4-34b 所示的方框表示。

由此可知，两个方框串联连接的等效方框等于各个方框传递函数之乘积。这个结论可推广到 n 个串联方框的情况。

2．并联方框的简化（等效）

传递函数分别为 $G_1(s)$ 和 $G_2(s)$ 的两个方框，如果它们有相同的输入量，而输出量等于两个方框输出量的代数和，则 $G_1(s)$ 与 $G_2(s)$ 称为并联连接，如图 4-35（a）所示。

由图 4-35（a），有

$$C_1(s)=G_1(s)R(s),\ C_2(s)=G_2(s)R(s),\ C(s)=C_1(s)\pm C_2(s)$$

消去 $C_1(s)$ 和 $C_2(s)$，得

$$C(s)=[G_1(s)\pm G_2(s)]R(s)=G(s)R(s)$$

式中，$G(s)=G_1(s)\pm G_2(s)$，是并联方框的等效传递函数，可用图 4-35（b）所示的方框表示。

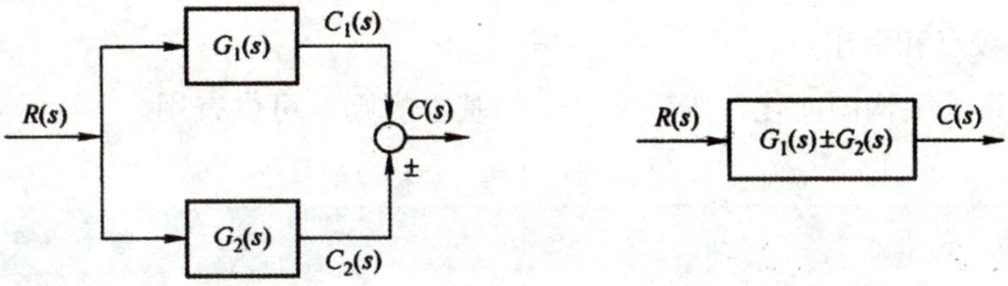

（a）方框并联　　（b）并联等效表示

图 4-35　方框并联连接及其简化

由此可知，两个方框并联连接的等效方框等于各个方框传递函数的代数和。这个结论可推广到 n 个并联连接的方框情况。

3．反馈连接方框的简化（等效）

若传递函数分别为 $G(s)$ 和 $H(s)$ 的两个方框以如图 4-36（a）所示的形式连接，则称为反馈连接。“+”号表示输入信号与反馈信号相加，是正反馈；“−”号表示相减，是负反馈。

如图 4-36（a）所示，有

$$C(s)=G(s)E(s),\ B(s)=H(s)G(s),\ E(s)=R(s)\pm B(s)$$

消去中间变量 $E(s)$ 和 $B(s)$，得

$$C(s)=G(s)[R(s)\pm H(s)C(s)]$$

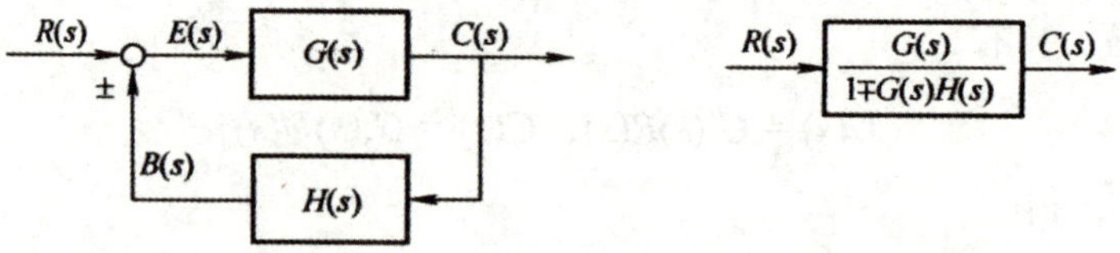

（a）方框反馈连接　　（b）反馈等效表示

图 4-36　方框反馈连接及其简化

于是有

$$C(s)=\frac{G(s)}{1\pm G(s)H(s)}R(s)=\Phi(s)R(s) \tag{4-63}$$

式中

$$\Phi(s)=\frac{G(s)}{1\pm G(s)H(s)} \tag{4-64}$$

称为闭环传递函数，是方框反馈连接的等效传递函数。式中负号对应正反馈连接，正号对应负反馈连接。式（4-63）可用图 4-36（b）所示的方框表示。

4. 比较点和引出点的移动

在系统结构图简化过程中，有时为了便于进行方框的串联、并联或反馈连接的运算，需要移动比较点或引出点的位置。这时应注意在移动前后必须保持信号的等效性，而且比较点和引出点之间一般不宜交换其位置。此外，“−”号可以在信号线上越过方框移动，但不能越过比较点和引出点。

表 4-5 汇集了结构图简化（等效变换）的基本规则，可供查用。

表 4-5　结构图简化（等效变换）的基本规则

原框图	等效框图	等效运算关系
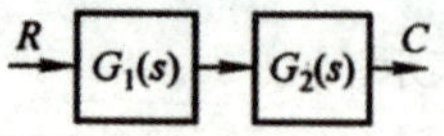	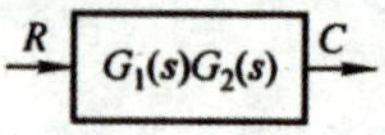	串联等效 $C(s)=G_1(s)C_2(s)R(s)$
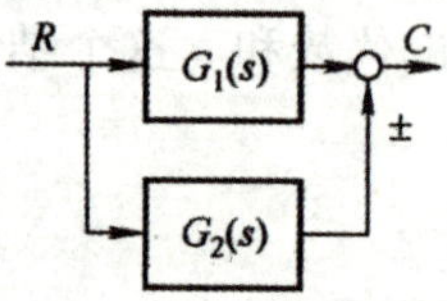	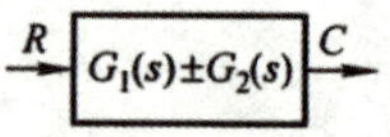	并联等效 $C(s)=[G_1(s)\pm G_2(s)]R(s)$
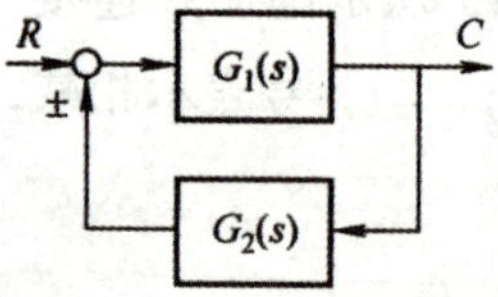	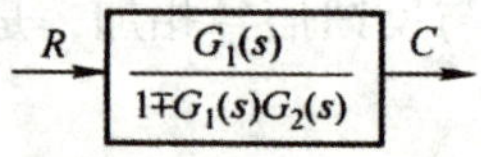	反馈等效 $C(s)=\dfrac{G_1(s)R(s)}{1\mp G_1(s)G_2(s)}$

续表

原框图	等效框图	等效运算关系
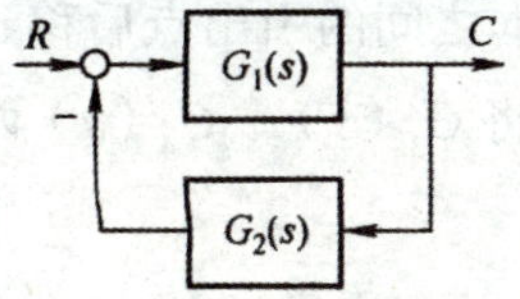	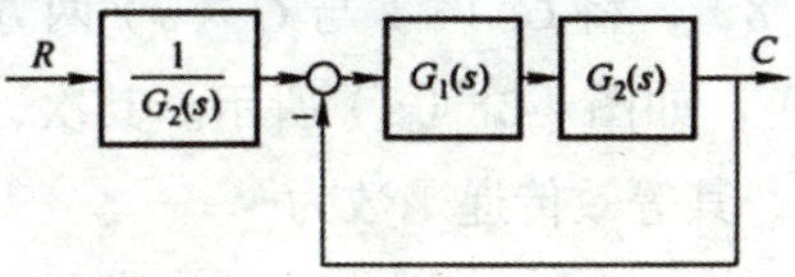	等效单位反馈 $\dfrac{C(s)}{R(s)}=\dfrac{1}{G_2(s)}\dfrac{G_1(s)G_2(s)}{1+G_1(s)G_2(s)}$
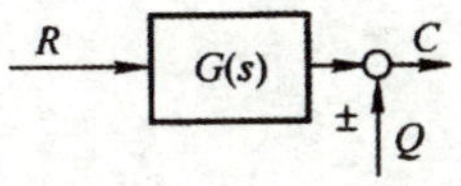	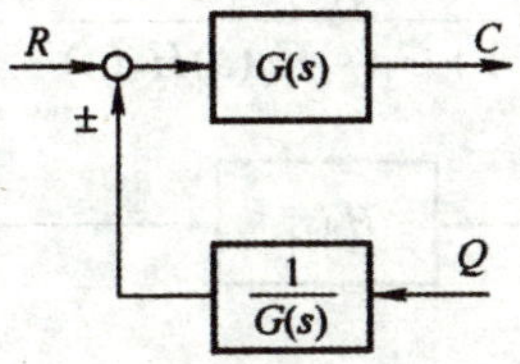	比较点前移 $C(s)=R(s)G(s)\pm Q(s)$ $=\left[R(s)\pm\dfrac{Q(s)}{G(s)}\right]G(s)$
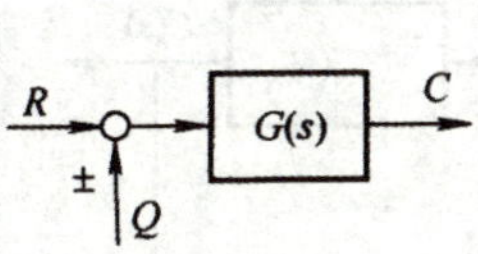	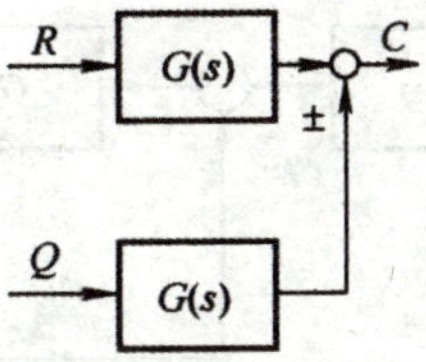	比较点后移 $C(s)=[R(s)\pm Q(s)]G(s)$ $=R(s)G(s)\pm Q(s)G(s)$
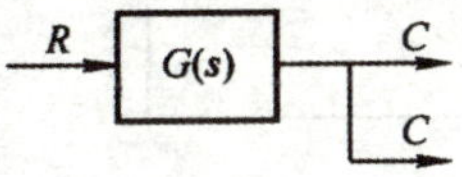	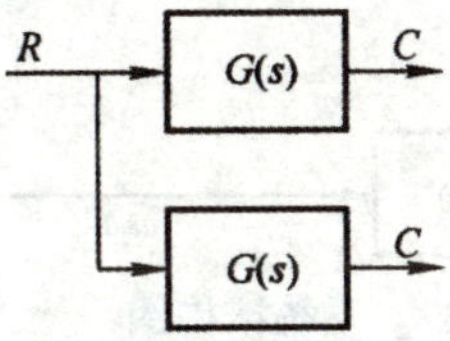	引出点前移 $C(s)=R(s)G(s)$
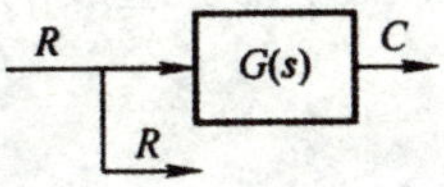	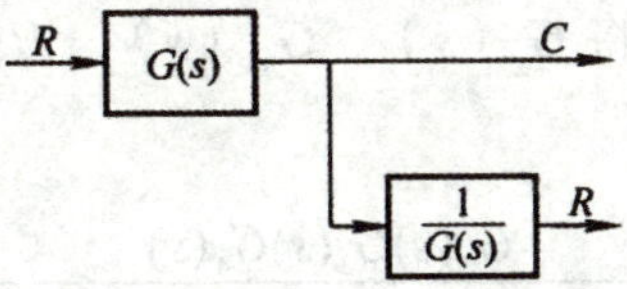	引出点后移 $R(s)=R(s)G(s)\dfrac{1}{G(s)}$ $C(s)=R(s)G(s)$
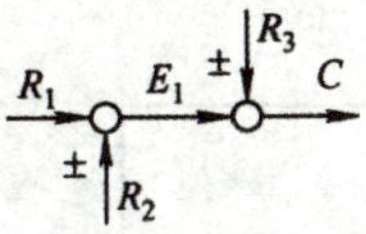	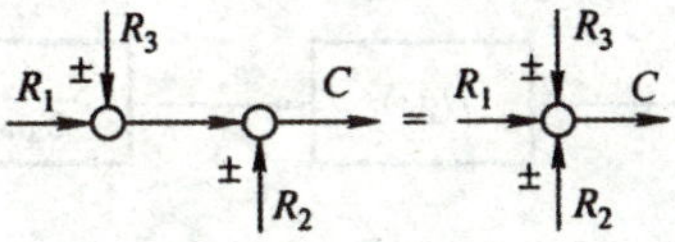	交换或合并比较点 $C(s)=E_1(s)\pm R_3(s)$ $=R_1(s)\pm R_2(s)\pm R_3(s)$ $=R_1(s)\pm R_3(s)\pm R_2(s)$
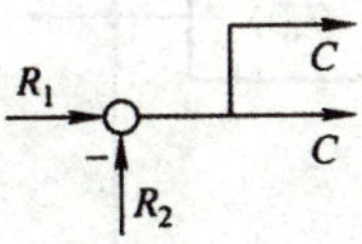	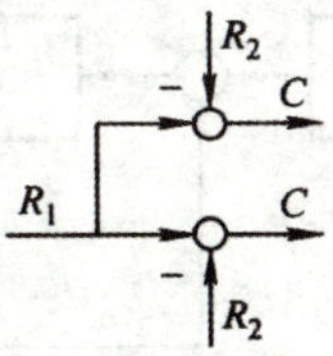	交换比较点和引出点（一般不采用） $C(s)=R_1(s)-R_2(s)$
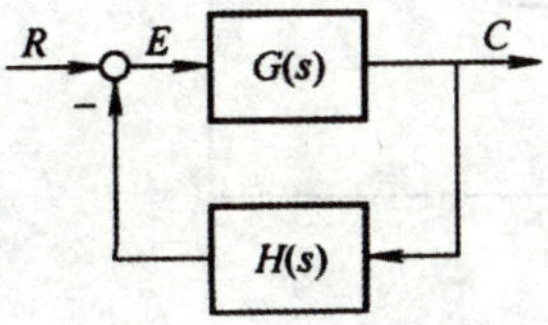	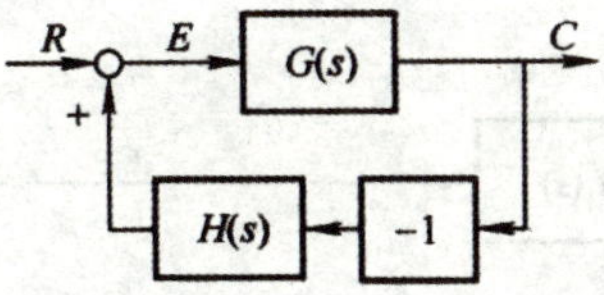	负号在支路上移动 $E(s)=R(s)-H(s)C(s)$ $=R(s)+H(s)(-1)C(s)$

例 4–10 试简化图 4-37 所示的系统结构图，并求系统传递函数 $C(s)/R(s)$。

解： 在图 4-37 中，若不移动比较点或引出点的位置，就无法进行方框的等效运算。为此，首先应用表 4-5 中的规则（8），将 $G_3(s)$ 与 $G_4(s)$ 两方框之间的引出点后移到方框的输出端（注意，不宜前移），如图 4-38（a）所示。其次，将 $G_3(s)$、$G_4(s)$ 两和 $H_3(s)$ 组成的内反馈回路简化，其等效传递函数为

$$G_{34}(s)=\frac{G_3(s)G_4(s)}{1+G_3(s)G_4(s)H_3(s)}$$

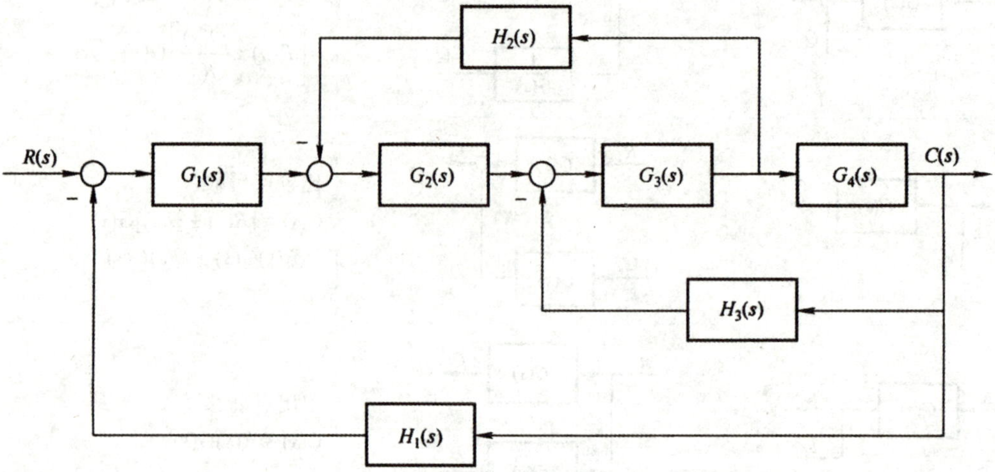

图 4-37 系统结构图

如图 4-38（b）所示。然后，再将 $G_2(s)$、$G_{34}(s)$、$H_2(s)$ 和 $1/G_4(s)$ 组成的内反馈回路简化，其等效传递函数为

$$G_{23}(s)=\frac{G_2(s)G_3(s)G_4(s)}{1+G_3(s)G_4(s)H_3(s)+G_2(s)G_3(s)H_2(s)}$$

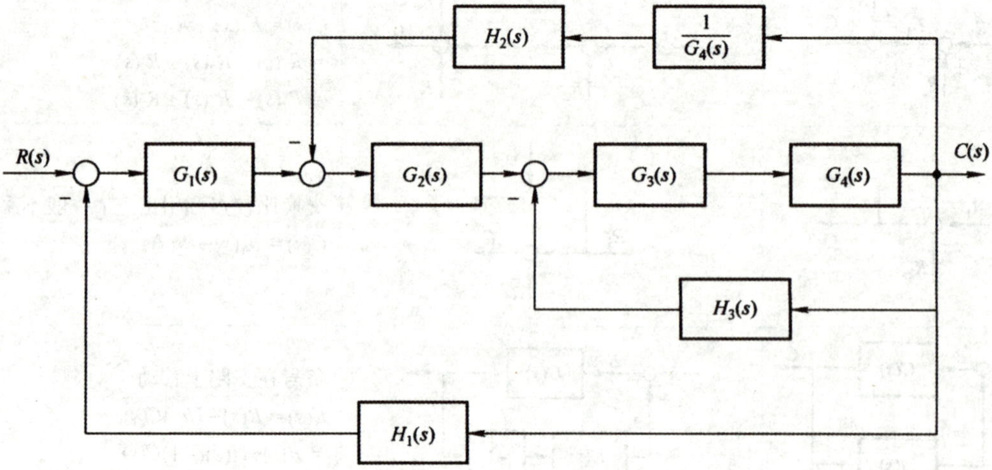

（a）后移 $G_3(s)$ 引出点

图 4-38 例 4-10 系统结构图简化

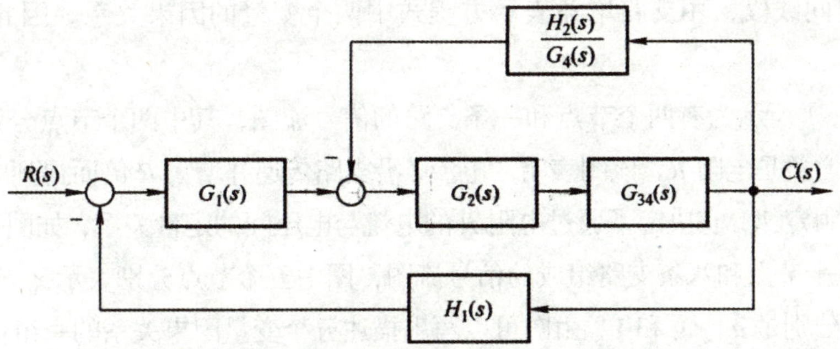

（b）简化内回路 G_{34}（s）

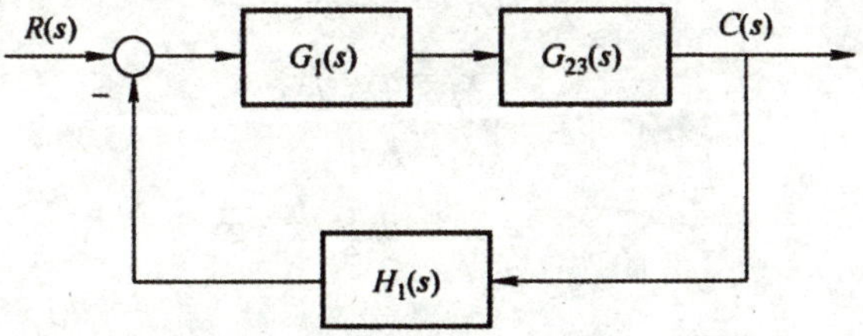

（c）简化内回路 G_{23}（s）

图 4-38　例 4-10 系统结构图简化（续）

如图 4-38（c）所示。最后，将 G_1（s）、G_{23}（s）两和 H_1（s）组成的反馈回路简化，便求得系统的传递函数为

$$\Phi(s)=\frac{C(s)}{R(s)}=\frac{G_1(s)G_2(s)G_3(s)G_4(s)}{1+G_2(s)G_3(s)H_2(s)+G_3(s)G_4(s)H_3(s)+G_1(s)G_2(s)G_3(s)G_4(s)H_1(s)}$$

本例还有其他变换方法，如可以先将 G_4（s）后的引出点前移或者将比较点移动到同一点，再加以合并等。

在进行结构图等效变换时，变换前后应注意保持信号的等效性。例如，图 4-37 中，H_2（s）的输入信号是 G_3（s）的输出，当将该引出点后移时，H_2（s）的输入信号变为了 G_4（s）的输出信号。为保持 H_2（s）的输入信号不变，应将 G_4（s）的输出信号乘以 $1/G_4$（s），这样便可还原为 G_3（s）的输出信号，故有图 4-38（a）所示的系统结构图。又如，若将 G_2（s）输入端的比较点按表 4-4 中的规则（6）后移到 G_2（s）的输出端，虽然 G_2（s）的输入信号减少了一项（来自 H_2（s）的输出信号），但由于在 G_2（s）的输出信号中补入了来自 H_2（s）G_2（s）的输出信号，故保持了 G_2（s）的输出信号在变换前后的等效性，而且回路的乘积 G_2（s）G_3（s）H_2（s）保持不变。

4.3.3　信号流图的组成与绘制

1. 信号流图的组成

信号流图起源于梅森利用图示法来描述一个或一组线性代数方程式。它是由节点和支路组成的一种信号传递网络，图中节点代表方程式中的变量，以小圆圈表示；支路是连接两个节点的定向线段，用支路增益表示方程式中两个变量的因果关系，因此支路相当于乘法器。

图 4-39（a）所示为有两个节点和一条支路的信号流图，其中两个节点分别代表电流 I 和电压 U，支路增益是电阻 R。该图表明，电流 I 沿支路传递并增大 R 倍而得到电压 U。这正是众所熟知的欧姆定律，它决定了通过电阻 R 的电流与电压间的定量关系，如图 4-39（b）所示。图 4-40 为由五个节点和八条支路组成的信号流图，图中五个节点分别表示 x_1 ～ x_5 五个变量，每条支路增益分别是 a ～ g 和 1。由图可以写出描述五个变量因果关系的一组代数方程式：

$$x_1 = x_1$$
$$x_2 = x_1 + ex_3$$
$$x_3 = ax_2 + fx_4$$
$$x_4 = bx_3$$
$$x_5 = dx_2 + cx_4 + gx_5$$

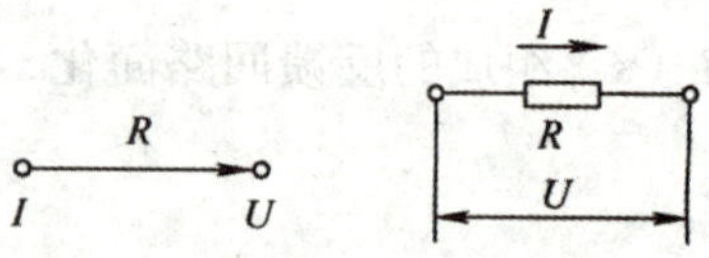

（a）（b）

图 4-39　信号流图与欧姆定律

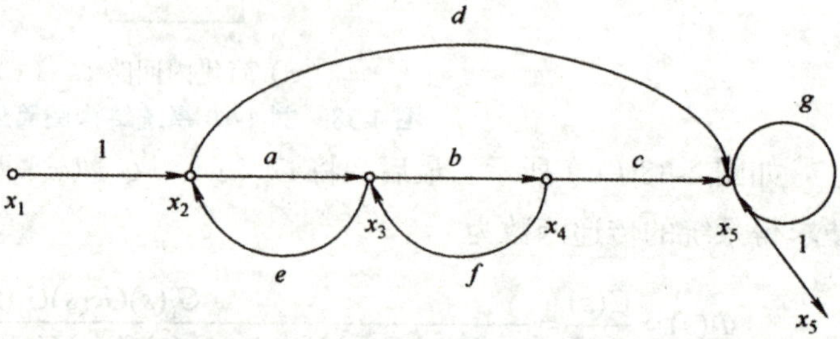

图 4-40　五个节点和八条支路组成的信号流图

上述每个方程式左端的变量取决于右端有关变量的线性组合。一般方程式右端的变量为原因，左端的变量作为右端变量产生的效果。这样信号流图便把各个变量之间的因果关系贯通了起来。

因此，信号流图的基本性质可归纳如下。

（1）节点标志系统的变量。一般节点自左向右顺序设置，每个节点标志的变量是所有流向该节点的信号之代数和，而从同一节点流向各支路的信号均用该节点的变量表示。例如，图 4-40 中，节点 x_3 标志的变量是来自节点 x_2 和节点 x_4 的信号之和，它同时又流向节点 x_4。

（2）支路相当于乘法器，信号流经支路时，被乘以支路增益而变换为另一信号。例如，图 4-40 中，来自节点 x_2 的变量被乘以支路增益 a，来自节点 x_4 的变量被乘以支路增益 f，自节点 x_3 流向节点 x_4 的变量被乘以支路增益 b。

（3）信号在支路上只能沿箭头单向传递，即只有前因后果的因果关系。

（4）对于给定的系统节点，变量的设置是任意的，因此信号流图不是唯一的。

在信号流图中，常使用名词术语如下。

（1）源节点（或输入节点）。在源节点上只有信号输出的支路（即输出支路），而没有信号输入的支路（即输入支路），它一般表示系统的输入变量，故也称输入节点，如图 4-40 所示的节点 x_1 就是源节点。

（2）阱节点（或输出节点）。在阱节点上只有输入支路，而没有输出支路，它一般表示系统的输出变量，故也称输出节点，如图 4-39（a）中的节点 U 就是阱节点。

（3）混合节点。在混合节点上既有输入支路，又有输出支路，如图 4-40 中的节点 x_2 ～ x_5 均是混合节点。若从混合节点引出一条具有单位增益的支路，则可将混合节点变为阱节点，成为系统的输出变量，如图 4-40 中用单位增益支路引出的节点 x_5。

（4）前向通路。信号从输入节点到输出节点传递时，每个节点只通过一次的通路叫前向通路。前向通路上各支路增益之乘积称前向通路总增益，一般用 p_k 表示。在图 4-40 中，从源节点 x_1 到阱节点 x_5 共有两条前向通路：一条是 $x_1 \to x_2 \to x_3 \to x_4 \to x_5$，其前向通路总增益 $p_1 = abc$；另一条是 $x_1 \to x_2 \to x_5$，其前向通路总增益 $p_2 = d$。

（5）回路。起点和终点在同一节点，而且信号通过每一节点不多于一次的闭合通路称为单独回路，简称回路。回路中所有支路增益之乘积叫作回路增益，用 L_a 表示。在图 4-40 中共有三个回路：第一个是起于节点 x_2，经过节点 x_3，最后回到节点 x_2 的回路，其回路增益 $L_1 = ae$；第二个是起于节点 x_3，经过节点 x_4，最后回到节点 x_3 的回路，其回路增益 $L_2 = bf$；第三个是起于节点 x_5 并回到节点 x_5 的自动回路，其回路增益是 g。

（6）不接触回路。回路之间没有公共节点时，这种回路叫作不接触回路。在信号流图中可以有两个或两个以上不接触的回路。在图 4-40 中有两对不接触的回路：一对是 $x_2 \to x_3 \to x_2$ 和 $x_5 \to x_5$；另一对是 $x_3 \to x_4 \to x_3$ 和 $x_5 \to x_5$。

2. 信号流图的绘制

信号流图可以根据微分方程绘制，也可以由系统结构图按照对应关系得到。

（1）由系统微分方程绘制信号流图。任何线性方程都可以用信号流图表示，但含有微分或积分的线性方程一般应通过拉氏变换，将微分方程或积分方程变换为 s 的代数方程后再画信号流图。

绘制信号流图时，首先要对系统的每个变量指定一个节点，并按照系统中变量的因果关系从左向右顺序排列，然后根据数学方程式，用标明支路增益的支路将各节点变量正确连接，便可得到系统的信号流图，如图 4-40 所示。

（2）由系统结构图绘制信号流图。在结构图中，由于传递的信号标记在信号线上，方框则是对变量进行变换或运算的算子，因此由系统结构图绘制信号流图时，只需在结构图的信号线上用小圆圈标志出传递的信号便可得到节点，用标有传递函数的线段代替结构图中的方框便可得到支路，于是结构图也就变换成了相应的信号流图。例如，由图 4-33（h）所示的结构图绘制的信号流图如图 4-41（b）所示。

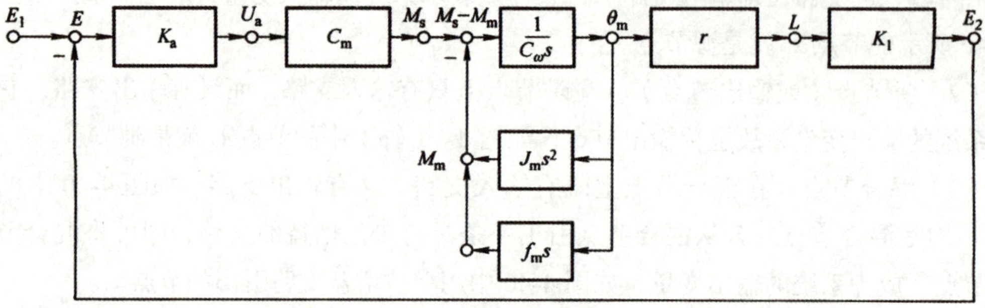

（a）结构图

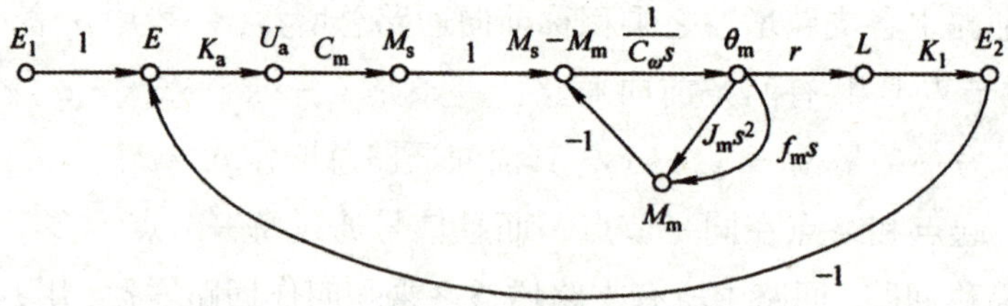

（b）信号流图

图 4-41　由结构图绘制信号流图

由系统结构图绘制信号流图时，应尽量精简节点的数目，如可将支路增益为 1 的相邻两个节点合并为一个节点，但源节点或阱节点不能合并。例如，图 4-41 中的节点 M_s 和 M_m 可以合并成一个节点，其变量是 M_s-M_m（但源节点 E_1 和节点 E 不能合并）。又如，在结构图比较点之前没有引出点（但在比较点之后可以有引出点）时，只需在比较点后设置一个节点便可，如图 4-42（a）所示；但在比较点之前有引出点时，就需在引出点和比较点各设置一个节点，分别标志两个变量（它们之间的支路增益是 1），如图 4-42（b）所示。

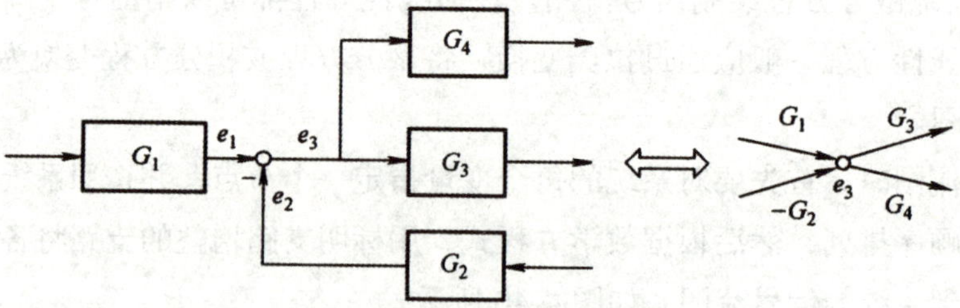

（a）比较点前无引出点时的节点设置

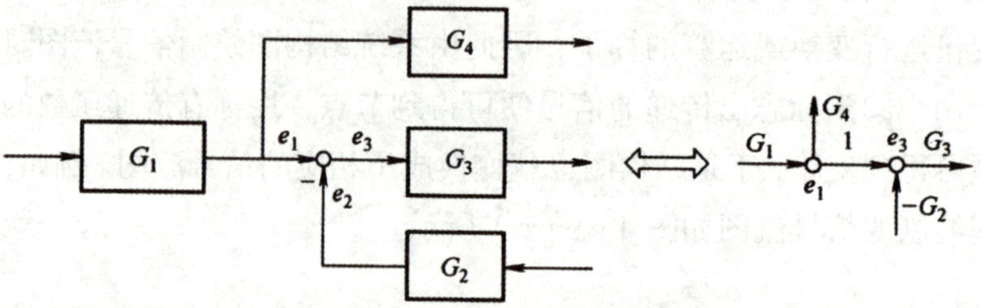

（b）比较点前有引出点时的节点设置

图 4-42　比较点与节点对应关系

例 4–11 试绘制图 4-43 所示系统结构图对应的信号流图。

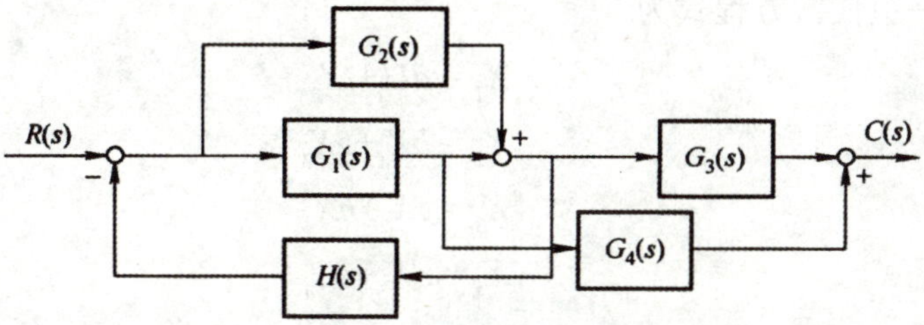

图 4-43 系统结构图

解： 首先，在系统结构图的信号线上用小圆圈标注各变量对应的节点，如图 4-44（a）所示。其次，将各节点按原来顺序自左向右排列，连接各节点的支路并使其与结构图中的方框相对应，即将结构图中的方框用具有相应增益的支路代替，并连接有关的节点，得到系统的信号流图，如图 4-44（b）所示。

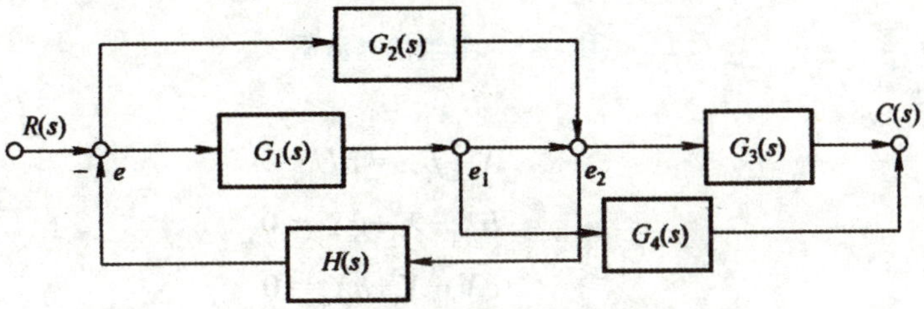

（a）标注节点

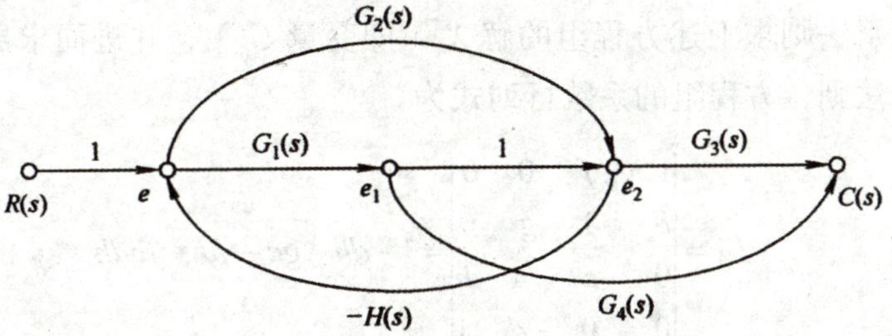

（b）信号流图

图 4-44 由系统结构图绘制的信号流图

4.3.4 梅森增益公式

从一个复杂的系统信号流图，经过简化可以求出系统的传递函数，而且结构图的等效变换规则也适用于信号流图的简化，但这个过程很麻烦。控制工程中常应用梅森（Mason）增益公式直接求取从源节点到阱节点的传递函数，而不需简化信号流图，这就为信号流图的广泛应用提供了方便。当然，由于系统结构图与信号流图之间有对应关系，梅森增益公式也可直接用于系统结构图。

梅森增益公式的来源是按克莱姆（Cramer）法则求解线性联立方程组时，将解的分子多项式及分母多项式与信号流图巧妙联系的结果。

在图 4-45 所示的典型信号流图中，变量 U_i 和 U_i 分别用源节点 U_i 和阱节点 U_o 表示。由图可得相应的一组代数方程式为

$$X_1 = aU_i + fX_2$$
$$X_2 = bX_1 + gX_3$$
$$X_3 = cX_2 + hX_4$$
$$X_4 = dX_3 + eU_i$$
$$U_o = X_4$$

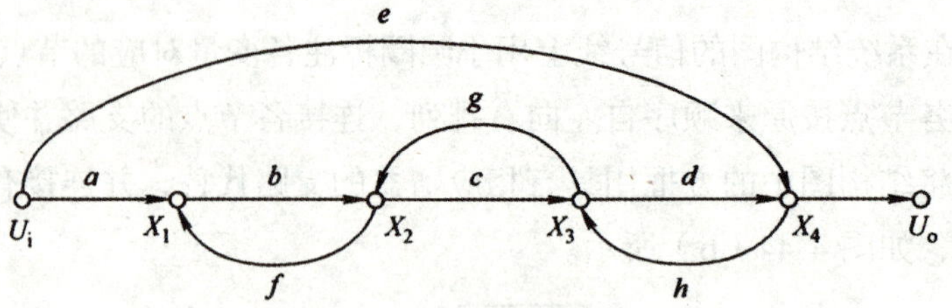

图 4-45　典型信号流图

经整理后得

$$X_1 - fX_2 = aU_i$$
$$bX_1 - X_2 + gX_3 = 0$$
$$cX_2 - X_3 + hX_4 = 0$$
$$-dX_3 + X_4 = eX_i$$

下面用克莱姆法则求上述方程组的解 X_4（即变量 U_o），并进而求出系统的传递函数 U_o/U_i。由克莱姆法则，方程组的系数行列式为

$$\varDelta = \begin{vmatrix} 1 & -f & 0 & 0 \\ b & -1 & g & 0 \\ 0 & c & -1 & h \\ 0 & 0 & -d & 1 \end{vmatrix} = 1 - dh - gc - fd + fbdh \tag{4-65}$$

$$\varDelta_4 = \begin{vmatrix} 1 & -f & 0 & aU_i \\ b & -1 & g & 0 \\ 0 & c & -1 & 0 \\ 0 & 0 & -d & eU_i \end{vmatrix} = abcdU_i + eU_i(1 - ge - bf) \tag{4-66}$$

因此，$X_4 = U_o = \varDelta_4/\varDelta$，即

$$\frac{U_o}{U_i} = \frac{X_4}{U_i} = \frac{abcd + e(1 - ge - bf)}{1 - dh - gc - fd + fbdh} \tag{4-67}$$

对上述传递函数的分母多项式及分子多项式进行分析后，可以得到它们与系数行列式 $\varDelta$、$\varDelta_4$ 及信号流图之间的巧妙联系。首先可以发现，传递函数的分母多项式即系数行列式 $\varDelta$，而且其中包含有信号流图中的三个单独回路增益之和项，即（$fb+gc+dh$），以及两个不接

触的回路增益之乘积项，即 $fbdh$。这个特点可以用信号流图的名词术语写成如下形式

$$\Delta = 1-\sum L_a+\sum L_b L_c \tag{4-68}$$

式中，$\sum L_a$ 表示信号流图中所有单独回路的增益之和项，即 $\sum L_a = fb+gc+dh$；$\sum L_b L_c$ 表示信号流图中每两个互不接触的回路增益之乘积的和项，即 $\sum L_b L_c = fbdh$。其次可以看到，传递函数的分子多项式与系数行列式 Δ_4 相对应，而且其中包含有两条前向通路总增益之和项，即 $abcd+e$，以及与前向通路 e 不接触的两个单独回路的回路增益与该前向通路总增益之乘积的和项，即（$gce+bfe$）。这个特点也可以用信号流图的名词术语写成如下形式

$$\frac{\Delta_4}{U_i} = \sum_{k=1}^{2} p_k - \sum_{i=2} p_i L_i \tag{4-69}$$

式中，p_k 是第 k 条前向通路总增益，这里共有两条前向通路，故 $\sum p_k = p_1+p_2 = abcd+e$；$L_i$ 为与第 i 条前向通路不接触回路的回路增益，这里有两个回路与第二条前向通路不接触，故 $\sum p_2 L_2 = gce+bfe$。进一步分析还可以发现，L_i 与系数行列式 Δ 之间有着微妙的联系，即 L_i 是系数行列式 Δ 中与第 i 条前向通路不接触的所有回路的回路增益项。例如，第二条前向通路 e 与回路增益为 gc 和 bf 的两个回路均不接触，它正好是系数行列式 Δ 中的两项 -（$fb+gc$）。若前向通路与所有回路都接触，则 $L_i = 0$。现令 $\Delta_i = 1-L_i$，则传递函数分子多项式还可进一步简单记为

$$\frac{\Delta_4}{U_i} = \sum_{k=1}^{2} p_k \Delta_k \tag{4-70}$$

式中，Δ_k 是与第 k 条前向通路对应的余因子式，它等于系数行列式 Δ 中去掉与第 k 条前向通路接触的所有回路的回路增益项后的余项式。本例中，$k = 1$ 时，$p_1 = abcd$，$\Delta_1 = 1$；$k = 2$ 时，$p_2 = e$，$\Delta_2 = 1-gc-bf$。于是，使用信号流图的名词术语后，式（4-67）系统传递函数可写为

$$\frac{U_o}{U_i} = \frac{p_1\Delta_1 + p_2\Delta_2}{\Delta} = \frac{1}{\Delta}\sum_{k=1}^{2} p_k \Delta_k \tag{4-71}$$

该表达式建立了信号流图的某些特征量（如前向通路总增益、回路增益等）与系统传递函数（或输出量）之间的直观联系，这就是梅森增益公式的雏形。根据这个公式，可以从信号流图上直接写出从源节点到阱节点的传递函数的输出量表达式。

因此，对具有任意条前向通路及任意个单独回路和不接触回路的复杂信号流图，求取从任意源节点到任意阱节点之间的传递函数的梅森增益公式可写为

$$P = \frac{1}{\Delta}\sum_{k=1}^{n} p_k \Delta_k \tag{4-72}$$

式中，P 为从源节点到阱节点的传递函数（或总增益）；n 为从源节点到阱节点的前向通路总数；p_k 为从源节点到阱节点的第 k 条前向通路总增益；Δ 为 $1-\sum L_a+\sum L_b L_c-\sum L_d L_e L_f+\cdots$ 称为流图特征式，其中 $\sum L_a$ 为所有单独回路增益之和，$\sum L_b L_c$ 为所有互不接触的单独回路

中每次取其中两个回路的回路增益的乘积之和 $\sum L_d L_e L_f$ 为所有互补接触的单独回路中每次取其中三个回路的回路增益的乘积之和；Δ_k 为流图余因子式，它等于流图特征式中除去与第 k 条前向通路相接触的回路增益项（包括回路增益的乘积项）以后的余项式。

例 4–12 试用梅森增益公式求例 4-10 中系统的传递函数 $C(s)/R(s)$。

解： 在系统结构图中使用梅森增益公式时，应特别注意区分不接触回路。为便于观察，首先绘制出与图 4-37 所示的系统结构图对应的信号流图，如图 4-46 所示。由图可见，从源节点 R 到阱节点 C 有一条前向通路，其总增益 $p_1 = G_1G_2G_3G_4$；有三个单独回路，回路增益分别是 $L_1 = -G_2G_3H_2$，$L_2 = -G_3G_4H_3$，$L_3 = -G_1G_2G_3G_4H_1$；没有不接触回路，且前向通路与所有回路均接触，故余因子式 $\Delta_1 = 1$。因此，由梅森增益公式求得系统传递函数为

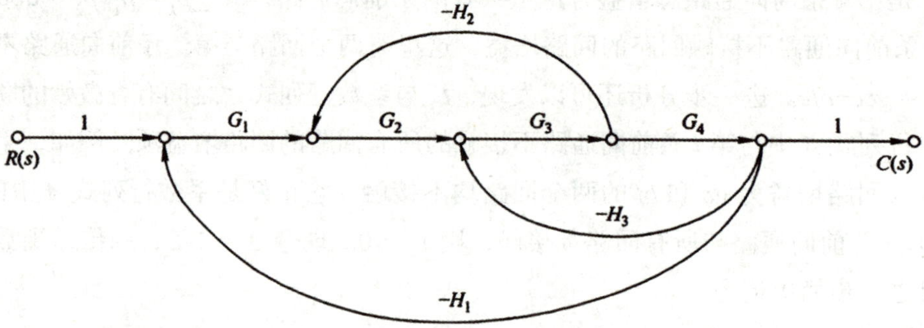

图 4-46 与图 4-37 对应的信号流图

$$\frac{C(s)}{R(s)} = P_{RC} = \frac{1}{\Delta} p_1 \Delta_1 = \frac{G_1G_2G_3G_4}{1 + G_1G_2G_3G_4H_1 + G_2G_3H_2 + G_3G_4H_3} \tag{4-73}$$

显然，上述结果与例 4-10 中结构图变换所得的结果相同。

4.4 线性系统的分析

在确定系统的数学模型后，便可以用几种不同的方法去分析控制系统的动态性能和稳态性能。在经典控制理论中，常用时域分析法、根轨迹法或频域分析法来分析线性控制系统的性能。显然，不同的方法有不同的特点和适用范围。

4.4.1 时域分析法

时域分析法是一种直接在时间域中对系统进行分析的方法，具有直观、准确的优点，并且可以提供系统时间响应的全部信息。

1．系统时间响应的性能指标

对控制系统性能的评价分为动态性能指标和稳态性能指标两类。为了求解系统的时间响应，必须了解输入信号（即外作用）的解析表达式。然而在一般情况下，控制系统的外

加输入信号具有随机性而无法预先确定，因此需要选择若干典型输入信号。

（1）典型输入信号。一般来说，典型输入信号是针对某一类输入信号来设计控制系统的。某些系统，如室温系统或水位调节系统，其输入信号为要求的室温或水位高度。这是设计者所熟知的，但是在大多数情况下，控制系统的输入信号以无法预测的方式变化，如在防空火炮系统中，敌机的位置和速度无法预料，使火炮控制系统的输入信号具有随机性，从而给规定系统的性能要求以及分析和设计工作带来了困难。为了便于进行分析和设计，同时也为了便于对各种控制系统的性能进行比较，需要假定一些基本的输入函数形式（称为典型输入信号）。

所谓典型输入信号，是根据系统常遇到的输入信号形式，在数学描述上加以理想化的一些基本输入函数。控制系统中常用的典型输入信号有单位阶跃函数、单位斜坡（速度）函数、单位加速度（抛物线）函数、单位脉冲函数和正弦函数，它们的时域表达式和复域表达式见表 4-6。这些函数都是简单的时间函数，便于数学分析和实验研究。

表 4-6　典型输入信号

名称	时域表达式	复域表达式
单位阶跃函数	$1(t)$，$t \geqslant 0$	$\frac{1}{s}$
单位斜坡函数	t，$t \geqslant 0$	$\frac{1}{s^2}$
单位加速度函数	$\frac{1}{2}t^2$，$\geqslant 0$	$\frac{1}{s^3}$
单位脉冲函数	$\delta(t)$，$t=0$	1
正弦函数	$A\sin\omega t$	$\frac{A\omega}{s^2+\omega^2}$

实际应用时，究竟采用哪一种典型输入信号，取决于系统常见的工作状态，同时在所有可能的输入信号中往往选取最不利的信号作为系统的典型输入信号。这种处理方法在许多场合是可行的，如对室温调节系统和水位调节系统以及工作状态突然改变或突然受到恒定输入作用的控制系统，都可以采用阶跃函数作为典型输入信号；对跟踪通信卫星的天线控制系统以及输入信号随时间恒速变化的控制系统，斜坡函数是比较合适的典型输入；加速度函数可用来作为宇宙飞船控制系统的典型输入；当控制系统的输入信号是冲击输入量时，采用脉冲函数最为合适；当系统的输入作用具有周期性的变化时，可选择正弦函数作为典型输入。同一系统中不同形式的输入信号所对应的输出响应是不同的，但对于线性控制系统来说，他们所表征的系统性能是一致的。通常若以单位阶跃函数作为典型输入信号，则可在一个统一的基础上对各种控制系统的特性进行比较和研究。

应当指出，有些控制系统的实际输入信号是变化无常的随机信号，如定位雷达天线控制系统的输入信号中既有运动目标的不规则信号，又包含许多随机噪声分量，对这种信号就不能用上述确定性的典型输入信号去代替实际输入信号，而必须采用随机过程理论进行处理。

要评价线性系统时间响应的性能指标，就需要研究控制系统在典型输入信号的作用下的时间响应过程。

（2）动态过程与稳态过程。在典型输入信号作用下，任何控制系统的时间响应都由动态过程和稳态过程两部分组成。

动态过程又称过渡过程或瞬态过程，指系统在典型输入信号作用下，系统输出量从初始状态到最终状态的响应过程。由于实际控制系统中存在着惯性、摩擦以及其他一些原因，因此系统输出量不可能完全复现输入量的变化。根据系统结构和参数选择情况，动态过程表现为衰减、发散或等幅振荡形式。显然，一个可以实际运行的控制系统，其动态过程必须是衰减的，换句话说，系统必须是稳定的。动态过程除了提供系统稳定性的信息外，还可以提供响应速度及阻尼情况等信息，这些信息用动态性能描述。

稳态过程是系统在典型输入信号作用下，当时间趋于无穷大时，系统输出量的表现方式。稳态过程又称稳态响应，表征系统输出量最终复现输入量的程度，提供系统有关稳态误差的信息，这些信息用稳态性能描述。

由此可见，控制系统在典型输入信号作用下的性能指标通常由动态性能和稳态性能两部分组成。

（3）动态性能与稳态性能。稳定是控制系统能够运行的首要条件，因此只有当动态过程收敛时，研究系统的动态性能才有意义。

① 动态性能。通常在阶跃函数作用下测定或计算系统的动态性能。一般认为阶跃输入对系统来说是最严峻的工作状态。如果系统在阶跃函数作用下的动态性能满足要求，那么系统在其他形式的函数作用下的动态性能也是令人满意的。

描述稳定的系统在单位阶跃函数作用下，动态过程随时间的变化状况的指标称为动态性能指标。为了便于分析和比较，假定系统在单位阶跃输入信号作用前处于静止状态，而且输出量及其各阶导数均等于零。对于大多数控制系统来说，这种假设是符合实际情况的。如图 4-47 所示的单位阶跃响应曲线，其动态性能指标通常如下。

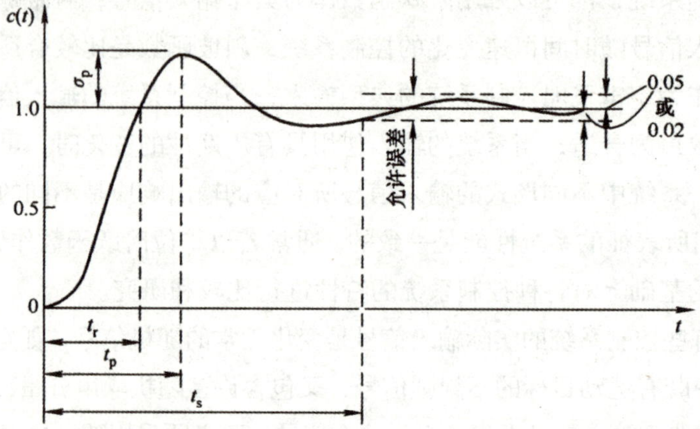

图 4-47　单位阶跃响应曲线

• 上升时间 t_r。指响应从终值 10% 上升到终值 90% 所需的时间。对于有振荡的系统，也可定义为响应从零第一次上升到终值所需的时间。上升时间是系统响应速度的一种度量，上升时间越短，响应速度越快。

• 峰值时间 t_p。指响应超过其终值，到达第一个峰值所需的时间。

• 调节时间 t_s。指响应到达并保持在终值 ±5% 内所需的最短时间。有时也用终值的 ±2% 误差范围来定义调节时间。本书研究的调节时间均取 ±5% 误差范围。

• 超调量 $\sigma\%$。指响应的最大偏离量 $c(t_p)$ 与终值 $c(\infty)$ 的差与终值 $c(\infty)$ 比的百分数，即

$$\sigma\% = \frac{c(t_p) - c(\infty)}{c(\infty)} \times 100\%$$

若 $c(t_p) < c(\infty)$，则响应无超调。超调量也称为最大超调量，或百分比超调量。

上述四个动态性能指标基本上可以体现系统动态过程的特征。在实际应用中，常用的动态性能指标多为上升时间、调节时间和超调量。通常用 t_r 或 t_p 评价系统的响应速度，用 $\sigma\%$ 评价系统的阻尼程度，而 t_s 是同时反映响应速度和阻尼程度的综合性指标。应当指出，除简单的一、二阶系统外，要精确确定这些动态性能指标的解析表达式是很困难的。

② 稳态性能。稳态误差是描述系统稳态性能的一种性能指标，通常在阶跃函数、斜坡函数或加速度函数作用下进行测定或计算。在时间趋于无穷大，系统的输出量不等于输入量或输入量的确定函数时，系统存在稳态误差。稳态误差是系统控制精度或抗扰动能力的一种度量。

2. 一阶系统的时域分析

凡是以一阶微分方程作为运动方程的控制系统称为一阶系统。在工程实践中，一阶系统不乏其例，有些高阶系统的特性常可用一阶系统的特性来近似表征。

（1）一阶系统的数学模型。图 4-48（a）为 RC 电路，其运动微分方程为

$$T\dot{c}(t) + c(t) = r(t) \tag{4-74}$$

式中，$c(t)$ 为电路输出电压；$r(t)$ 为电路输入电压；$T = RC$ 为时间常数。当该电路的初始条件为零时，其传递函数为

$$\Phi(s) = \frac{C(s)}{R(s)} = \frac{1}{Ts+1} \tag{4-75}$$

相应的结构图如图 4-48（b）所示。可以证明，室温调节系统、恒温箱以及水位调节系统的闭环传递函数形式与式（4-75）完全相同，仅时间常数含义有所区别。因此，式（4-74）或式（4-75）称为一阶系统的数学模型。在以下的分析和计算中，均假定系统初始条件为零。

应当指出，具有同一运动方程或传递函数的所有线性系统对同一输入信号的响应是相

同的，当然对于不同形式或不同功能的一阶系统，其响应特性的数学表达式具有不同的物理意义。

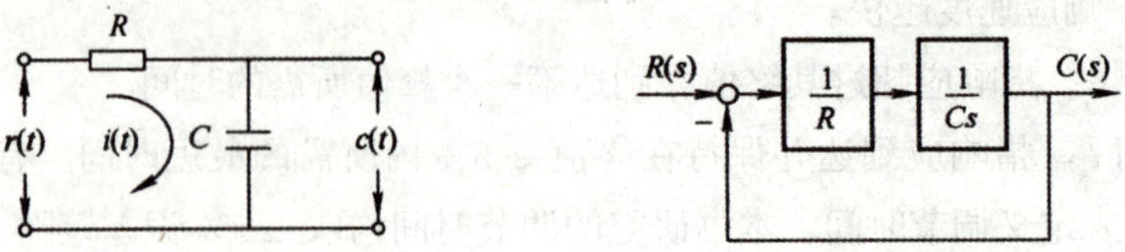

（a）电路图　　　　　　（b）结构图

图 4-48　一阶控制系统

（2）一阶系统的单位阶跃响应。设一阶系统的输入信号为单位阶跃函数 $r(t)=1(t)$，则由式（4-74），可得一阶系统的单位阶跃响应为

$$c(t)=1-e^{-t/T}，t \geqslant 0 \qquad (4\text{-}76)$$

由式（4-76）可见，一阶系统的单位阶跃响应是一条初始值为零，以指数规律上升到终值 $c_{ss}=1$ 的曲线，如图 4-49 所示。

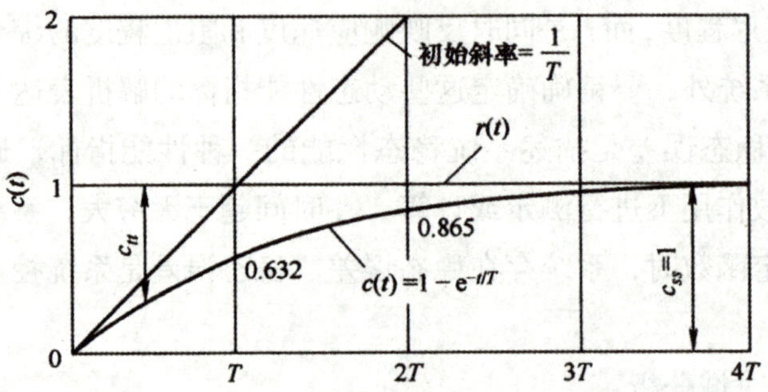

图 4-49　一阶系统的单位阶跃响应曲线

图 4-49 表明，一阶系统的单位阶跃响应为非周期响应，具备如下两个重要特点。

① 可用时间常数 T 去度量系统输出量的数值。例如，当 $t=T$ 时，$c(t)=0.632$；而当 t 分别等于 $2T$、$3T$ 和 $4T$ 时，$c(t)$ 的数值将分别等于终值的 86.5%、95% 和 98.2%。根据这一特点，可用实验方法测定一阶系统的时间常数，或判定所测系统是否属于一阶系统。

② 响应曲线的初始斜率为 $1/T$，并随时间的推移而下降，如

$$\left.\frac{\mathrm{d}c(t)}{\mathrm{d}t}\right|_{t=0}=\frac{1}{T},\quad \left.\frac{\mathrm{d}c(t)}{\mathrm{d}t}\right|_{t=T}=0.368\frac{1}{T},\quad \left.\frac{\mathrm{d}c(t)}{\mathrm{d}t}\right|_{t=\infty}=0$$

从而使单位阶跃响应完成全部变化量所需的时间为无限长，即有 $c(\infty)=1$。此外，初始斜率特性也是常用的确定一阶系统时间常数的方法之一。

根据动态性能指标的定义，一阶系统的动态性能指标为

$$t_r=2.20T,\ t_s=3T(\varDelta=50\%) 或 t_s=4T(\varDelta=2\%)$$

显然，峰值时间 t_p 和超调量 $\sigma\%$ 都不存在。

由于时间常数 T 反映系统的惯性，所以一阶系统的惯性越小，其响应越快；反之，惯性越大，响应越慢。

（3）一阶系统的单位脉冲响应。当输入信号为理想单位脉冲函数时，由于 $R(s)=1$，所以系统输出量的拉氏变换式与系统的传递函数相同，即 $c(s)=1/(T_s+1)$。这时系统的输出称为脉冲响应，其表达式为

$$c(t)=\frac{1}{T}\mathrm{e}^{-t/T},\ t\geqslant 0 \tag{4-77}$$

如果令 t 分别等于 T、$2T$、$3T$ 和 $4T$，可绘出一阶系统的单位脉冲响应曲线，如图 4-50 所示。由式（4-77），可以算出响应曲线的各处斜率为

$$\left.\frac{\mathrm{d}c(t)}{\mathrm{d}t}\right|_{t=0}=-\frac{1}{T^2}$$

$$\left.\frac{\mathrm{d}c(t)}{\mathrm{d}t}\right|_{t=T}=-0.368\frac{1}{T^2}$$

$$\left.\frac{\mathrm{d}c(t)}{\mathrm{d}t}\right|_{t=\infty}=0$$

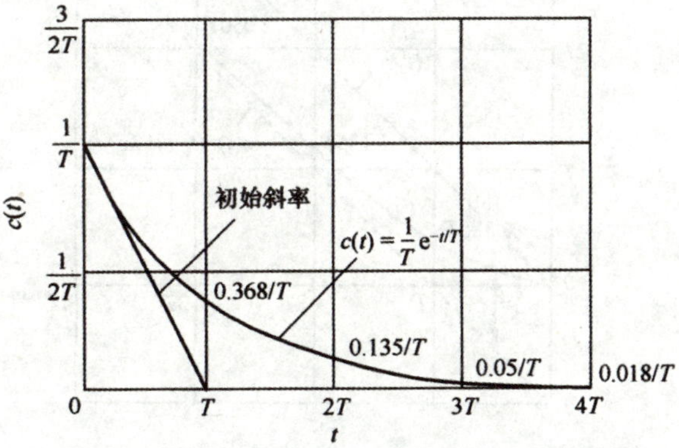

图 4-50　一阶系统的单位脉冲响应曲线

如图 4-50 所示，一阶系统的脉冲响应为一单调下降的指数曲线。若定义该指数曲线衰减到其初始值的 5% 或 2% 所需的时间为脉冲响应调节时间，则仍有 $t_s=3T$ 或 $t_s=4T$。故系统的惯性越小，响应过程的快速性越好。

在初始条件为零的情况下，一阶系统的闭环传递函数与脉冲响应函数之间包含着相同的动态过程信息，这一特点同样适用于其他各阶线性定常系统。因此，常以单位脉冲输入信号作用于系统，根据被测定系统的单位脉冲响应，可以求得被测系统的闭环传递函数。

鉴于工程上无法得到理想单位脉冲函数，因此常用具有一定脉宽 b 和有限幅度的矩形脉冲函数来代替。为了得到近似度较高的脉冲响应函数，要求实际脉动函数的宽度 b 远小于系统的时间常数 T，一般规定 $b<0.1T$。

（4）一阶系统的单位斜坡响应。设系统的输入信号为单位斜坡函数，则由式（4-74）可以求得一阶系统的单位斜坡响应为

$$c(t)=(t-T)+Te^{-t/T},\ t\geqslant 0 \qquad (4\text{-}78)$$

式中，（$t-T$）为稳态分量；$Te^{-t/T}$ 为瞬态分量。

式（4-78）表明，一阶系统的单位斜坡响应的稳态分量是一个与输入斜坡函数斜率相同，但时间滞后 T 的斜坡函数，在位置上存在稳态跟踪误差，其值正好等于时间常数 T；一阶系统单位斜坡响应的瞬态分量为衰减非周期函数。

根据式（4-78）绘出的一阶系统单位斜坡响应曲线如图 4-51 所示。比较图 4-49 和图 4-51，可以发现一个有趣现象：在阶跃响应曲线中，输出量和输入量之间的位置误差随时间而减小，最后趋于零，而在初始状态下，位置误差最大，响应曲线的初始斜率也最大；在斜坡响应曲线中，输出量和输入量之间的位置误差随时间而增大，最后趋于常值 T，惯性越小，跟踪的准确度越高，而在初始状态下，初始位置和初始斜率均为零，这是因为

$$\left.\frac{dc(t)}{dt}\right|_{t=0}=1-e^{-t/T}\Big|_{t=0}=0$$

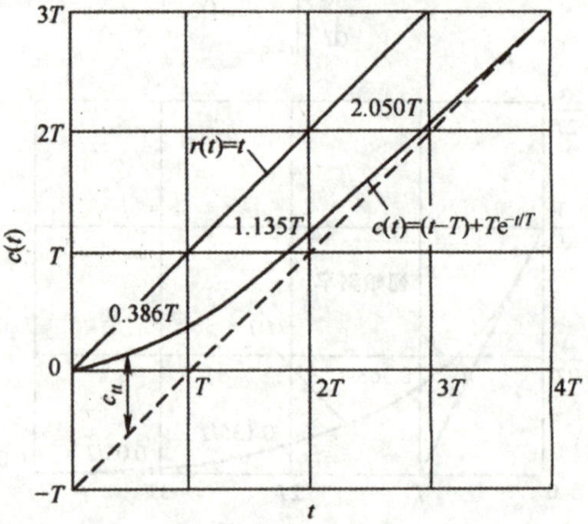

图 4-51　一阶系统单位斜坡响应曲线

显然，在初始状态下，输出量和输入量之间误差最大。

（5）一阶系统的单位加速度响应。设系统的输入信号为单位加速度函数，则由式（4-74）可以求得一阶系统的单位加速度响应为

$$c(t)=\frac{1}{2}t^2-Tt+T^2(1-e^{-t/T}),\ t\geqslant 0$$

因此，系统的跟踪误差为

$$e(t)=r(t)-c(t)=Tt-T^2(1-e^{-t/T})$$

上式表明，跟踪误差随时间推移而增大，直至无限大。因此，一阶系统不能实现对加速度输入函数的跟踪。

一阶系统对上述典型输入信号的响应见表 4-7。由表 4-7 可见，单位脉冲函数与单位阶跃函数的一阶导数及单位斜坡函数的二阶导数的等价关系，对应有单位脉冲响应与单位

阶跃响应的一阶导数及单位斜坡响应的二阶导数的等价关系。这个等价对应关系表明：系统对输入信号导数的响应就等于系统对该输入信号响应的导数，或者系统对输入信号积分的响应就等于系统对该输入信号响应的积分，而积分常数由零输出初始条件确定。这是线性定常系统的一个重要特性，适用于任意阶线性定常系统，但不适用于线性时变系统和非线性系统。因此，研究线性定常系统的时间响应不必对每种输入信号形式进行测定和计算，往往只取其中一种典型形式进行研究。

表 4-7　一阶系统对典型输入信号的输出响应

输入信号	输出响应	输入信号	输出响应
1（t）	$1-e^{-t/T}, t \geqslant 0$	t	$t-T+Te^{-t/T}, t \geqslant 0$
δ（t）	$e^{-t/T}/T, t \geqslant 0$	$0.5t^2$	$0.5t^2-Tt+T^2$（$1-e^{-t/T}$），$t \geqslant 0$

凡是以二阶微分方程描述运动方程的控制系统称为二阶系统。在控制工程中，二阶系统的典型应用极为普遍，而且不少高阶系统的特性在一定条件下可用二阶系统的特性来表征。二阶系统的时域分析法思路与一阶系统类似。

4.4.2　根轨迹法

1．根轨迹法的基本概念

根轨迹法是分析和设计线性定常控制系统的图解方法，使用十分简便，特别是在进行多回路系统的分析时，应用根轨迹法比用其他方法更为方便，因此在工程实践中得到了广泛应用。这里主要介绍根轨迹的基本概念、根轨迹与系统性能之间的关系，并从闭环零与极点、开环零与极点之间的关系推导出根轨迹方程，然后将向量形式的根轨迹方程转化为常用的相角条件和模值条件形式，最后应用这些条件绘制出简单系统的根轨迹。

（1）根轨迹概念。根轨迹简称根迹，是开环系统某一参数从零变到无穷时，闭环系统特征方程式的根在 s 平面上变化的轨迹。

当闭环系统没有零点与极点相消时，闭环特征方程式的根就是闭环传递函数的极点，常简称为闭环极点。因此，从已知的开环零、极点位置及某一变化的参数来求取闭环极点的分布，实际上就是解决闭环特征方程式的求根问题。当特征方程的阶数高于四阶时，除了应用 MATLAB 软件包，求根过程是比较复杂的。如果要研究系统参数变化对闭环特征方程式根的影响，就需要进行大量的反复计算，同时还不能直观看出影响趋势，因此对于高阶系统的求根问题来说，解析法就显得很不方便。1948 年。W.R. 伊文思在《控制系统的图解分析》一文中提出了根轨迹法。当开环增益或其他参数改变时，其全部数值对应的闭环极点均可在根轨迹图上简便地确定。因为系统的稳定性由系统闭环极点唯一确定，而系统的稳态性能和动态性能又与闭环零、极点在 s 平面上的位置密切相关，所以根轨迹图不仅可以直接给出闭环系统时间响应的全部信息，而且可以指明开环零极点应该怎样变化才能满足给定的闭环系统的性能指标要求。除此以外，用根轨迹法求解高阶代数方程的根比用其他近似求根法简便。

为了具体说明根轨迹的概念，设控制系统如图 4-52 所示。其闭环传递函数为

$$\Phi(s)=\frac{C(s)}{R(s)}=\frac{2K}{s^2+2s+2K}$$

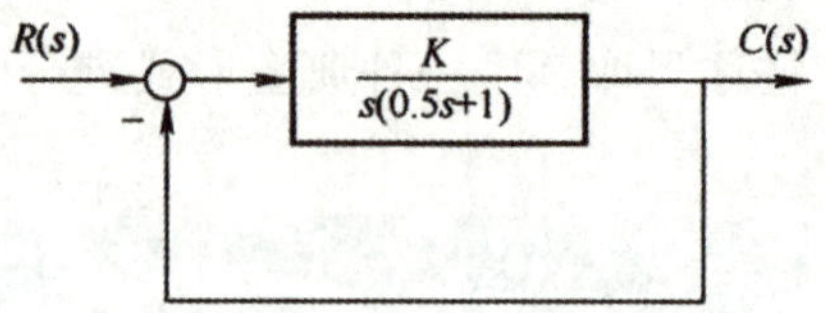

图 4-52　控制系统

于是，特征方程式可写为

$$s^2+2s+2K=0$$

显然，特征方程式的根是

$$s_1=-1+\sqrt{1-2K}$$
$$s_2=-1-\sqrt{1-2K}$$

如果令开环增益 K 从零变到无穷大，可以用解析的方法求出闭环极点的全部数值，将这些数值标注在 s 平面上，并连成光滑的粗实线，带箭头的实线就称为系统的根轨迹，如图 4-53 所示。根轨迹上的箭头表示根轨迹随着 K 值增加的变化趋势，而标注的数值则表示与闭环极点的位置相应的开环增益 K 的数值。

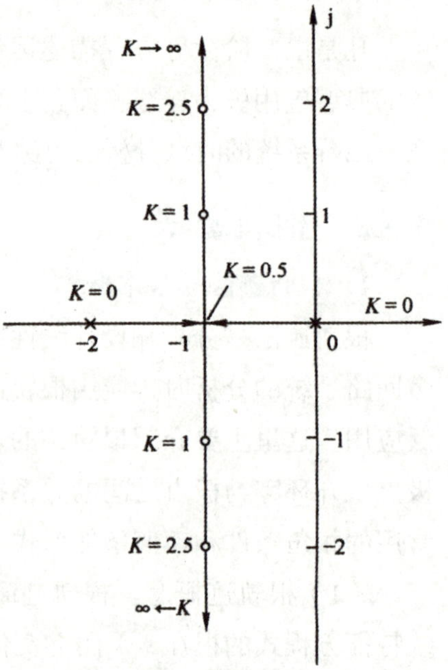

图 4-53　根轨迹图

（2）根轨迹与系统性能。有了根轨迹图，便可以分析系统的各种性能。下面以图 4-52 为例进行说明。

① 稳定性。当开环增益从零变到无穷大时，图 4-53 上的根轨迹不会越过虚轴，进入右半 s 平面，因此，图 4-52 所示的控制系统对所有的 K 值都是稳定的。如果分析高级系统的根轨迹图，那么根轨迹有可能越过虚轴，进入右半 s 平面，此时根轨迹与虚轴交点处的值就是临界开环增益。

② 稳态性能。由图 4-53 可见，开环系统在坐标原点有一个极点，该系统属 I 型系统，因而根轨迹上的 K 值就是静态速度误差系数。如果给定系统的稳态误差要求，则由根轨迹图可以确定闭环极点位置的允许范围。一般情况下，根轨迹图上标注出来的参数不是开环增益，而是根轨迹增益。开环增益和根轨迹增益之间仅相差一个比例常数，很容易进行换算。对于其他参数变化的根轨迹图，情况是类似的。

③ 动态性能。由图 4-53 可见，当 $0<K<0.5$ 时，所有闭环极点位于实轴上，系统为过阻尼系统，单位阶跃响应为非周期过程；当 $K=0.5$ 时，闭环两个实数极点重合，系统为临界阻尼系统，单位阶跃响应仍为非周期过程，但响应速度较 $0<K<0.5$ 情况更快；当 $K>0.5$ 时，闭环极点为复数极点，系统为欠阻尼系统，单位阶跃响应为阻尼振荡过程，且超调量将随 K 值的增大而加大，但调节时间的变化不会显著。

上述分析表明，根轨迹与系统性能之间有着比较密切的联系。然而对于高阶系统，用解析的方法绘制系统的根轨迹图显然是不合适的。我们希望能有简便的图解方法，可以根据已知的开环传递函数，迅速绘出闭环系统的根轨迹。为此，需要研究闭环零与极点、开环零与极点之间的关系。

（3）闭环零与极点、开环零与极点之间的关系。由于开环零、极点是已知的，建立开环零与极点、闭环零与极点之间的关系，有助于闭环系统根轨迹的绘制，并由此导出根轨迹方程。

设控制系统如图 4-54 所示，其闭环传递函数为

$$\Phi(s)=\frac{G(s)}{1+G(s)H(s)} \tag{4-79}$$

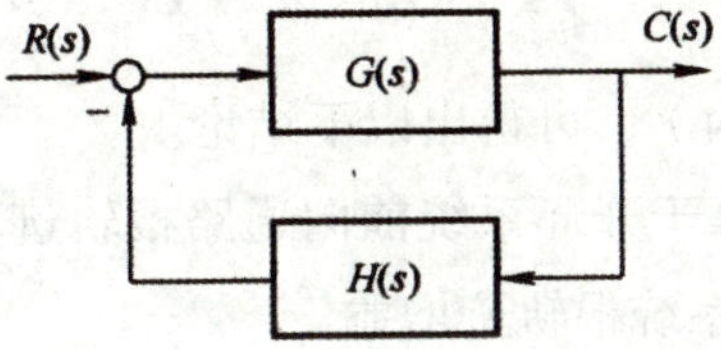

图 4-54　控制系统

一般情况下，前向通路传递函数 $G(s)$ 和反馈通路传递函数 $H(s)$ 可分别表示为

$$C(s)=\frac{K_G(\tau_1 s+1)(\tau_2^2 s^2+2\zeta_1\tau_2 s+1)\cdots}{s^{\upsilon}(T_1 s+1)(T_2^2 s^2+2\zeta_2\tau_2 s+1)\cdots}=K_G^*\frac{\prod_{i=1}^{f}(s-z_i)}{\prod_{i=1}^{q}(s-p_i)} \tag{4-80}$$

式中，τ、ζ、T 不具有实际物理含义，仅为该种传递函数书写形式下的系数，各项系数取值与系统内所包含的环节与结构有关；s^{υ} 为拉普拉斯算子 s 的 υ 次方，υ 取值与系统内所包含的环节与结构有关；z_i 为前向通路传递函数 $G(s)$ 的第 i 个零点；P_i 为前向通路传递函数 $G(s)$ 的第 i 个极点；K_G 为前向通路增益；K_G^* 为前向通路根轨迹增益。它们之间满足如下关系：

$$K_G^*=K_G\frac{\tau_1\tau_2^2\cdots}{T_1T_2^2\cdots} \tag{4-81}$$

及

$$H(s)=K_H^*\frac{\prod_{j=1}^{f}(s-z_j)}{\prod_{j=1}^{h}(s-p_j)} \tag{4-82}$$

式中，K_H^* 为反馈通路根轨迹增益；z_j 为反馈通路传递函数 $H(s)$ 的第 j 个零点；p_j 为反馈通路传递函数 $H(s)$ 的第 j 个极点。因此，图 4-54 所示控制系统的开环传递函数可表示为

$$G(s)H(s)=K^{*}\frac{\prod_{i=1}^{f}(s-z_i)\prod_{j=1}^{l}(s-z_i)}{\prod_{i=1}^{q}(s-p_j)\prod_{j=1}^{h}(s-p_j)} \tag{4-83}$$

式中，$K^{*}=K_{G}^{*}K_{H}^{*}$，称为开环系统根轨迹增益，它与开环增益 K 之间的关系类似于式（4-81），仅相差一个比例常数。

对于有 m 个开环零点和 n 个开环极点的系统，必有 $f+l=m$ 和 $q+h=n$。将式（4-80）和式（4-83）代入式（4-79），得

$$\Phi(s)=\frac{K_{G}^{*}\prod_{i=1}^{f}(s-z_i)\prod_{j=1}^{h}(s-p_j)}{\prod_{i=1}^{n}(s-p_i)+K^{*}\prod_{j=1}^{m}(s-z_j)} \tag{4-84}$$

比较式（4-83）和式（4-84），可得出以下结论。

① 闭环系统根轨迹增益等于开环系统前向通路根轨迹增益。对于单位反馈系统，闭环系统根轨迹增益就等于开环系统根轨迹增益。

② 闭环零点由开环前向通路传递函数的零点和反馈通路传递函数的极点所组成。对于单位反馈系统，闭环零点就是开环零点。

③ 闭环极点与开环零点、开环极点以及根轨迹增益 K^{*} 均有关。

根轨迹法的基本任务在于：由已知的开环零、极点的分布及根轨迹增益，通过图解的方法找出闭环极点，一旦确定闭环极点后，闭环传递函数的形式便不难确定。因为闭环零点可由式（4-84）直接得到，所以在已知闭环传递函数的情况下，闭环系统的时间响应可利用拉氏反变换的方法求出。

（4）根轨迹方程。根轨迹是系统所有闭环极点的集合，为了用图解法确定所有闭环极点，令闭环传递函数表达式（4-79）的分母为零，得闭环系统特征方程

$$1+G(s)H(s)=0 \tag{4-85}$$

由式（4-84）可见，当系统有 m 个开环零点和 n 个开环极点时，式（4-85）等价为

$$K^{*}\frac{\prod_{j=1}^{m}(s-z_i)}{\prod_{i=1}^{n}(s-p_i)}=-1 \tag{4-86}$$

式中，z_j 为已知的开环零点；p_i 为已知的开环极点；K^{*} 为从零到无穷大。

我们把式（4-86）称为根轨迹方程。根据式（4-86），可以画出当 K^{*} 从零变到无穷大时，系统的连续根轨迹。应当指出，只要闭环特征方程可以化成式（4-86）的形式，就可以绘制根轨迹，其中处于变动地位的实参数不限定是根轨迹增益 K^{*}，也可以是系统其他变化参数。但是，用式（4-86）形式表达的开环零点和开环极点在 s 平面上的位置必须是确定的，

否则无法绘制根轨迹。此外，如果需要绘制一个以上参数变化时的根轨迹图，那么画出的不再是简单的根轨迹，而是根轨迹簇。

根轨迹实质上是一个向量方程，直接使用很不方便。考虑到

$$-1 = 1e^{j(2k+1)\pi}，k = 0，\pm 1，\pm 2，\cdots$$

因此，根轨迹方程式（4-86）可用如下两个方程描述

$$\sum_{j=1}^{m}\angle(s-z_j)-\sum_{i=1}^{n}\angle(s-p_i)=(2k+1)\pi, k=0，\pm 1，\pm 2，\cdots$$

$$K^*\frac{\prod_{i=1}^{n}|s-p_i|}{\prod_{j=1}^{m}|s-z_j|}$$

上述两个方程是根轨迹上的点应该同时满足的两个条件，前者称为相角条件，后者叫作模值条件。根据这两个条件，可以完全确定 s 平面上的根轨迹和根轨迹上对应的 K^* 值。应当指出，相角条件是确定 s 平面上根轨迹的充分必要条件。这就是说，绘制根轨迹时只需要使用相角条件，而当需要确定根轨迹上各点的 K^* 值时才使用模值条件。

（5）根轨迹绘制的基本法则如下。

① 根轨迹的起点和终点：根轨迹起于开环极点，终于开环零点。

② 根轨迹的分支数、对称性和连续性：根轨迹的分支数与开环有限零点数 m 和有限极点数 n 中的较大者相等，它们是连续的并且对称于实轴。

③ 根轨迹的渐近线：当开环有限极点数 n 大于有限零点数 m 时，有 $n-m$ 条根轨迹分支沿着与实轴交角为 Φ_a、交点为 σ_a 的一组渐近线趋向于无穷远处，其中

$$\Phi_a=\frac{(2k+1)}{n-m}，k=0，1，2，\cdots（n-m-1）$$

$$\sigma_a=\frac{\sum_{i=1}^{n}p_i-\sum_{j=1}^{m}z_j}{n-m}$$

渐近线就是 s 值很大时的根轨迹，因此渐近线也一定对称于实轴。

④ 根轨迹在实轴上的分布：若实轴上某一区域的右边开环实数零点、极点个数之和为奇数，则该区域必是根轨迹。

⑤ 根轨迹的分离点与分离角：两条或两条以上根轨迹分支在 s 平面上相遇又立即分开的点称为根轨迹的分离点，分离点的坐标 d 是下列方程的解

$$\sum_{j=1}^{m}\frac{1}{d-z_j}=\sum_{i=1}^{n}\frac{1}{d-p_i}$$

当 l 条根轨迹分支进入并立即离开分离点时，分离角为（$2k+1$）π/l（$k=0，1，\cdots，l-1$）。分离角定义为根轨迹进入分离点的切线方向与离开分离点的切线方向之间的夹角。

显然，当 $l=2$ 时，分离角必为直角。

因为根轨迹是对称的，所以根轨迹的分离点或位于实轴上，或以共轭形式成对出现在复平面中。

例 4–13 设系统结构图与开环零点、极点分布如图 4-55（a）所示，试绘制其概略根轨迹。

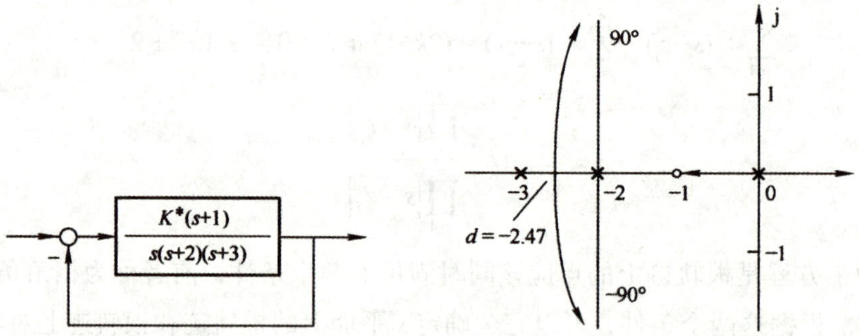

（a）结构图　　（b）概略根轨迹

图 4-55　例 4-13 系统结构图及其概略根轨迹图

解： 由法则 4，实轴上区域 [0，1] 和 [−2，−3] 是根轨迹，在图中以带箭头粗实线表示。

由法则 2，该系统有三条根轨迹分支，且对称于实轴。

由法则 1，一条根轨迹分支起于开环极点（0），终于开环有限零点（−1），另外两条根轨迹分支分别起于开环极点（−2）和（−3），终于无穷远处（无限零点）。

由法则 3，两条终于无穷远的根轨迹的渐近线与实轴交角为 90° 和 270°，交点坐标为

$$\sigma_a=\frac{\sum_{i=1}^{3}p_i-\sum_{j=1}^{1}z_j}{n-m}=\frac{(0-2-3)-(-1)}{3-1}=-2$$

由法则 5，实轴区域 [−2，−3] 必有一个根轨迹的分离点 d，它满足于下述分离点方程为

$$\frac{1}{d+1}=\frac{1}{d}+\frac{1}{d+2}+\frac{1}{d+3}$$

考虑到 d 必在 −2 和 −3 之间，初步设 $d=-2.5$，算出

$$\frac{1}{d+1}=-0.67,\qquad \frac{1}{d}+\frac{1}{d+2}+\frac{1}{d+3}=-0.4$$

公式两边不等，所以 $d=-2.5$ 不是要求的分离点坐标。重取 $d=-2.47$，此时公式两边近似相等，故本例 $d\approx-2.47$。画出的系统概率根轨迹如图 4-55（b）所示。

⑥ 根轨迹的起始角与终止角：根轨迹离开开环复数极点处的切线与正实轴的夹角称为起始角，以 θ_{pi} 表示；根轨迹进入开环复数零点处的切线与正实轴的交角称为终止角，

以 Φ_{zi} 表示。这些角度可按如下关系式求出

$$\theta_{pi}=(2k+1)\pi+\left(\sum_{j=1}^{m}\Phi_{zjpi}-\sum_{\substack{j=1\\(j\neq i)}}\theta_{pjpi}\right),\ k=0,\pm1,\pm2,\cdots$$

$$\Phi_{zi}=(2k+1)\pi-\left(\sum_{\substack{j=1\\(j\neq i)}}^{m}\Phi_{zjpi}-\sum_{j=1}^{n}\theta_{pjzi}\right),\ k=0,\pm1,\pm2,\cdots$$

式中，Φ_{zjpi}（或 Φ_{zjzi}）、Φ_{pjpi}（或 Φ_{pjzi}）表示除 p_i（或 z_i）外所有开环零点、极点到 p_i（或 z_i）的向量相角。

⑦ 根轨迹与虚轴的交点：若根轨迹与虚轴相交，则交点上的 K^* 值和 ω 值可用劳斯判据确定，也可令闭环特征方程中的 $s=\mathrm{j}\omega$，然后分别令其实部和虚部为零而求得。

例 4–14 设系统的开环传递函数为

$$G(s)H(s)=\frac{K^*}{s(s+3)(s^2+2s+2)}$$

试绘制闭环系统概略根轨迹。

解： 按下述步骤绘制概略根轨迹。

确定实轴上的根轨迹：实轴上 [0，−3] 区域必为根轨迹。

确定根轨迹的渐近线：由于 $n-m=4$，故有四条根轨迹渐近线，其

$$\sigma_a=-1.25,\quad \Phi_a=\pm45°、135°$$

确定分离点：本例没有有限零点，故

$$\sum_{i=1}^{n}\frac{1}{d-p_i}=0$$

于是分离点方程为

$$\frac{1}{d}+\frac{1}{d+3}+\frac{1}{d+1-\mathrm{j}}+\frac{1}{d+1+\mathrm{j}}=0$$

用试探法算出 $d\approx-2.3$。

确定起始角：测量各向量相角，算得 $\theta_{pi}=-71.6°$ 。

确定根轨迹与虚轴交点：本例闭环特征方程式为

$$s^4+5s^3+8s^2+6s+K^*=0$$

将 $s=\mathrm{j}\omega$ 代入特征方程式，可得实部方程为

$$\omega^4-8\omega^2+K^*=0$$

虚部方程为

$$-5\omega^3+6\omega=0$$

在虚部方程中，$\omega=0$ 显然不是要求的解，因此根轨迹与虚轴交点坐标应为 ±1.1。将所得 ω 值代入实部方程，可求出 $K^{*}=8.16$。根轨迹与虚轴相交时的参数也可采用劳斯表法求解，结果一致。根据以上 7 个法则，不难绘出系统的概略根轨迹。整个系统概略根轨迹如图 4-56 所示。

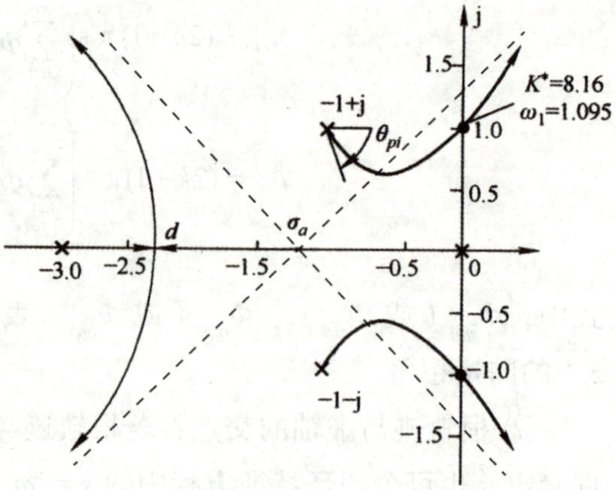

图 4-56　概略根轨迹

⑧ 根之和：当 $n\text{-}m \geqslant 2$ 时，开环 n 个极点之和总是等于闭环特征方程 n 个根之和，即

$$\sum_{i=1}^{n} s_i = \sum_{i=1}^{n} p_i$$

式中，s_i 为闭环特征根。

在开环极点确定的情况下，这是一个不变的常数，所以当开环增益 K 增大时，若闭环某些根在 s 平面上向左移动，则另一部分根必向右移动。该法则对判断根轨迹的走向是很有用的。

2. 系统性能的分析

在经典控制理论中，控制系统设计的重要评价取决于系统的单位阶跃响应。应用根轨迹法可以迅速确定系统在某一开环增益或某一参数值下的闭环零点、极点位置，从而得到相应的闭环传递函数，这时可以利用拉氏反变换法或者 MATLAB 仿真法确定系统的单位阶跃响应，再由阶跃响应求出系统的各项性能指标。然而，在系统初步设计过程中，重要的方面往往不是如何求出系统的阶跃响应，而是如何根据已知的闭环零点、极点去定性的分析系统的性能。

（1）闭环零点、极点与时间响应。一旦用根轨迹法求出了闭环零点和极点，便可以立即写出系统的闭环传递函数。于是，用拉氏反变换法或 MATLAB 仿真法都不难得到系统的时间响应。然而，在工程实践中，常常采用主导极点的概念，对高阶系统进行近似分析。例如，研究具有如下闭环传递函数的系统

$$\Phi(s)=\frac{20}{(s+10)+(s^2+2s+2)}$$

该系统的单位阶跃响应为

$$c(t)=1-0.024\mathrm{e}^{-10t}+1.55\mathrm{e}^{-t}\cos(t+129^\circ)$$

其中，指数项是由闭环极点 $s_1=10$ 产生的，衰减余弦项是由闭环复数极点 $s_{2,3}=-1\pm \mathrm{j}$ 产生的。比较两者可见，指数项衰减迅速且幅值很小，因而可省略。于是有

$$c(t)\approx 1+1.55\mathrm{e}^{-t}cos(t+129^\circ)$$

上式表明，系统的动态性能基本上由接近虚轴的闭环极点确定。这样的极点称为主导极点。因此，主导极点定义为对整个时间响应过程起主要作用的闭环极点。必须注意，时

间响应分量的消逝速度除取决于相应闭环极点的实部值外，还与该极点处的留数，即闭环零点、极点之间的相互位置有关。所以，只有既接近虚轴，又不十分接近闭环零点的闭环极点才可能成为主导极点。

如果闭环零点、极点相距很近，那么这样的闭环零点、极点常称为偶极子。偶极子有实数偶极子和复数偶极子之分，而复数偶极子必共轭出现。不难看出，只要偶极子不是十分接近坐标原点，它们对系统动态性能的影响就甚微，因而可以忽略它们的存在。例如，研究具有下列闭环传递函数的系统：

$$\varPhi(s)=\frac{2a}{a+\delta}\cdot\frac{a+s+\delta}{(a+s)(s^2+2s+2)} \tag{4-87}$$

在这种情况下，闭环系统有一对复数极点 $-1\pm\mathrm{j}$、一个实数极点 $-a$ 和一个实数零点 $-(a+\delta)$。假定 $\delta\to 0$，即实数闭环零点、极点十分接近，从而构成偶极子；同时假定，实数极点 $-a$ 不是非常接近坐标原点，则系统的单位阶跃响应应为

$$c(t)=1-\frac{2\delta}{(a+s)(a^2-2a+2)}\mathrm{e}^{-at}+\frac{2a}{a+\delta}\cdot\frac{\sqrt{1+(a+\delta-1)^2}}{\sqrt{2}\cdot\sqrt{1+(a-1)^2}}\mathrm{e}^{-t}\times\sin\left(t+\arctan\frac{1}{a-1}-135^\circ\right) \tag{4-88}$$

考虑到 $\delta\to 0$，式（4-88）可简化为

$$c(t)=1-\frac{2\delta}{a(a^2-2a+2)}\mathrm{e}^{-at}+\sqrt{2}\mathrm{e}^{-t}\sin(t-135^\circ) \tag{4-89}$$

在关于 δ 和 a 的假定下，式（4-89）可进一步简化为

$$c(t)\approx 1+\sqrt{2}\mathrm{e}^{-t}\sin(t-135^\circ)$$

此时，偶极子的影响完全可以忽略不计。系统的单位阶跃响应主要由主导极点 $-1\pm\mathrm{j}$ 决定。

如果偶极子十分接近原点，即 $a\to 0$，那么式（4-89）只能简化为

$$c(t)\approx 1-\frac{\delta}{a}+\sqrt{2}\mathrm{e}^{-t}\sin(f-135^\circ)$$

这时，δ 和 a 是可以相比的，δ/a 不能忽略不计，所以接近坐标原点的偶极子对系统动态性能的影响必须考虑。然而，不论偶极子接近坐标原点的程度如何，它们并不影响系统主导极点的地位。复数偶极子也具备上述同样的性质。

具体确定偶极子时，可以采用经验法则。经验表明，如果闭环零点、极点之间的距离比它们本身的模值小一个数量级，则这一对闭环零点、极点就构成了偶极子。

在工程计算中，采用主导极点代替系统全部闭环极点来估算系统性能指标的方法称为主导极点法。采用主导极点法时，在全部闭环极点中，选留最靠近虚轴而又不十分靠近闭环零点的一个或几个闭环极点作为主导极点，略去不十分接近原点的偶极子，以及比主导极点距虚轴远 6 倍以上的闭环零点、极点。这样一来，在设计中所遇到的绝大多数有实际意义的高阶系统就可以简化为只有一两个闭环零点和两三个闭环极点的系统，因而可用比

较简便的方法来估算高阶系统的性能。为了使估算得到满意的结果，选留的主导零点数不要超过选留的主导极点数。

在许多实际应用中，比主导极点距虚轴远两三倍的闭环零点、极点也常可放在略去之列。此外，用主导极点代替全部闭环极点绘制系统时间响应曲线时，形状误差仅出现在曲线的起始段，而主要决定性能指标的曲线中、后段形状基本不变。应当注意，输入信号极点不在主导极点的选择范围之内。

最后指出，在略去偶极子和非主导零点、极点的情况下，闭环系统的根轨迹增益常会发生改变，必须注意核算，否则将导致性能的估算错误。例如，对于式（4-87），显然有 $\Phi(0)=1$，表明系统在单位阶跃函数作用下的终值误差 $e_{ss}(\infty)=0$；如果略去偶极子，简化成

$$\Phi(s)=\frac{2a}{a+\delta}\cdot\frac{1}{s^2+2s+2}$$

则有 $\Phi(0)\neq1$，因而出现了在单位阶跃函数作用下，终值误差不为零的错误结果。

（2）系统性能的定性分析采用根轨迹法分析或设计线性控制系统时，了解闭环零点和实数主导极点对系统性能指标的影响是非常重要的。闭环零点的存在将使系统的峰值时间提前，这相当于减小了闭环系统的阻尼，从而使超调量加大。当闭环零点接近坐标原点时，这种作用尤甚。对于具有一个闭环实数零点的振荡二阶系统，不同零点位置与超调量之间的关系曲线如图 4-57 所示。通常，闭环零点对调节时间的影响是不定的。

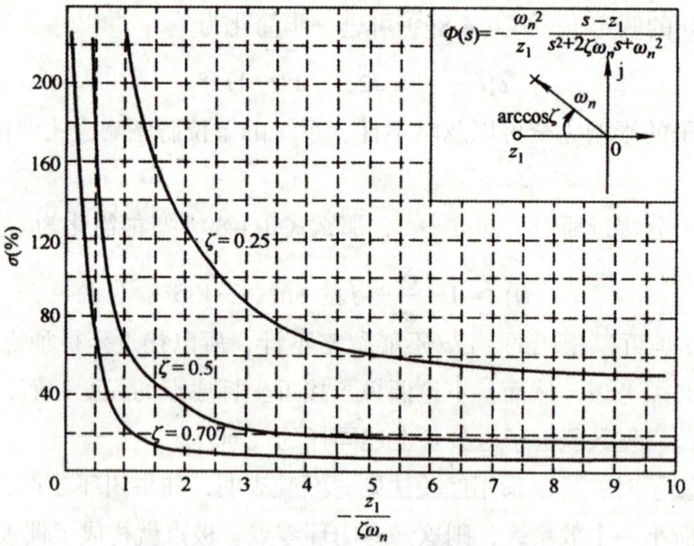

图 4-57　零点位置与超调量关系曲线

闭环实数主导极点对系统性能的影响是：闭环实数主导极点的作用相当于增大系统的阻尼，使峰值时间滞后，超调量下降。如果实数极点比共轭复数极点更接近坐标原点，甚至可以使振荡过程变为非振荡过程。

闭环系统零点、极点位置对时间响应性能的影响可以归纳为以下几点。

① 稳定性。如果闭环极点全部位于 s 左半平面，则系统一定是稳定的，即稳定性只与闭环极点位置有关，而与闭环零点位置无关。

② 运动形式。如果闭环系统无零点，且闭环极点均为实数极点，则时间响应一定是单调的；如果闭环极点均为复数极点，则时间响应一般是振荡的。

③ 超调量。超调量主要取决于闭环复数主导极点的衰减率 $\sigma_1 / \omega_d = \zeta/(1-\zeta^2)\,0.5$，并与其他闭环零点、极点接近坐标原点的程度有关。

④ 调节时间。调节时间主要取决于最靠近虚轴的闭环复数极点的实部绝对值 $\sigma_1 = \zeta\omega_n$；如果实数极点距虚轴最近，并且它附近没有实数零点，则调节时间主要取决于该实数极点的模值。

⑤ 实数零点、极点影响。零点减小系统阻尼，使峰值时间提前，超调量增大；极点增大系统阻尼，使峰值时间滞后，超调量减小。它们的作用随着其本身接近坐标原点的程度而加强。

⑥ 偶极子及其处理。如果零点、极点之间的距离比它们本身的模值小一个数量级，则它们就构成了偶极子。远离原点的偶极子，其影响可忽略；接近原点的偶极子，其影响必须考虑。

⑦ 主导极点。在 s 平面上，最靠近虚轴而附近又无闭环零点的一些闭环极点对系统性能影响最大，称为主导极点。凡比主导极点的实部大 3 ～ 6 倍以上的其他闭环零点、极点，其影响均可忽略。

4.4.3　频域分析法

控制系统中的信号可以表示为不同频率正弦信号的合成。控制系统的频率特性反映正弦信号作用下系统响应的性能。应用频率特性研究线性系统的经典方法称为频域分析法。频域分析法具有以下特点。

（1）控制系统及其元部件的频率特性可以运用分析法和实验方法获得，并可用多种形式的曲线表示，因而系统分析和控制器设计可以应用图解法进行。

（2）频率特性物理意义明确。对于一阶系统和二阶系统，频域性能指标和时域性能指标有确定的对应关系，对于高阶系统可建立近似的对应关系。

（3）控制系统的频域设计可以兼顾动态响应和噪声抑制两方面的要求。

（4）频域分析法既可以适用于线性定常系统，也可以推广应用于某些非线性控制系统。

1. 频率特性的基本概念

首先以图 4-58 所示的 RC 滤波网络为例，建立频率特性的基本概念。设电容 C 的初始电压为 u_{o_0}，取输入信号为正弦信号

$$u_i = A\sin \omega T$$

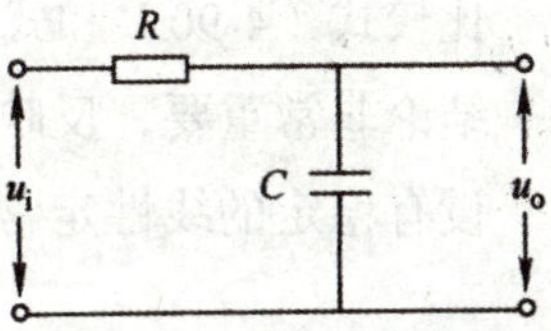

图 4-58　RC 滤波网络

记录 RC 网络的输入、输出信号。当输出响应 u_o 呈现稳态时，记录曲线如图 4-59 所示。

由图 4-59 可见，RC 网络的稳态输出信号仍为正弦信号，频率与输入信号的频率相同，幅值较输入信号有一定衰减，其相位存在一定延迟。

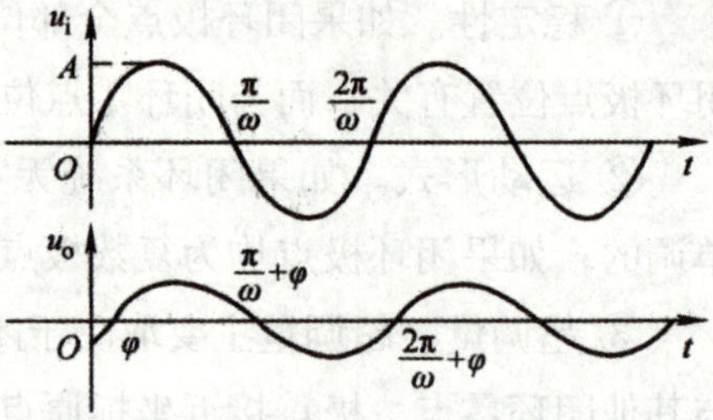

图 4-59 RC 网络的输入和稳态输出信号

RC 网络的输入和输出的关系可由以下微分方程描述

$$T\frac{\mathrm{d}u_o}{\mathrm{d}t}+u_o=u_i$$

式中，$T=RC$，为时间常数。取拉氏变换并入初始条件，$u_o(0)=u_{o_0}$，得

$$U_o(s)=\frac{1}{Ts+1}[U_i(s)+Tu_{o_0}]=\frac{1}{Ts+1}\left(\frac{A\omega}{a^2+\omega^2}+Tu_{o_0}\right)$$

再由拉氏反变换求得

$$u_o(t)=\left(u_{o_0}+\frac{A\omega T}{1+T^2\omega^2}\right)\mathrm{e}^{-\frac{t}{T}}+\frac{A}{\sqrt{1+T^2\omega^2}}\sin(\omega t-\arctan\omega T)$$

由于 T > 0，式中第一项将随时间增大而趋于零，为输出的瞬态分量，而第二项正弦信号为输出的稳态分量。

$$u_{o_s}(t)=\frac{A}{\sqrt{1+T^2\omega^2}}\sin(\omega t-\arctan\omega T) \tag{4-90}$$

$$=A\cdot A(\omega)\sin[\omega t+\Phi(\omega)]$$

在式（4-90）中，$A(\omega)=1/(1+T^2\omega^2)$，$\Phi(\omega)=-\arctan\omega T$，分别反映 RC 网络在正弦信号作用下，输出稳态分量的幅值和相位的变化（称为幅值比和相位差），且皆为输入正弦信号频率 ω 的函数。

注意到 RC 网络的传递函数为

$$G(s)=\frac{1}{Ts+1}$$

取 $s=\mathrm{j}\omega$，则有

$$G(\mathrm{j}\omega)=G(s)\Big|_{s=j\omega}=\frac{1}{\sqrt{1+T^2\omega^2}}\mathrm{e}^{-j\arctan\omega T} \tag{4-91}$$

比较式（4-90）和式（4-91）可知，$A(\omega)$ 和 $\Phi(\omega)$ 分别为 $G(\mathrm{j}\omega)$ 的幅值和相角。这一结论非常重要，反映了 $A(\omega)$ 和 $\Phi(\omega)$ 与系统数学模型的本质关系，具有普遍性。

设有稳定的线性定常系统，其传递函数为

$$G(s)=\frac{\sum_{i=0}^{m}b_i s^{m-i}}{\sum_{i=0}^{n}a_i s^{n-i}}=\frac{B(s)}{A(s)}$$

系统输入为谐波信号

$$r(t)=A\sin(\omega t+\varphi)$$

$$R(s)=\frac{A(\omega\cos\varphi+s\sin\varphi)}{s^2+\omega^2}$$

由于系统稳定，输出响应稳态分量的拉氏变换

$$C_s(s)=\frac{1}{s+\mathrm{j}\omega}[(s+\mathrm{j}\omega)R(s)G(s)|_{s=-\mathrm{j}\omega}]+\frac{1}{s-\mathrm{j}\omega}[(s-\mathrm{j}\omega)R(s)G(s)|_{s=-\mathrm{j}\omega}]$$

$$=\frac{A}{s+\mathrm{j}\omega}\frac{\cos\varphi-\mathrm{j}\sin\varphi}{-2\mathrm{j}}G(-\mathrm{j}\omega)+\frac{A}{s-\mathrm{j}\omega}\frac{\cos\varphi-\mathrm{j}\sin\varphi}{-2\mathrm{j}}G(\mathrm{j}\omega) \tag{4-92}$$

设

$$G(\mathrm{j}\omega)=\frac{a(\omega)+\mathrm{j}b(\omega)}{c(\omega)+\mathrm{j}d(\omega)}=|G(\mathrm{j}\omega)|\mathrm{e}^{\mathrm{j}\angle[G(\mathrm{j}\omega)]} \tag{4-93}$$

因为 $G(s)$ 的分子和分母多项式为实系数，故式（4-93）中的 $a(\omega)$ 和 $c(\omega)$ 为关于 ω 的偶次幂实系数多项式，$b(\omega)$ 和 $d(\omega)$ 为关于 ω 的奇次幂实系数多项式，即 $a(\omega)$ 和 $c(\omega)$ 为 ω 的偶函数，$b(\omega)$ 和 $d(\omega)$ 为 ω 的奇函数。鉴于

$$|G(\mathrm{j}\omega)|=\left(\frac{b^2(\omega)+a^2(\omega)}{c^2(\omega)+d^2(\omega)}\right)^{\frac{1}{2}}$$

$$\angle[G(\mathrm{j}\omega)]=\arctan\frac{b(\omega)c(\omega)-a(\omega)d(\omega)}{a(\omega)c(\omega)+d(\omega)b(\omega)}$$

因而

$$G(-\mathrm{j}\omega)=\frac{a(\omega)-\mathrm{j}b(\omega)}{c(\omega)-\mathrm{j}d(\omega)}=|G(\mathrm{j}\omega)|\mathrm{e}^{-\mathrm{j}\angle[G(\mathrm{j}w)]}$$

再由式（4-92）得

$$C_s(s)=\frac{A|G(\mathrm{j}\omega)|}{s+\mathrm{j}\omega}\frac{\mathrm{e}^{-\mathrm{j}(\varphi+\angle[G(\mathrm{j}\omega)])}}{-2\mathrm{j}}+\frac{A|G(\mathrm{j}\omega)|}{s-\mathrm{j}\omega}\frac{\mathrm{e}^{\mathrm{j}(\varphi+\angle[G(\mathrm{j}\omega)])}}{2\mathrm{j}}$$

$$c_s(t)=A|G(\mathrm{j}\omega)|\left[\frac{\mathrm{e}^{\mathrm{j}(\omega t+\varphi+\angle[G(\mathrm{j}\omega)])}-\mathrm{e}^{-\mathrm{j}(\omega t+\varphi+\angle[G(\mathrm{j}\omega)])}}{2\mathrm{j}}\right]$$

$$=A|G(\mathrm{j}\omega)|\sin(\omega t+\varphi+\angle[G(\mathrm{j}\omega)]) \tag{4-94}$$

将式（4-94）与式（4-90）相比较，得

$$\begin{cases}A(\omega)=|G(\mathrm{j}\omega)|\\ \varphi(\omega)=\angle[G(\mathrm{j}\omega)]\end{cases}$$

式（4-94）表明，对于稳定的线性定常系统，由谐波输入产生的输出稳态分量仍然是与输入同频率的谐波函数，而幅值和相位的变化是频率 ω 的函数，且与系统数学模型相关。为此定义谐波输入下，输出响应中与输入同频率的谐波分量与谐波输入的幅值之比 $A(\omega)$ 为幅频特性，相位之差 $\Phi(\omega)$ 为相频特性，并称其指数表达形式

$$G(\mathrm{j}\omega)=A(\omega)\mathrm{e}^{\mathrm{j}\phi}(\omega)$$

为系统的频率特性。

上述频率特性的定义既适用于稳定系统，也适用于不稳定系统。稳定系统的频率特性可以用实验方法确定，即在系统的输入端施加不同频率的正弦信号，然后测量系统输出的稳态响应，再根据幅值比和相位差做出系统的频率特性曲线。频率特性也是系统数学模型的一种表达形式，RC 滤波网络的频率特性曲线如图 4-60 所示。

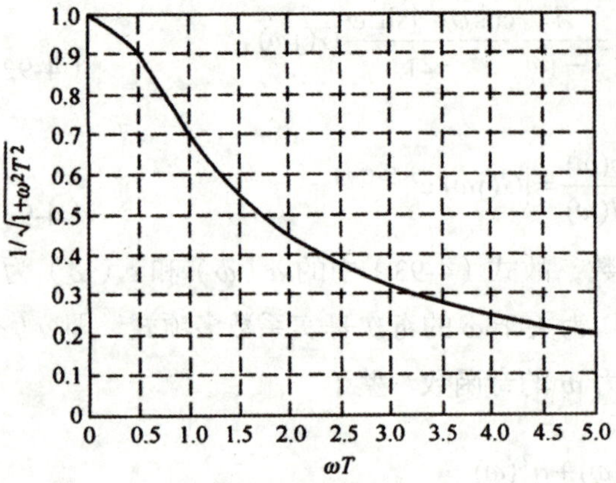

（a）幅频特性

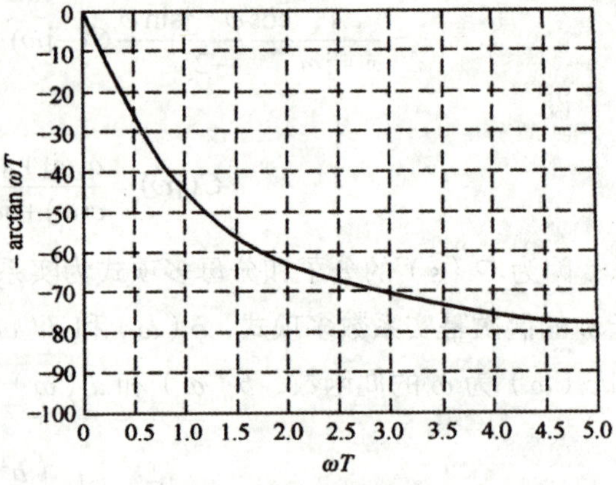

（b）相频特性

图 4-60 RC 滤波网络的频率特性曲线

对于不稳定系统，输出响应稳态分量中含有由系统传递函数的不稳定极点产生的呈发散或振荡发散的分量，所以不稳定系统的频率特性不能通过实验方法确定。

线性定常系统的传递函数为零初始条件下，输出和输入的拉氏变换之比，即

$$G(s)=\frac{C(s)}{R(s)}$$

上式的反变换式为

$$g(t)=\frac{1}{2\pi\mathrm{j}}\int_{\sigma-\mathrm{j}\infty}^{\sigma+\mathrm{j}\infty}G(s)\mathrm{e}^{st}\mathrm{d}s$$

式中，σ 位于 $G(s)$ 的收敛域。若系统稳定，则 σ 可以取为零。如果 $r(t)$ 的傅氏变换存在，可令 $s=\mathrm{j}\omega$，则可得

$$g(t)=\frac{1}{2\pi}\int_{-\infty}^{\infty}G(\mathrm{j}\omega)\mathrm{e}^{\mathrm{j}\omega t}\mathrm{d}\omega=\frac{1}{2\pi}\int_{-\infty}^{\infty}\frac{G(\mathrm{j}\omega)}{R\quad\omega}\mathrm{e}^{\mathrm{j}\omega t}\mathrm{d}\omega$$

因而

$$G(\mathrm{j}\omega)=\frac{G(\mathrm{j}\omega)}{R(\mathrm{j}\omega)}=G(s)\big|_{s=\mathrm{j}\omega}$$

由此可知，稳定系统的频率特性等于输出和输入的傅氏变换之比，而这正是频率特性的物理意义。频率特性与微分方程和传递函数一样，也表征了系统的运动规律，成为系统频域分析的理论依据。频率特性、传递函数和微分方程三种系统描述之间的关系如图 4-61 所示。

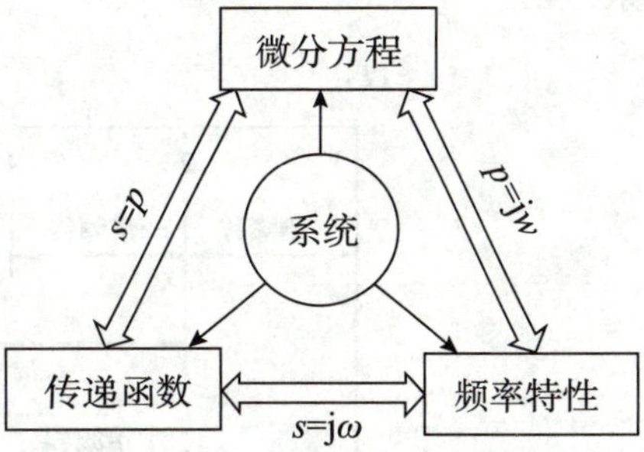

图 4-61　频率特性、传递函数和微分方程三种系统描述之间的关系

2．频率特性的几何表示法

在工程分析和设计中，通常把线性系统的频率特性画成曲线，再运用图解法进行研究。常用的频率特性曲线有以下三种。

（1）幅相频率特性曲线。幅相频率特性曲线又简称为幅相曲线或极坐标图，它以横轴为实轴、纵轴为虚轴构成复数平面。对于任一给定的频率 ω，频率特性值为复数。若将频率特性表示为实数和虚数和的形式，则实部为实轴坐标值，虚部为虚轴坐标值。若将频率特性表示为复指数形式，则为复平面上的向量，而向量的长度为频率特性的幅值比，向量与实轴正方向的夹角等于频率特性的相位差。由于幅频特性为 ω 的偶函数，相频特性为 ω 的奇函数，则 ω 从零变化至 $+\infty$ 和从零变化至 $-\infty$ 的幅相曲线关于实轴对称，因此一般只绘制 ω 从零变化至 $+\infty$ 的幅相曲线。在系统幅相曲线中，频率 ω 为参变量，一般用小箭头表示 ω 增大时幅相曲线的变化方向。

对于 RC 网络

$$G(\mathrm{j}\omega)=\frac{1}{1+\mathrm{j}T\omega}=\frac{1-\mathrm{j}T\omega}{1+(T\omega)^2}$$

因此

$$\left[\operatorname{Re}G(\mathrm{j}\omega)-\frac{1}{2}\right]^2+\operatorname{Im}^2G(\mathrm{j}\omega)=\left(\frac{1}{2}\right)^2$$

表明 RC 网络的幅相曲线是以点（1/2，0）为圆心、半径为 1/2 的半圆，如图 4-62 所示。

（2）对数频率特性曲线。对数频率特性曲线又称为伯德曲线或伯德图。对数频率特性曲线由对数幅频曲线和对数相频曲线组成，是工程中广泛使用的一组曲线。

对数频率特性曲线的横坐标按 $\lg\omega$ 分度，单位为弧度 / 秒（rad/s）。对数幅频曲线的纵坐标按

$L(\omega)=20\lg|G(\mathrm{j}\omega)|=20\lg A(\omega)$

线性分度，单位是分贝（dB）。对数相频曲线的纵坐标按 $\Phi(\omega)$ 线性分度，单位为度（°）。由此构成的坐标系称为半对数坐标系。

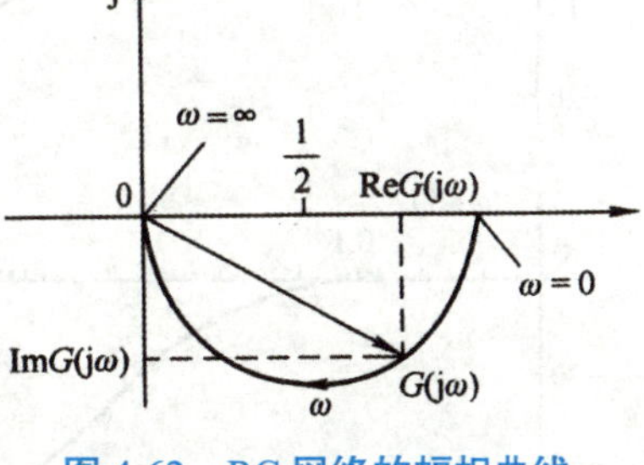

图 4-62　RC 网络的幅相曲线

对数分度和线性分度如图 4-63 所示。在线性分度中，当变量增大或减小 1 时，坐标间距变化一个单位长度；而在对数分度中，当变量增大或减小 10 倍时，称为十倍频程（dec），坐标间距变化一个单位长度。设对数分度中的单位长

度为 L，ω 的某个十倍频程的左端点为 ω_0，则坐标点相对于左端点的距离为表 4-8 中的值乘以 L。

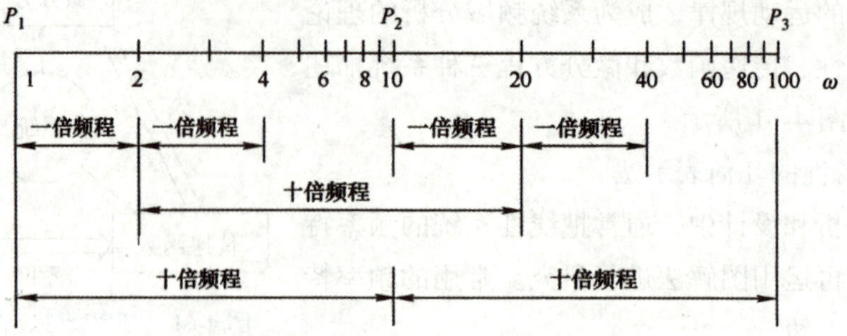

（a）对数分度

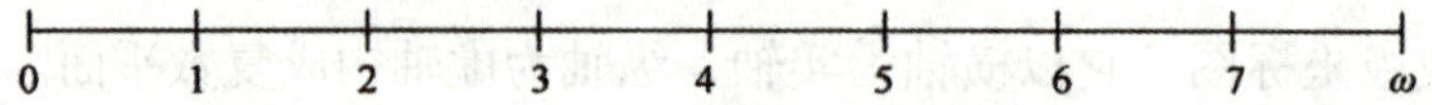

（b）线性分度

图 4-63　对数分度与线性分度

表 4-8　十倍频程中的对数分度

ω/ω_0	1	2	3	4	5	6	7	8	9	10
$\lg(\omega/\omega_0)$	0	0.301	0.477	0.602	0.699	0.788	0.845	0.903	0.954	1

对数频率特性采用 ω 的对数分度实现了横坐标的非线性压缩，便于在较大频率范围反映频率特性的变化情况。对数幅频特性采用 $20\lg A(\omega)$，能够将幅值的乘除运算化为加减运算，可以简化曲线的绘制过程。RC 网络取 $T=0.5$ 时，其对数频率特性曲线如图 4-64 所示。

（3）对数幅相曲线。对数幅相曲线又称尼科尔斯曲线或尼科尔斯图，其特点是纵坐标为 $L(\omega)$，单位为分贝（dB），横坐标为 $\Phi(\omega)$，单位为度（°），均为线性分度，频率 ω 为参变量。图 4-65 为 RC 网络取 $T=0.5$ 时的对数幅相曲线。

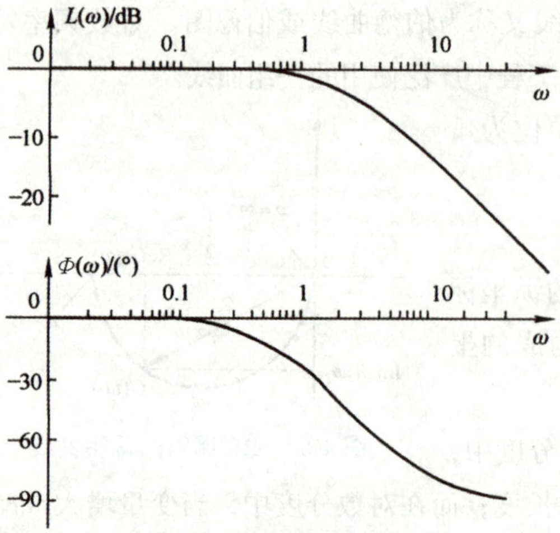

图 4-64　对数频率特性曲线

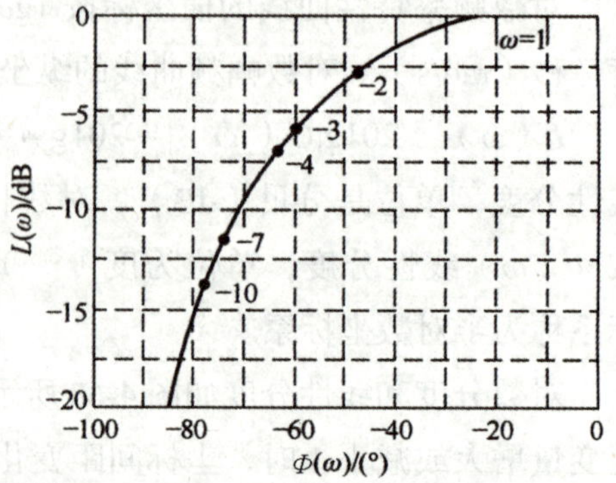

图 4-65　RC 网络取 T = 0.5 时的对数幅相曲线

在对数幅相曲线对应的坐标系中，可以根据系统的开环和闭环的关系，绘制关于闭环幅频特性的等 M 簇线和闭环相频特性的等 α 簇线，因而可以根据频域指标要求确定校正网络，简化系统的设计过程。

本章小结

自动化控制是一种现代工业、农业、制造业等生产领域中机械电气一体自动化集成控制技术和理论。本章着重介绍自动控制系统数学模型的建立，包括时域模型、复数域模型、结构图与信号流图等，以及几种线性系统分析的基本方法与原理。

实践活动

自动控制综合实训

1. 任务要求

（1）能按原理图使用器件和洞洞板进行焊接。

（2）掌握电路测试的方法。

2. 任务内容

按原理图使用器件和洞洞板进行焊接，测试负载固定 15 Ω 时输入电压为 20 V 的时候和输入电压为 30 V 的时候输出的电压和电流，电压应为 15 V 左右，测试输入电压固定 20 V 时负载为 10 Ω 和负载为 20 Ω 时输出的电压和电流。此时输出电压应稳定为 15 V。

3. 任务实施

（1）整机设计

① 整机实现的基本原理及框图（图 4-66）。

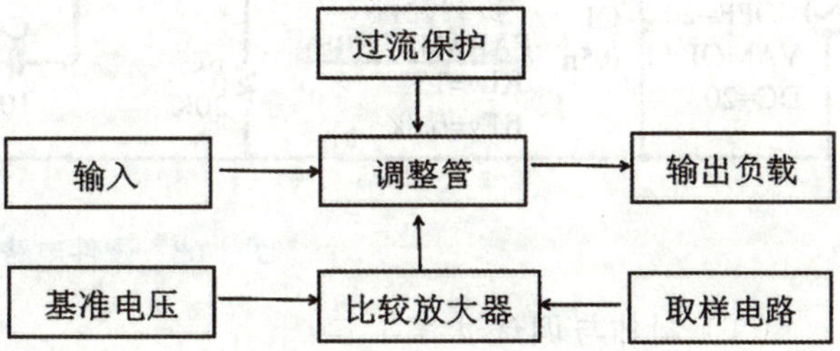

图 4-66　整机实现的基本原理及框图

② 电路原理分析如下。

稳压过程：当输入电压变化时，取样电路电阻 $R1$，$R2$ 两端电压发生变化，比较放大器 U1A 对取样电压与基准电压进行对比，通过调整管进行电压调整。

具体过程：Ui 上升导致 Uo 上升取样电路 U 取样上升比较放大器输出减小，调整管 Ub 电压减小调整管集电极射极间电压上升 Uo = Ui−Uce 使得电压基本不变。

③ 电路仿真（图 4-67）。

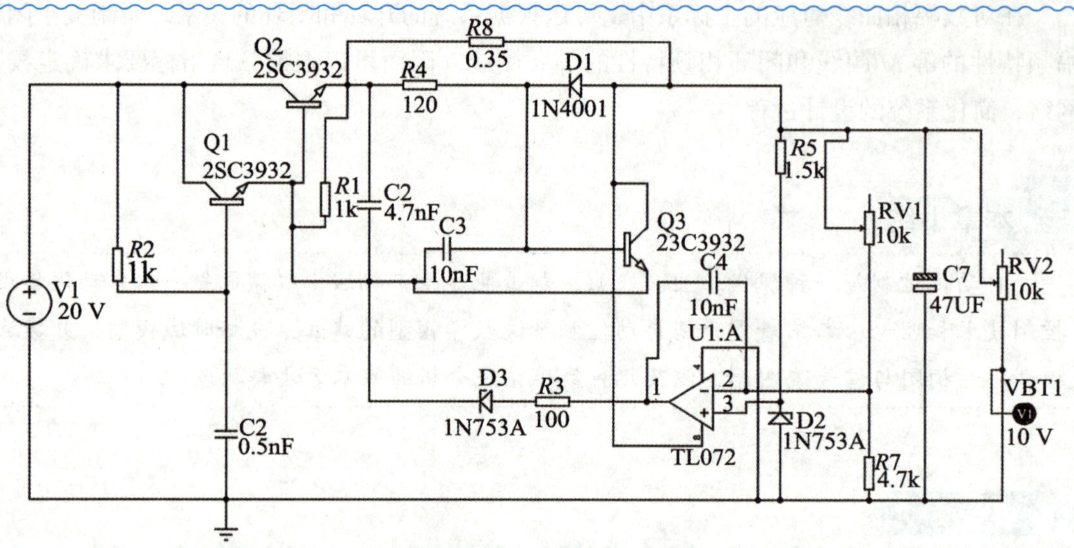

图 4-67　电路仿真

（2）硬件电路设计（图 4-68）

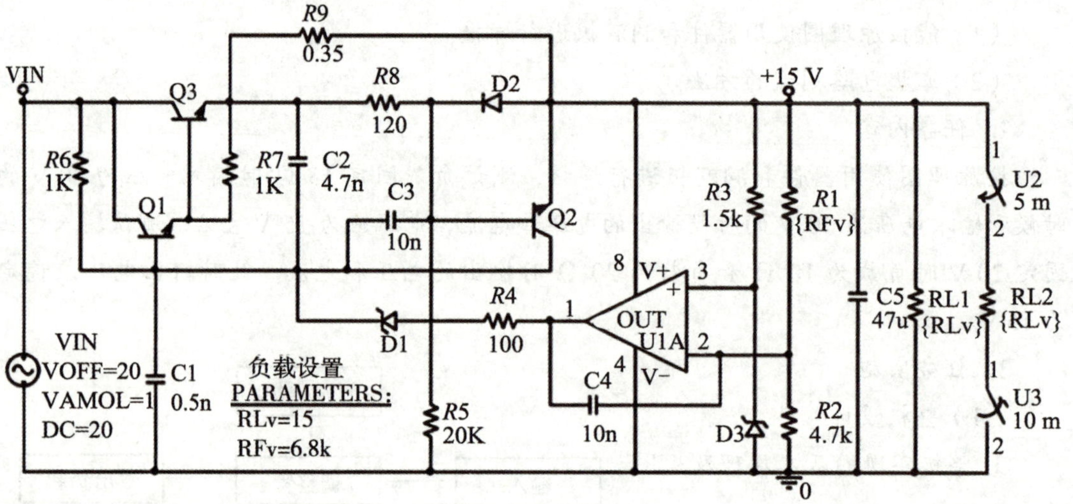

图 4-68　硬件电路设计

（3）制作与调试过程

在制作实训的过程中我在焊接电路板时发现有部分该接线的地方并未接线，通过与原理图反复比对才发现芯片的 2 脚并未链接取样电路，导致并未出现理论结果修改后，在调试时发现空载时电阻不能调动，经过与原理图反复对比发现三极管 b，e 两级接反，对存在的问题进行修改再次检查无误后，使用实验室电源输入电压，测量量电路在空载，负载时电源输出情况与理论值基本相同。

（4）电路测试

① 测试仪器。实验室直流电源、万用表。

② 测量方法。接入负载为 15 Ω，输入电压为 20 V 与 30 V 时用万用表测量负载的

电压和电流。输入电压为 20 V 时，分别接入 10 Ω 和 20 Ω 负载，用万用表测量载的电压和电流。

③ 性能指标测试。

负载 = 15 Ω，输入电压 = 20 V 时，负载电压 = 14.97 V，电流 = 1.01 A。

负载 = 15 Ω，输入电压 = 30 V 时，负载电压 = 14.98 V，电流 = 0.99 A。

负载 = 10 Ω，输入电压 = 20 V 时，负载电压 = 14.96 V，电流 = 1.42 A。

负载 = 20 Ω，输入电压 = 20 V 时，负载电压 = 14.98 V，电流 = 0.73 A。

④ 数据分析。

当负载不变，输入电压改变时，输出的电压电流基本不变电压稳定在 15 V 电流稳定在 1 A。当输入电压不变，接入负载改变时，输出电压稳定保持 15 V，输出电流随负载变大上升，随负载变小下降。

⑤ 另选一个线性电源电路对工作原理进行分析。

稳压过程：当输入电压变化时，取样电路（*R*4）电压发生变化，比较放大器 T3Ube3 上升 *U*c3 下降，调整管 Vb 基极电压电流下降，调整管集电极射极间电压上升 *U*o = *U*i−*U*ce，反之放大器输出上升，调整管 CE 电压减小，达到稳压效果（图 4-69）。

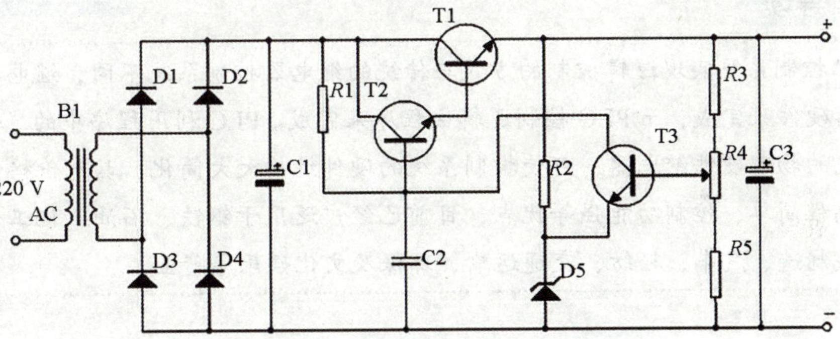

图 4-69　直流稳压电源电路设计初选电路图

思考练习

1．简述控制系统的组成。

2．简述控制系统的分类。

3．简述传递函数的定义。

4．简述控制系统的结构图包含的几种基本单元。

5．简述根轨迹法的基本概念。

第 5 章　可编程逻辑控制器技术及应用

本章导读

PLC 控制系统实现逻辑控制的方式与传统的继电器控制系统不同，继电器控制逻辑由继电器硬件来完成，而 PLC 控制逻辑由程序来完成。PLC 利用程序中的“软继电器”取代传统的物理硬件继电器，可使控制系统的硬件结构大大简化，具有价格便宜、维护方便、编程简单、控制功能强等优点，目前已经广泛用于钢铁、石油、化工、电力、建材、机械制造、汽车、轻纺、交通运输、环保及文化娱乐等行业。

学习目标

◎知识目标

（1）了解 PLC 的定义、原理、分类、硬件组成及性能指标。

（2）掌握 PLC 的基本指令。

◎能力目标

（1）会识别 PLC 的组成部分，并对其合理归类。

（2）会使用 PLC 基本指令编写典型机电系统的程序。

◎素质目标

具有相应的文化科学知识，并能运用所学知识分析和解决工作中的问题。

◎思政目标

培养学生的事业感与责任感、团队合作精神与集体主义观念。

5.1　PLC 基本知识

5.1.1　PLC 的定义

PLC 定义

PLC 是给机电系统提供控制和操作的一种通用工业控制计算机。它应用面广、功能强大、使用方便，已经成为当代工业自动化的主要支柱之一。它采用可编程序存储器作为内部指令记忆装置，具有逻辑运算、排序、定时、计数及算术运算等功能，并通过数字或模拟输入 / 输出模块控制各种形式的机器及过程。可编程逻辑控制器（pngrammable controller，PC）为了与个人计算机的简称 PC 相区别，习惯上简称为 PLC（programmable logic controller）。随着现代科学技术的快速发展，可编程逻辑控制器不仅只作为逻辑的顺序控制，而且还可以接收各种数字信号、模拟信号，进行逻辑运算、函数运算、浮点运算和智能控制等。

由此可见，可编程逻辑控制器是专为在工业环境下应用而设计的一种数字式的电子装置，它是一种工业控制计算机产品。

5.1.2　PLC 的工作原理

在工业现场，实现工业自动化通常有三种情况，即开关量的逻辑控制用电气控制装置，慢速连续量的过程控制用电动仪表装置，快速连续量的运动控制用电气传动装置，简称“三电”（电控、电仪、电传）。由于三种控制相差太远，无法兼容，基于 PLC 扫描机制的特点，以及在大型 PLC 中采用多微处理机和大量智能模块的开发等使得 PLC 可能在控制装置一级实现“三电”于一体。它比数字计算机集散控制系统实现网络一级的“三电”一体要容易得多。

图 5-1 为 PLC 与输入 / 输出装置连接图。输入信号由按钮开关、限位开关、继电器触点和光学传感器等开关装置产生，通过接口进入 PLC，再经 PLC 处理产生控制信号，通过输出接口送给输出装置，如线圈、继电器、电动机以及指示灯等。

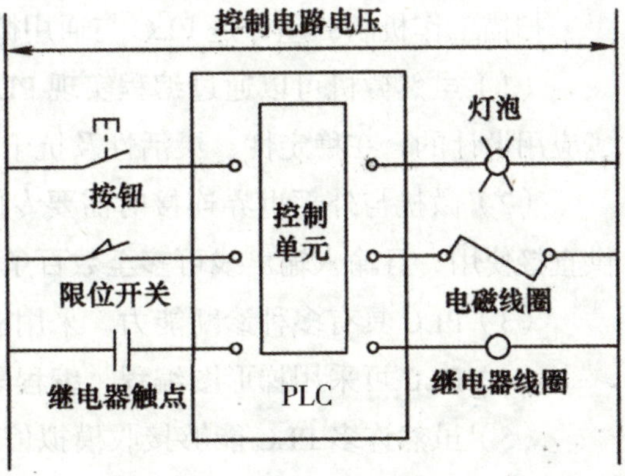

图 5-1　PLC 与输入 / 输出装置连接图

PLC 是采用“顺序扫描，不断循环”的方式进行工作的，即在 PLC 运行时，CPU 根据用户按控制要求编制并存于用户存储器中的程序，按指令步序号（或地址号）做周期性循环扫描，如无跳转指令，则从第一条指令开始逐条顺序执行用户程序，直至程序结束，然后重新返回第一条指令，开始下一轮新的扫描。在每次扫描过程中，还要完成对输入信号的采样和对输出状态的刷新等工作。

PLC 的一个扫描周期必经输入采样、程序执行和输出刷新三个阶段。

（1）输入采样阶段。首先以扫描方式按顺序将所有暂存在输入锁存器中的输入端子的通断状态或输入数据读入，并将其写入各对应的输入状态寄存器中，即刷新输入，随即关闭输入端口，进入程序执行阶段。

（2）程序执行阶段。按用户程序指令存放的先后顺序扫描执行每条指令，经相应的运算和处理后，将结果再写入输出状态寄存器中，输出状态寄存器中所有的内容随着程序的执行而改变。

（3）输出刷新阶段。所有指令执行完毕后，输出状态寄存器的通断状态在输出刷新阶段送至输出锁存器中，并通过一定的方式（继电器、晶体管或晶闸管）输出，驱动相应输出设备工作。

PLC 采取的扫描工作机制就是按照定义和设计，连续和重复地检测系统输入，求解目前的控制逻辑，及修正系统输出。在 PLC 典型的扫描机制中，I/O 服务处于扫描周期的末尾，这种典型的扫描称为同步扫描。扫描循环一周所花费的时间为扫描时间。PLC 不同，扫描时间不同，一般为 10 ～ 100 ms。扫描机制具有高抗干扰能力，这是因为进行 I/O 服务的时间很短，引入的干扰少，使扫描周期的大部分时间的干扰都被挡在 PLC 之外。在多数 PLC 中都设有一个“看门狗”计时器，它可测量每一扫描循环的长度，如果扫描时间超过某预设的长度（如 150 ～ 200 ms），它便激发临界警报。在同步扫描周期内，除了 I/O 服务之外，还有服务程序、通信窗口和内部执行程序等，如图 5-2 所示。

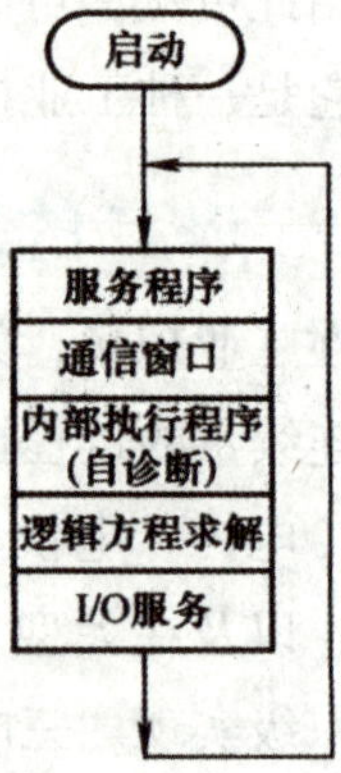

图 5-2　PLC 的扫描机制

扫描工作机制的差异是 PLC 与通用微机的基本区别。此外，还有以下区别。

（1）虽然微机可以通过编程实现 PLC 的多数功能，然而通用微机不是专门为工业环境应用设计的，在稳定性、灵活性及抗干扰能力等方面均不如 PLC。

（2）微机与外部世界连接时需要专门的接口电路板，而 PLC 带有各种 I/O 模块，可供直接使用，且输入输出线可多至数百条。

（3）PLC 具有多种诊断能力，采用模块式结构，易于维修。

（4）PLC 可采用梯形图编程，编程语言直观简单，容易掌握。

（5）虽然许多 PLC 能够接收模拟信号和进行简单的数学运算，但是其数学运算能力无法与通用微机相比。

PLC 的组成与计算机类似，其功能的实现不仅基于硬件的作用，更依赖软件的支持。

现在国内外有各种类型和结构的 PLC，它们的组成和原理基本相同，都是主要由硬件和软件两部分构成。

5.1.3　PLC 的分类

PLC 是以微处理器为基础，综合了计算机技术、自动控制技术和通信技术而发展起来的一种新型、通用的自动控制装置。PLC 发展到今天，已经有多种形式，而且功能也不尽相同，按不同的原则可有不同的分类。

1. 根据结构分类

（1）整体式（箱体式）。整体式结构的特点是将 PLC 的基本部件，如 CPU 板、输入板、输出板、电源板等紧凑地安装在一个标准机壳内，构成一个整体，组成 PLC 的一个基本单元（主机）或扩展单元。基本单元上没有扩展端口，通过扩展电缆与扩展单元相连，以构成 PLC 不同的配置。整体式结构的 PLC 体积小，成本低，安装方便。微型 PLC 和小型 PLC 一般为整体式结构。

整体式 PLC 的基本组成框图如图 5-3 所示。

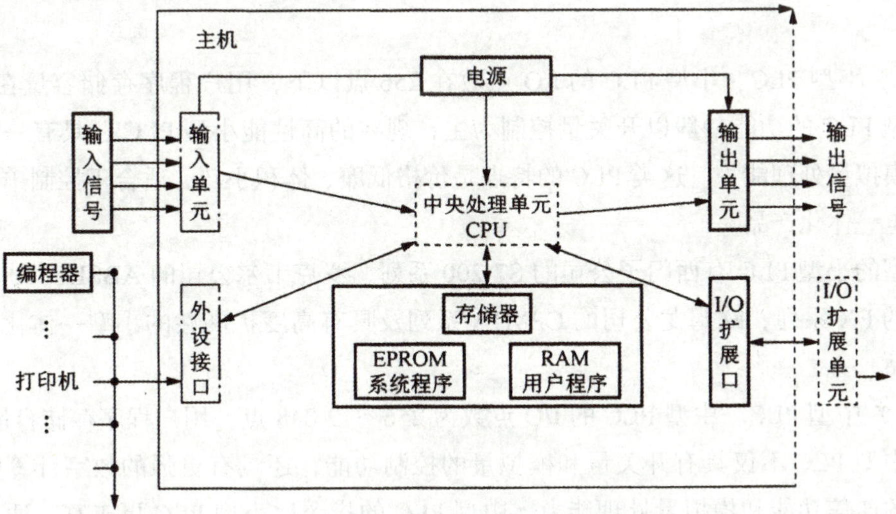

图 5-3　整体式 PLC 的基本组成框图

（2）组合式（机架模块式）。组合式结构的 PLC 为总线结构，其总线做成总线板。它由标准模块单元（如 CPU 模块、输入模块、输出模块、电源模块和各种功能模块等）构成，将这些模块插在框架上或总线板上即可。各模块功能是独立的，外形尺寸是统一的，具体插入什么模块可根据需要灵活配置。目前，中型 PLC 和大型 PLC 多采用这种结构形式。

组合式 PLC 的基本组成框图如图 5-4 所示。

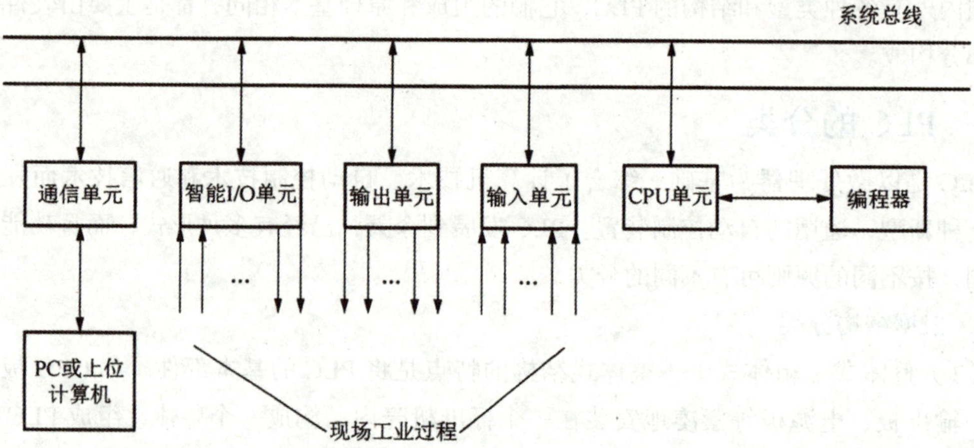

图 5-4　组合式 PLC 的基本组成框图

2．按控制规模分类

一般情况下，处理的 I/O 点数越多，控制关系越复杂，用户要求的程序存储器容量越大，PLC 指令及其他功能越多，指令执行的速度越快。按 PLC 的 I/O 点数可将 PLC 分为以下三类。

（1）小型 PLC。小型 PLC 的 I/O 点数在 256 点以下，用户程序存储容量在 4 KB 以下。小型 PLC 的功能一般以开关量控制为主，现在的高性能小型 PLC 还具有一定的通信能力和模拟量处理能力。这类 PLC 的特点是价格低廉、体积小巧，适合于控制单台设备，开发机电一体化产品。

典型的小型 PLC 有西门子公司的 S7-200 系列、罗克韦尔公司的 ABSLC500 系列、三菱公司的 FX 系列、欧姆龙公司的 CPM1A 系列及具有高度扩展性的小型一体化 CP1H 系列等产品。

（2）中型 PLC。中型 PLC 的 I/O 点数为 256 ～ 2 048 点，用户程序存储容量在 8 KB 左右。中型 PLC 不仅具有开关量和模拟量的控制功能，还具有更强的数字计算能力，以及更强的通信功能和模拟量处理能力。中型 PLC 的指令比小型 PLC 更丰富，适用于复杂的逻辑控制系统及连续生产过程控制场合。

典型的中型 PLC 有西门子公司的 S7-300 系列、罗克韦尔公司的 ControlLogix 系列、欧姆龙公司的 C200H 系列等产品。

（3）大型 PLC。大型 PLC 的 I/O 点数在 2 048 点以上，用户程序存储容量在 16 KB 以上。大型 PLC 的性能已经与工业控制计算机相当，不仅具有计算、控制和调节功能，还具有强大的网络结构和通信联网能力。它可以连接人机接口（human machine interface，HMI）作为系统监视或操作界面，能够表示过程的动态流程，记录各种曲线、PID 调节参数选择图；可配备多种智能模块，构成一个多功能系统。这种 PLC 还可以和其他型号的控制器互连，或与上位计算机相连，组成一个集中分散的生产过程和产品质量控制系统。

大型 PLC 适用于设备自动化控制、过程自动化控制和过程监控系统。

典型的大型 PLC 有西门子公司的 S7-400 系统、欧姆龙公司的 CVM1 和 CS1 系列、罗克韦尔公司的 PLC5/05 系列等产品。

5.1.4　PLC 的硬件组成

PLC 种类繁多，但其组成结构和工作原理基本相同。由于 PLC 专为工业现场应用而设计，因此在其设计中采用了一定的抗干扰技术。PLC 按照结构形式的不同可分为整体式和组合式两类，但无论哪种结构形式，都采用了典型的计算机结构，主要由 CPU、电源、存储器和专门设计的 I/O 接口电路等组成。

下面具体介绍 PLC 各部分的组成及其作用。

1. CPU

CPU 一般由控制器、运算器和寄存器组成，这些电路都集成在一个芯片内。CPU 通过数据总线、地址总线和控制总线与存储单元、I/O 接口电路相连。与一般计算机一样，CPU 是 PLC 的核心，它按 PLC 中系统程序赋予的功能指挥 PLC 有条不紊地进行工作。用户程序和数据预存储在存储器中，当 PLC 处于运行方式时，CPU 按循环扫描方式执行用户程序。

CPU 的主要任务：控制用户程序和数据的接收与存储；用扫描的方式通过 I/O 部件接收现场的状态或数据，并存入输入映像寄存器或数据存储器中；诊断 PLC 内部电路的工作故障和编程中的语法错误等；PLC 进入运行状态后，从存储器逐条读取用户指令，经过命令解释处理后按指令规定的任务进行数据传送、逻辑或算术运算等；根据运算结果，更新有关标志位的状态和输出映像寄存器的内容，再经输出部件实现输出控制、制表打印或数据通信等功能。

不同型号的 PLC 其 CPU 芯片是不同的，有采用通用 CPU 芯片的，也有采用厂家自行设计的专用 CPU 芯片的。CPU 芯片的性能关系到 PLC 处理控制信号的能力与速度，CPU 位数越高，系统处理的信息量越大，运算速度也越快。PLC 的功能是随着 CPU 芯片技术的发展而提高和增强的。

2. 存储器

PLC 的存储器包括系统存储器和用户存储器两部分。

（1）系统存储器用来存放由 PLC 生产厂家编写的系统程序，系统程序固化在只读存储器（read only memory，ROM）内，用户不能直接更改，它使 PLC 具有基本的功能，能够完成 PLC 设计者规定的各项工作。系统程序质量的好坏很大程度上决定了 PLC 的性能，其内容主要包括三部分：第一部分为系统管理程序，它主要控制 PLC 的运行，使整个 PLC 按部就班地工作；第二部分为用户指令解释程序，通过用户指令解释程序，将 PLC 的编程语言指令变为机器语言指令，再由 CPU 执行这些指令；第三部分为标准程序模块与系统调用，它包括许多不同功能的子程序及其调用管理程序，如完成输入、输出及特殊运算等的子程序。PLC 的具体工作都是由这部分程序来完成的，这部分程序的多少决定了 PLC 性能的高低。

（2）用户存储器包括用户程序存储器（程序区）和用户功能存储器（数据区）两部分。用户程序存储器用来存放用户针对具体控制任务用规定的 PLC 编程语言编写的各种用户程序，以及用户的系统配置。用户程序存储器根据所选用存储器单元类型的不同，可以是有断电保护的随机存取存储器（random access memory，RAM）、可擦除可编程只读存储器（erasable programmable read only memory，EPROM）或带电可擦除可编程只读存储器（electrically erasable programmable read only memory，EEPROM），其内容可以由用户任意修改或增删。用户功能存储器用来存放（记忆）用户程序中使用器件的 ON/OFF 状态、数值数据等。用户存储器容量的大小关系到用户程序容量的大小，是反映 PLC 性能的重要指标之一。

3. 输入单元

PLC 的输入信号类型可以是开关量、模拟量和数字量。输入单元从广义上包含两部分：一是与被控设备相连的接口电路，另一部分是输入映像寄存器。

输入单元接收来自用户设备的各种控制信号，如限位开关、操作按钮、选择开关、行程开关及其他传感器的信号。通过接口电路将这些信号转换成 CPU 能够识别和处理的信号，并存到输入映像寄存器。运行时 CPU 从输入映像寄存器读取输入信息并进行处理，将处理结果存放到输出映像寄存器。

为防止各种干扰信号和高电压信号进入 PLC，影响其可靠性或造成设备损坏，现场输入接口电路一般由光电耦合电路进行隔离。光电耦合电路的关键器件是光耦合器，一般由发光二极管和光敏晶体管组成。

通常 PLC 的输入类型可以是直流（DC 24 V）、交流和交直流。输入电路的电源可由外部供给，有的也可由 PLC 内部提供。

4. 输出单元

PLC 的输出信号类型可以是开关量、模拟量和数字量。输出单元从广义上包含两部分：一部分是与被控设备相连的接口电路，另一部分是输出映像寄存器。

PLC 运行时 CPU 从输入映像寄存器读取输入信息并进行处理，将处理结果存放到输出映像寄存器。输出映像寄存器由输出点相对应的触发器组成，输出接口电路将处理结果由弱电控制信号转换成现场需要的强电控制信号输出，以驱动电磁阀、接触器、指示灯等被控设备的执行元件。

输出接口电路通常有三种类型：继电器输出型、晶体管输出型和晶闸管输出型。每种输出接口电路都采用电气隔离技术，电源由外部提供，输出电流一般为 1.5 ～ 2 A，输出电流的额定值与负载的性质有关。

为避免 PLC 受瞬间大电流的作用而损坏，输出端外部接线必须采用保护措施：一是输出公共端接熔断器；二是采用保护电路，对于交流感件负载，一般用阻容吸收回路；对于直流感性负载，一般用续流二极管。

5. 电源部分

PLC 中一般配有开关式稳压电源为内部电路供电。开关式稳压电源的输入电压范围宽、体积小、质量轻、效率高、抗干扰性能好。有的 PLC 能向外部提供 24 V 的直流电源，可为输入单元所连接的外部开关或传感器供电。

6. I/O 扩展接口

当主机上的 I/O 点数或类型不能满足用户需要时，主机可以通过 I/O 扩展口连接 I/O 扩展单元来增加 I/O 点数。没有 I/O 扩展接口的 PLC 是不能进行 I/O 点扩展的。另外，通过 I/O 扩展接口还可以连接各种特殊功能单元（智能 I/O 单元），扩展 PLC 的功能。

7. 外围设备接口

每台 PLC 都有外围设备接口。通过外围设备接口，PLC 可与外围设备相连。PLC 的外围设备有编程器、计算机、打印机、EPROM 写入器、外存储器及监视器、变频器等，用以在各种不同的场合实现多种不同的功能。

以上就是一个 PLC 的基本组成。但是，如果要利用 PLC 完成更高级、复杂的控制（如集散控制），往往需要借助 PLC 的高级功能模块（特殊功能单元），以及变频器、计算机等其他设备的支持及通信功能的实现。

5.1.5 PLC 的性能指标

描述 PLC 性能时，经常使用位、数字、字节、字及通道等术语。

位指二进制的一位，仅有 1、0 两种取值。一个位对应 PLC 的一个继电器，某位的状态为 1 或 0，分别对应继电器线圈通电或断电。

4 位二进制数构成一个数字，这个数字可以是 0 000 ～ 1 001（十进制数 0 ～ 9），也可以是 0 000 ～ 1 111（十六进制数 0 ～ F）。2 个数字或 8 位二进制数构成 1 字节。2 字节构成一个字。在 PLC 术语中，字又称通道。一个字含 16 位，或者说一个通道含 16 个继电器。

下面给出了 PLC 性能的主要指标。

1. I/O 点数

I/O 点数是指 PLC 外部 I/O 端子的总数，也是 PLC 可以接收的输入信号和输出信号的总和，是衡量 PLC 性能的重要指标。I/O 点数越多，外部可接的输入设备和输出设备越多，控制规模越大。

2. 存储容量

存储容量是指用户程序存储器的容量。用户程序存储器容量决定了 PLC 所能存放的用户程序的多少，一般以字（或步）为单位来计算。用户程序存储器的容量越大，可以编制出的程序越复杂。在有的 PLC 中，程序指令是按步存放的（一条指令往往不止一步），一步占用一个地址单元，一个地址单元一般占用一个字，实质上步和字在这里是等同的。若一个内存容量为 1 K 步的 PLC 可推知其内存为 1 K 字或 2 K 字节。

3. 扫描速度

扫描速度是指 PLC 执行用户程序的速度，是衡量 PLC 性能的重要指标。一般以扫描 1 K 步用户程序所需的时间来衡量扫描速度，通常以 ms/K 步为单位。PLC 用户手册一般给出执行各条指令所用的时间，可以通过比较各种 PLC 执行相同的操作所用的时间来衡量扫描速度的快慢。

4. 指令功能与数量

指令功能的强弱、数量的多少也是衡量 PLC 性能的重要指标。编程指令的功能越强、数量越多，PLC 的处理能力和控制能力也越强，用户编程也越简单和方便，越容易完成复杂的控制任务。

5. 内部元件的种类与数量

内部元件的配置情况是衡量 PLC 硬件功能的一个指标。在编制 PLC 程序时，需要用到大量的内部元件来存放变量状态、中间结果、保持数据、定时计数、模块设置和各种标志位等信息。这些元件的种类与数量越多，表示 PLC 的存储和处理各种信息的能力越强。

6. 特殊功能单元

特殊功能单元种类的多少与功能的强弱是衡量 PLC 产品的一个重要指标。近年来各 PLC 厂商非常重视特殊功能单元的开发，特殊功能单元种类日益增多，功能越来越强，使 PLC 的控制功能日益扩大。

7. 可扩展能力

PLC 的可扩展能力包括 I/O 点数的扩展、存储容量的扩展、联网功能的扩展、各种功能模块的扩展等。在选择 PLC 时，经常需要考虑 PLC 的可扩展能力。

5.2 编程语言与基本指令

5.2.1 编程语言

PLC 是专为工业控制而开发的装置，主要使用对象是广大工程技术人员及操作维护人员。为了满足他们的传统习惯和掌握能力，通常 PLC 不采用微机的编程语言，而常常采用面向控制过程、面向问题的“自然语言”编程。国际电工委员会（IEC）于 1994 年 5 月公布了 PLC 标准（IEC1131），它由五个部分组成：通用信息、设备与测试要求、编程语言、用户指南和通信。其中第三部分（IEC1131-3）是 PLC 的编程语言标准。根据国际电工委员会制定的工业控制编程语言标准（IEC1131-3），PLC 有五种标准编程语言：梯形图（ladder diagram，LD）、指令表（instruction list，IL）、顺序功能图（sequential function chart，SFC）、功能块图（function block diagram，FBD）、结构化文本（structured text，ST）。

1. 梯形图

梯形图在形式上类似于继电器控制电路，如图 5-5 所示。它由各种图形符号连接而成，这些符号依次为常开接点、常闭接点、并联连接、串联连接、继电器线圈等。每一接点和线圈均对应有一个编号，不同机型的 PLC 编号方法不同。梯形图直观易懂，为电气人员所熟悉，是最常用的一种编程语言。

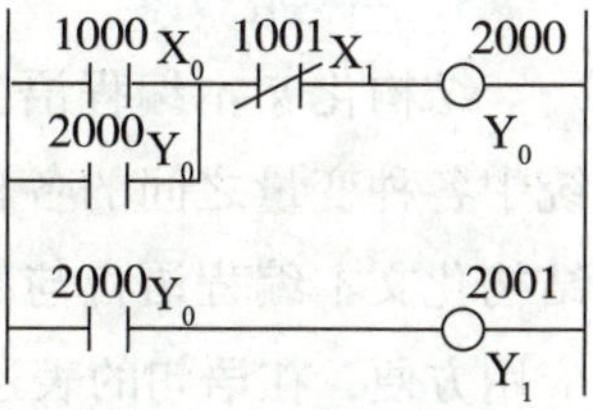

图 5-5　梯形图

2. 指令表

由若干个指令组成的程序称为指令表，西门子称为语句表（STL）。指令表编程语言是与微机汇编语言类似的一种助记符编程语言，和汇编语言一样由操作码和操作数组成，但 PLC 的指令表比汇编语言的语句表通俗易懂，因此也是较常用的一种编程语言。指令表编程语言与梯形图编程语言图一一对应，在 PLC 编程软件下可以相互转换。

不同的 PLC，指令表使用的助记符不同。以 F 系列 PLC 为例，梯形图的指令表（表 5-1）。

表 5-1　梯形图指令表

LD	X_0（表示逻辑操作开始，常开接点与母线连接）
OR	Y_0（表示常开接点并联）
ANI	X_1（表示常闭接点串联）
OUT	Y_0（表示输出）
LD	Y_0
OUT	Y_1

3. 顺序功能图

顺序功能图是一种位于其他编程语言之上的图形语言，主要用来编制顺序控制程序。顺序功能图语言是为了满足顺序逻辑控制而设计的编程语言。编程时将顺序流程动作的过程分成步和转换条件，根据转移条件对控制系统的功能流程顺序进行分配，一步一步地按照顺序动作。每一步代表一个控制功能任务，用方框表示。在方框内含有用于完成相应控制功能任务的梯形图逻辑。这种编程语言使程序结构清晰，易于阅读及维护，大大减轻编程的工作量，缩短编程和调试时间，可用于系统中规模较大、程序关系较复杂的场合。顺序功能流程图编程语言是以功能为主线，按照功能流程的顺序分配，条理清楚，对用户程序便于理解。

4. 功能块图

功能块图是一种类似于数字逻辑门电路的编程语言，有数字电路基础的技术人员很容易掌握。该编程语言用类似与门、或门和非门的方框来表示逻辑运算关系。方框的左边为逻辑运算的输入变量，右边为输出变量，信号由左向右流动，如图 5-6 所示。

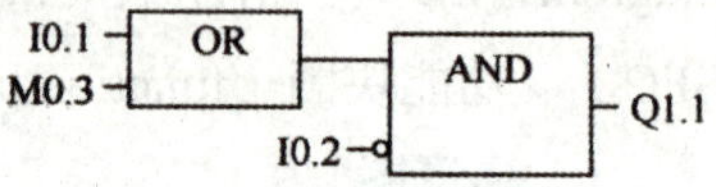

图 5-6　功能块图

5. 结构化文本

结构化文本编程语言采用计算机的描述方式来描述系统中各种变量之间的各种运算关系，完成所需的功能或操作。大多数 PLC 制造商采用的结构化文本编程语言与 BASIC 语言、PASCAL 语言或 C 语言等高级语言相类似，但为了应用方便，在语句的表达方法及语句的种类等方面都进行了简化。结构化文本编程语言的特点是：采用高级语言进行编程，可以完成较复杂的控制运算；需要有一定的计算机高级语言的知识和编程技巧，对工程设计人员要求较高；直观性和操作性较差。

5.2.2　基本指令

PLC 产品的产销量居工控计算机之首位，市场需求量仍在稳步上升。全世界有 200 多厂家、400 多 PLC 品种，大体可以分成三个类别：美国产品、欧洲产品和日本产品。美国产品和欧洲产品是独自研究开发的，表现出明显的差异性。日本 PLC 技术由美国引进，但它定位在小型 PLC 上，而欧美产品以大、中型 PLC 为主。

不同机型的 PLC 有不同的指令系统，但总的来说指令的基本功能相似。这里重点介绍日本三菱公司生产的 F 系列 PLC。F 系列 PLC 具有丰富的指令系统，既可实现复杂控制操作，又易于编程。按功能可将指令分为两大类：基本指令和特殊功能指令。其中基本指令是指直接对输入输出进行简单操作的指令，包括输入、输出、逻辑“与”、逻辑“或”、逻辑“非”等。下面分别介绍 F 系列的各种基本指令的梯形符号、助记符、功能和用法，并附上应用指令的实例。

F 系列 PLC 共有 20 条基本逻辑指令，分别为用于接点的指令、用于线圈的指令和独立指令。基本逻辑指令表见表 5-2。

表 5-2　基本逻辑指令表

指令	功能	目标元素	备注
LD	逻辑运算开始	X、Y、M、T、C、S	常开接点
LDI	逻辑运算开始	X、Y、M、T、C、S	常闭接点
AND	逻辑“与”	X、Y、M、T、C、S	常开接点
ANI	逻辑“与反”	X、Y、M、T、C、S	常闭接点
OR	逻辑“或”	X、Y、M、T、C、S	常开接点
ORI	逻辑“或反”	X、Y、M、T、C、S	常闭接点
ANB	块串联	无	
ORB	块并联	无	

续表

指令	功能	目标元素	备注
OUT RST PLS SFT	逻辑输出 计数器、移位寄存器复位 脉冲微分 移位	Y、M、T、C、S、F C、M M100 ～ M377 M	驱动线圈 用于计数器和移位寄存器
S R MC MCR CJP EJP NOP END	置位 复位 主控 主控复位 条件跳转 跳转结束 空操作 程序结束	M200 ～ M377、Y、S M200 ～ M377、Y、S M100 ～ M177 M100 ～ M177 700 ～ 777 700 ～ 777 无 无	用于公共串接接点

注：X 为输入继电器；Y 为输出继电器；M 为辅助继电器（或移位寄存器）；T 为定时器；C 为计数器；S 为状态器；F 为特殊功能指令。

（1）输入、输出性指令（LD、LDI、OUT）

① LD：取指令，用于常开接点的状态输入。

② LDI：取反指令，用于常闭接点的状态输入。

LD、LDI 用于表示连接在可编程逻辑控制器输入接点上的检测信号、计数器、计时器、辅助继电器以及输出继电器的状态。

③ OUT：输出指令，用于控制输出继电器、辅助继电器、计时器、计数器，但不能用于控制连接可编程逻辑控制器输入接点上的检测结果。

图 5-7 为 LD、LDI、OUT 指令的用法。其中 K19 为时间常数设定语句，用于控制计时器的延时时间。对于计时器和计数器，使用 OUT 指令后，必须紧跟一条设定时间常数语句。

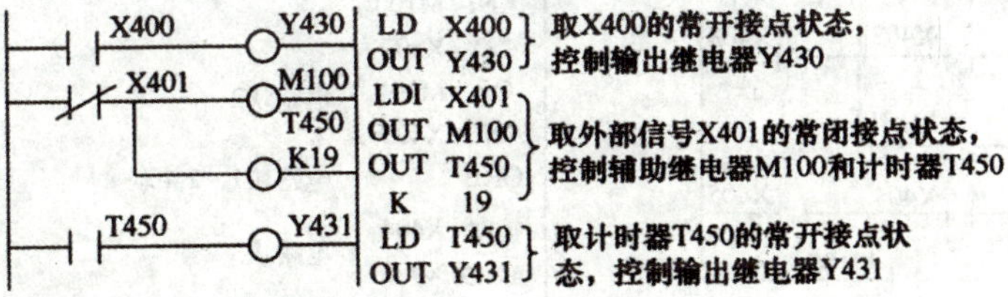

图 5-7　LD、LDI、OUT 指令的用法

（2）逻辑“与”指令（AND、ANI）。

① AND：常开接点串联连接指令。

② ANI：常闭接点串联连接指令。

图 5-8 为 AND、ANI 指令的用法，它们的适用范围与 LD、LDI 相同常开接点 M101

与接点 X402 串联，常闭接点 X403 与 Y433 串联连接后再与常开接点 X404 串联。

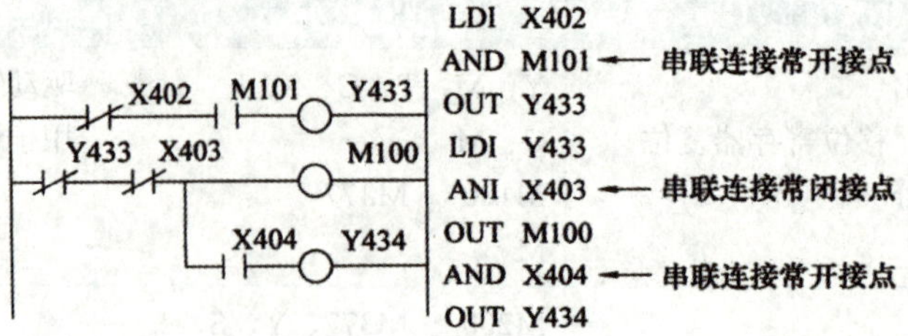

图 5-8　AND、ANI 指令的用法

（3）逻辑“或”指令（OR、ORI）

① OR：常开接点并联连接指令。

② ORI：常闭接点并联连接指令。

图 5-9 为 OR、ORI 指令的用法，它们的适应范围与 LD、LDI 相同。

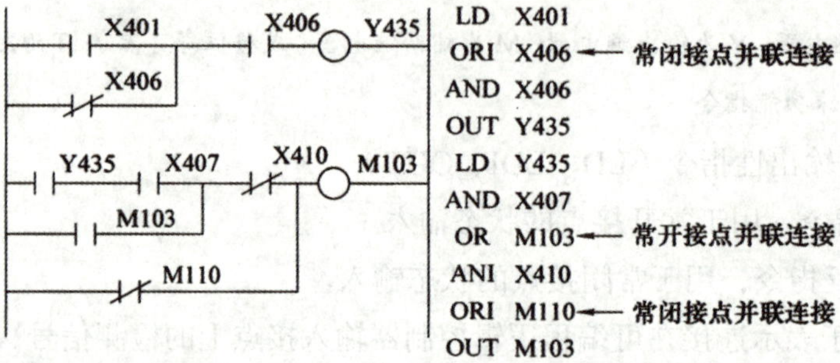

图 5-9　OR、ORI 指令的用法

（4）电路块并联连接指令（ORB）

ORB：两个以上接点串联连接后的串联电路块再与前面电路块并联连接的指令。使用这条指令时，并联连接的各电路块必须用 LD 或 LDI 开始。图 5-10 为 ORB 指令的用法。

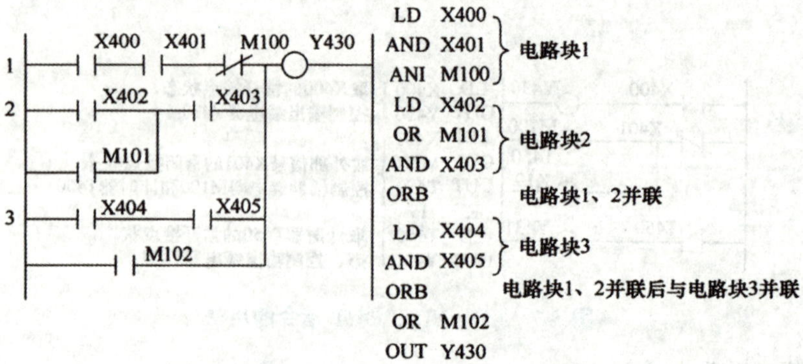

图 5-10　ORB 指令的用法

（5）电路块串联连接指令（ANB）

ANB：将两个以上接点并联连接后的并联电路块与前面电路块串联连接的指令。

图 5-11 为 ANB 指令的用法。使用 ANB 指令的方法和特点与 ORB 指令完全相同。

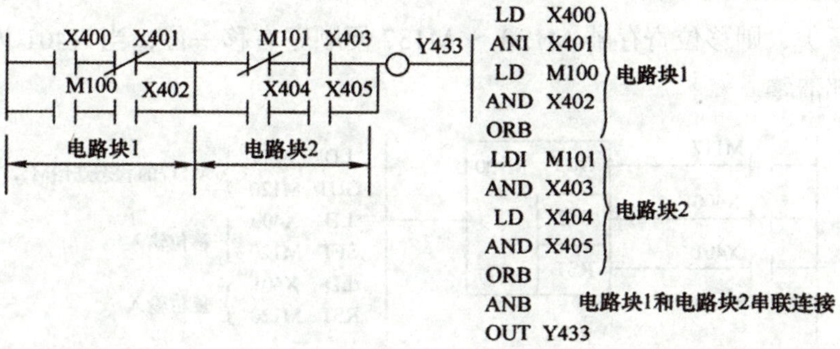

图 5-11　ANB 指令的用法

（6）置位 / 复位指令（S/R）

S 为置位指令；R 为复位指令。

S/R：用于输出继电器（Y）、辅助继电器（M200 ～ M377）和状态器（S）的置位 / 复位操作。S/R 指令的编写次序可任意编排。图 5-12 为 S/R 指令的用法。

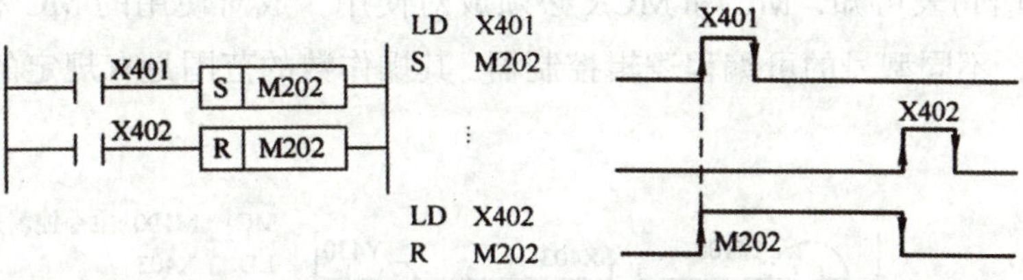

图 5-12　S/R 指令的用法

（7）计数器、移位寄存器复位指令（RST）

RST：用于计数器和移位寄存器的复位。当 RST 指令用于计数器复位时，计数器的接点断开，当前计数值回到设定值。当 RST 指令用于移位寄存器复位时，清除所有位的信息。在这两种情况下，RST 指令均为优先执行。因此，假如 RST 输入连续接通，则计数输入和移位输入将不接受。图 5-13 为 RST 指令的用法。

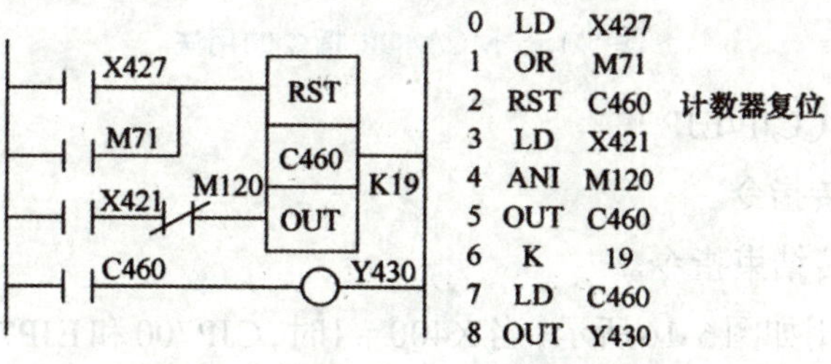

图 5-13　RST 指令的用法

（8）移位指令（SFT）

SFT：用于移位寄存器移位输入指令。图 5-14 为 SFT 指令的用法。在 16 位移位寄存器中，OUT 为移位寄存器第一位输入端，SFT 为移位控制输入端，RST 为复位输入端。图 5-14 把 M117 的状态送给移位寄存器的第一位 M120，当 X401 为“0”时，X400 每接通一次（由“0”变“1”），则移位寄存器 M120 ～ M137 便顺序右移一位，当 X401 为“1”时，移位寄存器全部清零。

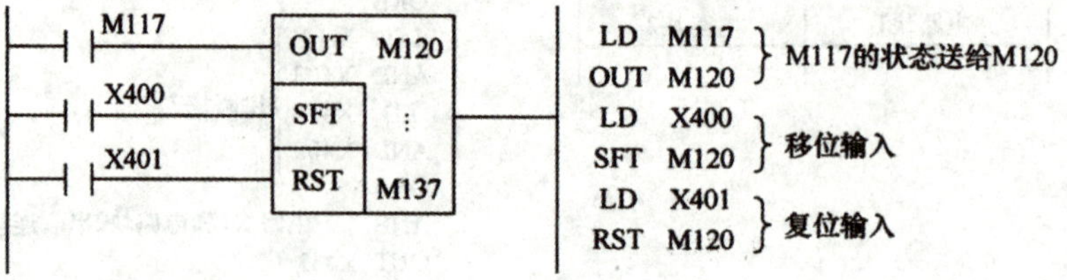

图 5-14　SFT 指令的用法

（9）主令控制指令（MC/MCR）

① MC：主令控制起始指令。

② MCR：主令控制结束指令。

这两条指令是一个接点（称为主令接点）控制多条支路的控制指令，其应用如图 5-15 所示。由图中语句表可知，MC 和 MCR 必须成对使用，成对使用的 MC 和 MCR 的操作数相同。另外，不同型号的可编程逻辑控制器 . 其操作数的范围是有规定的，要根据说明书使用。

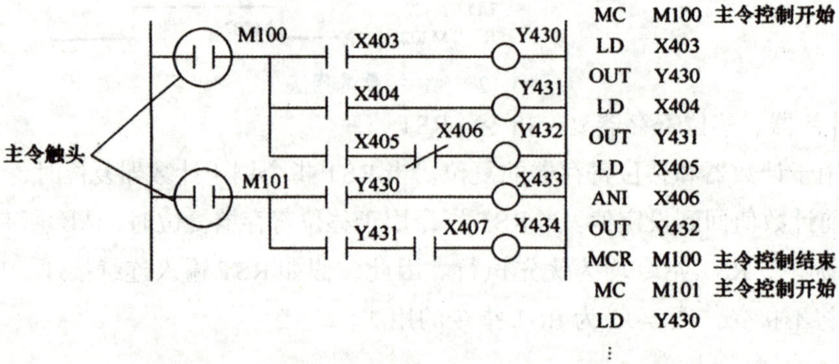

图 5-15　MC/MCR 指令的用法

（10）跳转指令（CJP/EJP）

① CJP：条件跳转指令。

② EJP：条件跳转结束指令。

这两条指令的应用如图 5-16 所示，当 X400＝1时，CJP700 和 EJP700 之间的程序不执行，而 X400＝0 时则程序被执行。

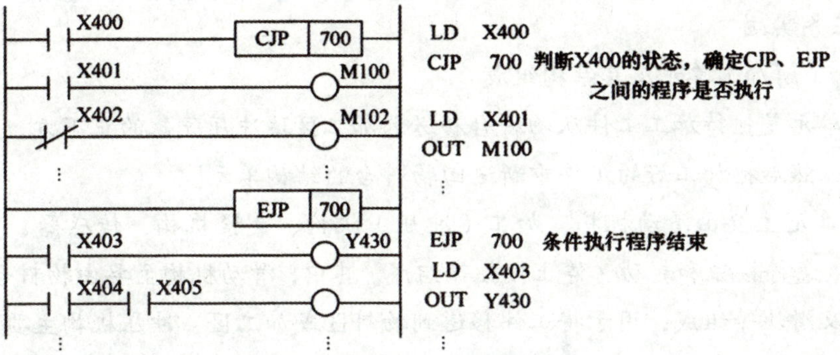

图 5-16　CJP/EJP 指令的用法

（11）结束指令（END）

END：用于程序的结束，无目标元素。PLC 在运行时，CPU 读输入信号，执行梯形图电路并读出输出信号。当执行到 END 指令时，END 指令后面的程序跳过不执行，然后读输出信号，如此反复扫描执行，如图 5-17 所示。由此可见，END 指令执行时，不必扫描全部 PLC 内的程序内容，因而具有缩短扫描时间的功能。

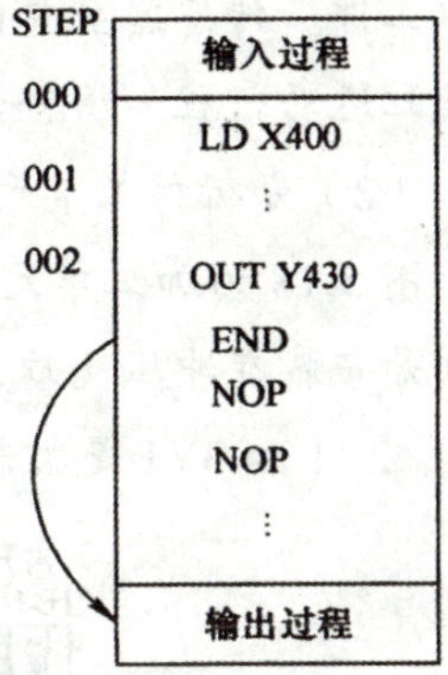

图 5-17　END 后的程序不执行

本章小结

PLC 技术是现代工业自动化领域中的一门先进控制技术，它已成为现代工业控制三大支柱（PLC、CAD/CAM、Robot）之一。PLC 根据结构分为整体式和组合式。本章主要对 PLC 的基本知识、硬件组成与编程语言等进行介绍。通过本章的学习，帮助读者更好地理解和应用可编程逻辑控制器技术，为后续的学习奠定基础。

实践活动

典型机电一体化系统 PLC 控制技术的应用

1. 任务要求

（1）能识别 PLC 的类型。

（2）能够进行 PLC 的 I/O 分配，并能绘制 I/O 接线图和梯形图。

（3）能用基本指令设计典型机电设备的 PLC 程序。

（4）了解常用 PLC 控制系统在机电一体化设备中的应用。

2. 任务内容

以 MPS 模块化生产加工系统（YL-335B 的加工单元）为例，根据加工单元的工作过程，分配 I/O，绘制 I/O 接线图，设计 PLC 的梯形图。

3. 任务实施

（1）了解加工单元及其结构组成

加工单元是把待加工工件从物料台移送到加工区域冲压气缸的正下方，对工件进行冲压加工，然后把加工好的工件重新送回物料台的结构单元。

加工单元主要由滑动机构、加工（冲压）机构、夹紧机构、传感器、电磁阀组、PLC 模块、急停按钮和起动/停止按钮等组成。其中，滑动机构主要由物料台伸缩气缸、线性导轨及滑块等组成，用于将工件移送到物料区或加工区；冲压机构主要由加工冲压的薄型气缸组成，用于工件的冲压加工；夹紧机构主要由气动手指（气爪）组成，用于抓取工件。传感器主要由安装在气缸上的磁性开关和物料台上的光电开关组成，用于检测气缸运动行程和物料台工件。

（2）分析加工单元的工作过程

图 5-18 为加工单元的气动控制回路。其中，1B1 和 1B2、2B1 和 2B2、3B1 和 3B2 分别是安装在冲压气缸、物料台伸缩气缸、手爪气缸的两个极限工作位置的磁性开关，1Y1、2Y1 和 3Y1 是控制换向阀动作的电磁控制端。

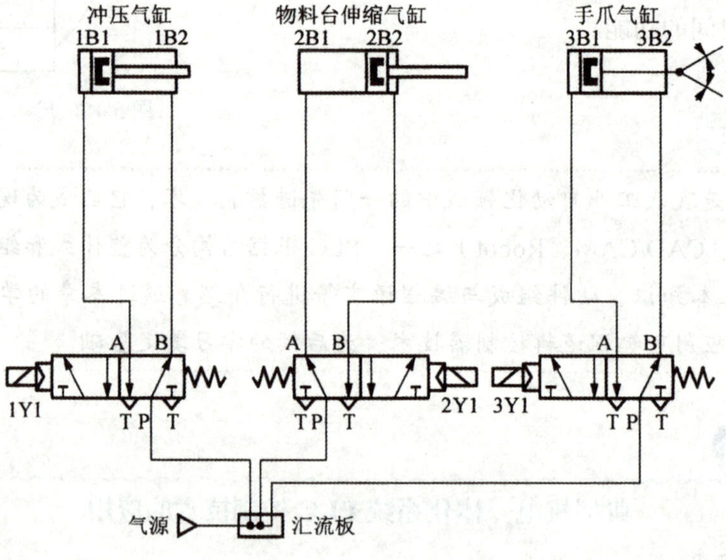

图 5-18　加工单元的气动控制回路

初始状态时，换向阀在弹簧作用下，使物料台伸缩气缸伸出、冲压气缸和手爪气缸缩回。当传感器检测到物料台有工件时，电磁阀 3Y1 得电，手爪气缸伸出，气动手指夹紧工件。当手爪气缸伸出到位，磁性开关 3B2 接通，电磁阀 2Y1 得电，物料台缩回，把工件移送到冲压气缸的下方。当物料台伸缩气缸缩回到位，磁性开关 2B1 接通，电磁阀 1Y1 得电，冲压头伸出，完成工件的冲压。当冲压气缸伸出到位，磁性开关 IB2 接通，电磁阀 1Y1 失电，冲压头缩回。当冲压气缸缩回到位，磁性开关 1B1 接通，电磁阀 2Y1 失电，物料台伸出。当物料台伸缩气缸伸出到位，磁性开关 2B2 接通，电磁阀 3Y1 失电，手爪气缸缩回，气动手指松开工件。至此，就完成了加工单元的一个工作循环。

（3）进行 PLC 的 I/O 分配

从加工单元的工作过程可以看出，需要 1 个起动按钮 I1.3，用来实现起动操作；1 个停止按钮 I1.2，用来处理在任何情况下的停止运行；1 个物料检测传感器 I0.0，用来检测物料台有无工件；5 个磁性开关 I0.1 ～ I0.5，分别用来检测手爪的夹紧、物料台伸缩气缸的伸出与缩回、冲压气缸冲压头的上限与下限，共有 8 个输入信号。

手爪夹紧电磁阀 Q0.0、物料台伸缩电磁阀 Q0.2、冲压电磁阀 Q0.3，共有 3 个输出信号。加工单元的 I/O 分配表见表 5-3。

表 5-3　加工单元的 I/O 分配表

PLC 的输入点 I		PLC 的输出点 O	
输入点	信号名称	输出点	信号名称
I0. 0	物料检测	Q0. 0	手爪夹紧电磁阀
I0. 1	手爪夹紧检测	Q0. 2	物料台伸缩电磁阀
I0. 2	物料台伸出到位	Q0. 3	冲压电磁阀
I0. 3	物料台缩回到位		
I0. 4	冲压头上限		
I0. 5	冲压头下限		
I1. 2	停止按钮		
I1. 3	起动按钮		

（4）进行 PLC 的 I/O 接线

图 5-19 为 PLC 的 I/O 接线图。加工单元的三个电磁换向阀均有两根线，一根均接 0 V，另一根分别接 PLC 输出端 Q0.0、Q0.1、Q0.2。

（5）设计 PLC 程序

从加工单元的工作过程可知，本设备的工作过程是一个典型的顺序控制过程。设计程序时，可以利用功能流程图设计 PLC 程序。

① 绘制功能流程图。图 5-20 为加工单元的功能流程图。一个状态就是顺序控制的一步，功能流程图要把每一步的控制状态分别分配给状态继电器 M。每个状态继电器 M 的状态是否为 1，决定了系统控制每一步的进程。每个状态中都要有这个状态的开始、控制操作、状态的转换与结束。在本实践活动中，整个控制过程可以分为 6 步：M4.0 为第一步，控制手爪夹紧；M4.1 为第二步，控制物料台缩回；M4.2 为第三步，控制压

头下降；M4.3 为第四步，控制压头上升；M4.4 为第五步，控制物料台伸出；M4.5 为第六步，控制手爪松开，并起动定时器 T37 延时。

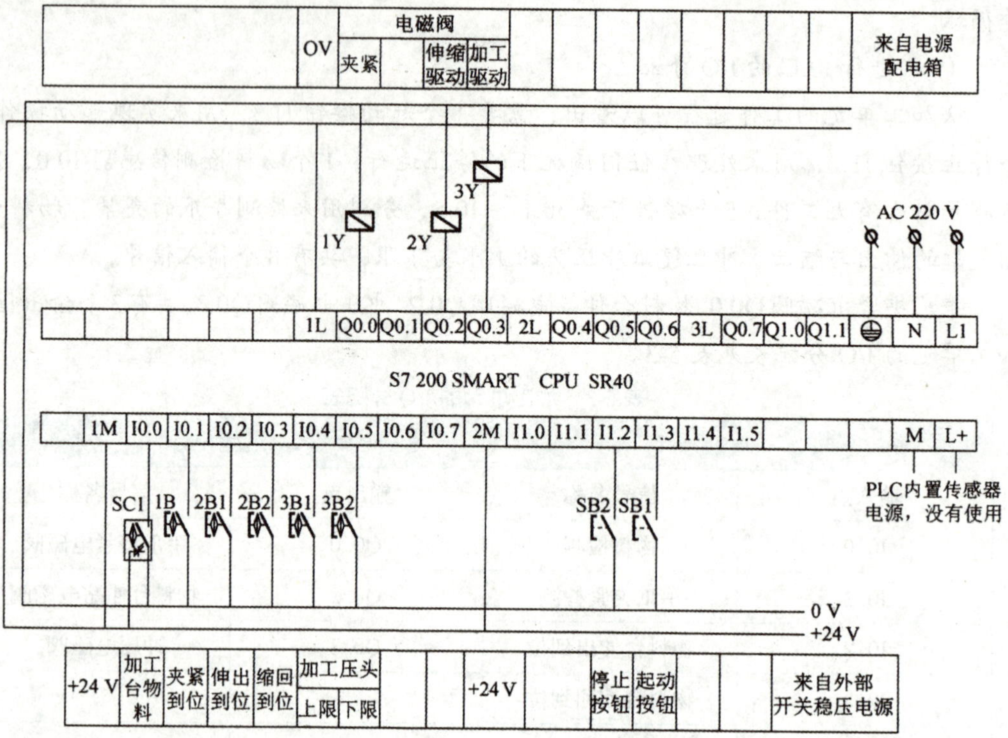

图 5-19　PLC 的 I/O 接线图

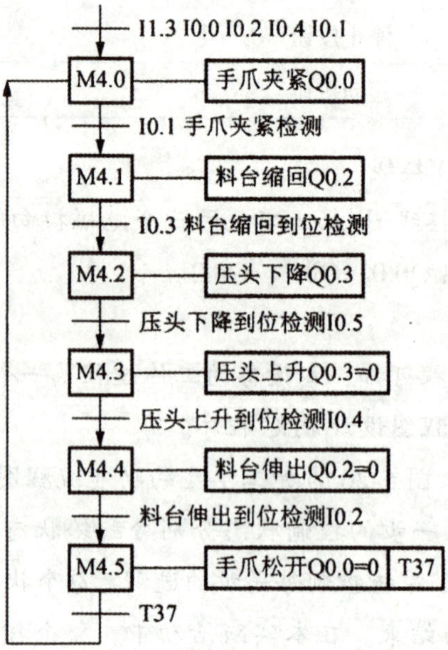

图 5-20　加工单元的功能流程图

② PLC 程序的设计。在本实践活动中，根据加工单元的功能流程图，利用 PLC 的基本指令，设计 PLC 程序（用梯形图表示），如图 5-21 所示（仅供参考）。

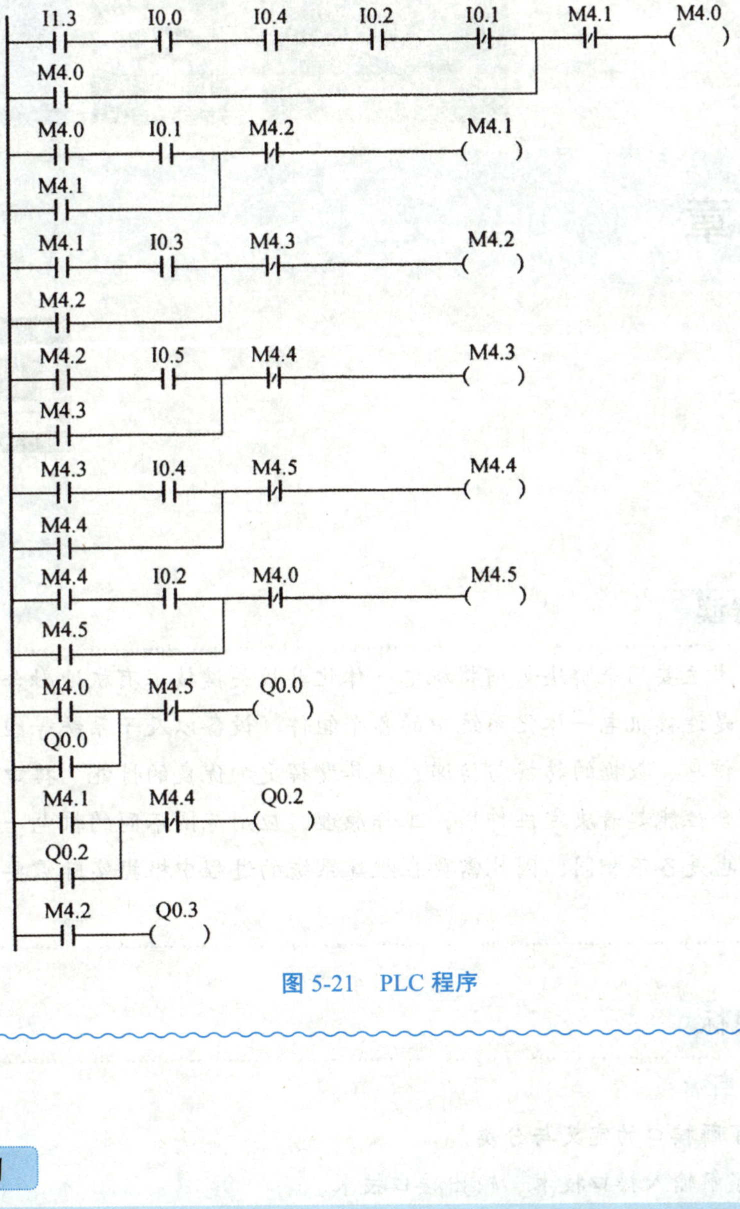

图 5-21　PLC 程序

思考练习

1．简述 PLC 的定义。

2．PLC 的硬件系统主要由哪几部分组成？各部分的作用是什么？

3．决定 PLC 性能的主要指标有哪些？

4．PLC 常用编程语言有哪几种？其特点是什么？

5．用表格的形式简述 PLC 基本逻辑指令。

第6章 接 口 技 术

本章导读

接口技术主要用来解决如何将机电一体化共性关键技术有机地融合为一体的问题，其主要作用是连接机电一体化系统中的各个组件、设备以及子系统等组成部分，有效促进系统中的信息、数据的转换与传递，使其发挥更加优良的性能。接口性能的好坏对整个系统的综合性能起着决定性作用，工作原理、应用范围不同的机电一体化系统所要求的接口技术也是各不相同，因此需要在组建系统的过程中根据实际需要，选用合适的接口技术。

学习目标

◎知识目标

（1）了解接口的定义与分类。

（2）了解输入接口技术、输出接口技术。

（3）了解信息采集接口技术，掌握控制量输出接口技术。

◎能力目标

（1）培养学生具有接口设计应用的能力。

（2）能设计简单的接口应用电路。

◎素质目标

培养学生较强的心理适应能力和健全的意志品质。

◎思政目标

引导学生学以致用，积极回报社会，为建设强大祖国贡献出自己的力量。

6.1　接口技术概述

机电一体化产品的性能很大程度上取决于接口的性能，即各要素和各子系统之间的接口性能是机电一体化系统性能好坏的决定性因素。

6.1.1　接口的定义

机电一体化产品或系统由机械本体、检测传感系统、电子控制单元、执行器、动力源等部分组成，各子系统又分别由若干要素构成。若要将各要素、各子系统有机地结合起来，构成一个完整的机电一体化系统，各要素、各子系统之间需要进行物质、能量和信息的传递与交换，如图 6-1 所示。因此，各要素和子系统的相接处必须具备一定的联系条件，这个联系条件通常被称为接口，简单地说，接口就是各子系统之间以及子系统内各模块之间相互连接的硬件及相关协议软件。

也可以把机电一体化产品看成是由许多接口将组成产品的各要素的输入 / 输出联系为一体的机电系统。

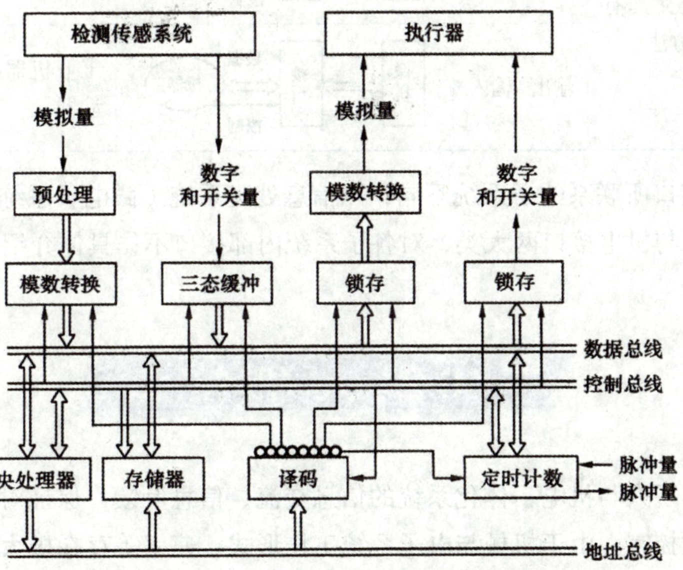

图 6-1　接口在机电一体化系统中的作用

6.1.2　接口的分类

从不同的角度及工作特点出发，机电一体化系统的接口有多种分类方法。根据接口的变换和调整功能，可将接口分为零接口、被动接口、主动接口和智能接口；根据接口的输入／输出对象，可将接口分为机械接口、物理接口、信息接口、环境接口；根据接口的输入／输出类型，可将接口分为数字接口、开关接口、模拟接口和脉冲接口。

微机、接口与机械装置之间由信号线相连接的方法有下面两种。

（1）只进行数据交换的连接方法。

（2）既进行数据交换又具有控制作用的连接方法。

信号线的连接方法见表 6-1。

表 6-1　信号线的连接方法

连接方法		信号流方向	应用
仅进行数据输入、输出时的信号线连接方法	输出	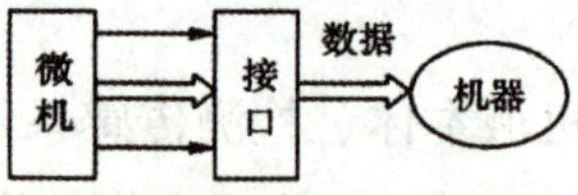	LED 显示，驱动继电器可控硅开关，电机的驱动
	输入	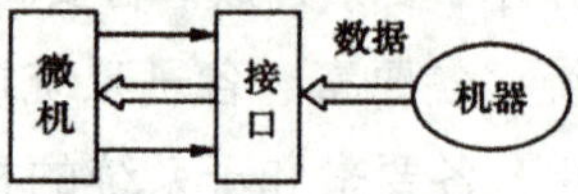	传感器信号的输入，如光电开关、编码器等
既进行数据交换又具有控制作用的连接方法	输出	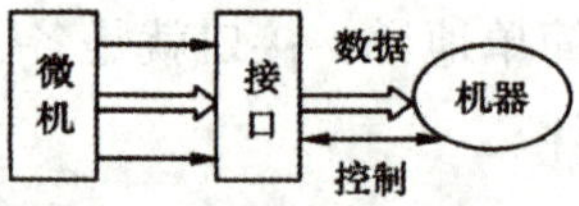	打印机、绘图机控制
既进行数据交换又具有控制作用的连接方法	输入	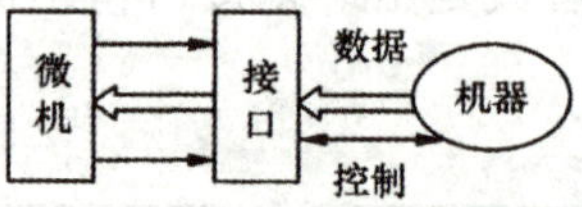	键盘输入控制
	输出／输入	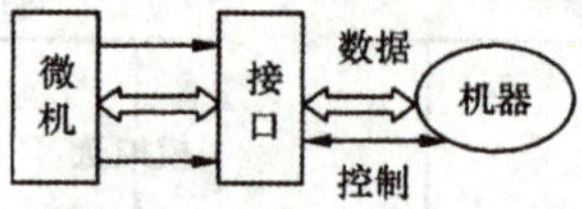	工业机器人，机械设备软盘驱动器

本章根据接口所联系的子系统不同，以信息处理系统（微电子系统）为出发点，将接口分为人机接口与机电接口两大类，对各子系统内部接口不作具体介绍。

6.2 人 机 接 口

人机接口实现人与机电一体化系统的信息交流、信息反馈，保证对机电一体化系统的实时监测、有效控制。由于机械与电子系统工作形式、速率等存在极大的差异，机电接口还起着调整、匹配、缓冲的作用。

6.2.1　人机接口的类型及特点

人机接口是操作者与机电系统之间进行信息交换的接口。按照信息的传递方向，可以分为输入接口与输出接口两大类。机电系统通过输出接口向操作者显示系统的各种状态、运行参数、结果等信息，另一方面，操作者通过输入接口向机电系统输入各种控制命令，干预系统的运行状态，以实现所要求完成的任务。

人机接口作为人－机之间进行信息传递的通道，具有以下特点。

1．专用性

每种机电一体化产品都有其自身特定的功能，对人机接口有着不同的要求，所以在制订人机接口的设计方案时，要根据产品的要求而定。例如，对于简单的二值型控制参数，可以考虑采用控制开关；对于少量的数值型参数输入，可以考虑使用 BCD 码拨盘；而当系统要求输入的控制命令和参数比较多时，则应考虑使用行列式键盘。

2．低速性

与控制机的工作速度相比，大多数人机接口设备的工作速度很低，在进行人机接口设计时，要考虑控制机与接口设备间的速度匹配，以提高系统的工作效率。

3．高性价比

在满足功能要求的前提下，输入／输出设备配置以小型、微型、廉价型为原则。

6.2.2　输入接口

1．开关输入接口

对于一些二值型控制命令和参数，常采用简单的开关作为输入设备。常用的开关有按钮、转换开关等，其表示符号与接口示例如图 6-2 所示。

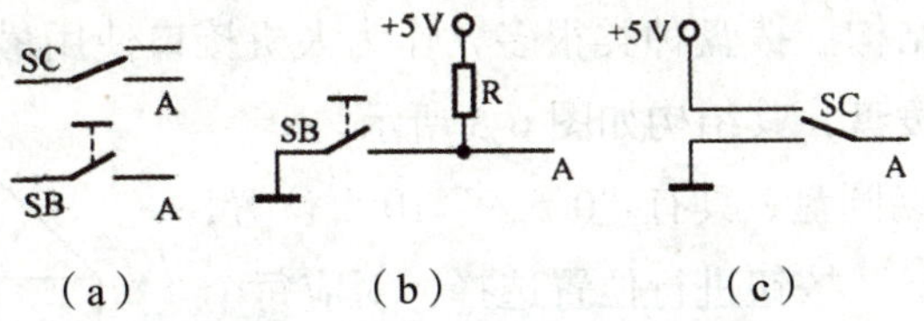

图 6-2　开关表示符号与接口示例

控制微机通过 I/O 口或扩展 I/O 口对 A 点电位进行检测，从而判断开关的状态。由于这类开关都是机械开关，机械触点的弹性作用使开关在闭合及断开瞬间产生抖动，造成 A 点电位产生一系列脉冲，如图 6-3 所示。电压抖动时间的长短，与机械特性有关，一般为 5 ～10 ms。按钮的稳定闭合期由操作员的按键动作决定，一般在几百微秒至几秒之间，所以，在进行接口设计时需要采取软件或硬件措施进行消抖处理。软件消抖是在检测到开关状态后，延时一段时间再进行检测，若两次检测到的开关状态相同则认为有效。延时时间应大于抖动时间。硬件消抖常采用图 6-4 所示的电路，其中图 6-4（a）为双稳态滤波消抖，图 6-4（b）为单稳态多谐震荡消抖，图中 74121 是带有施密特触发器输入端的单稳态多谐震荡器。

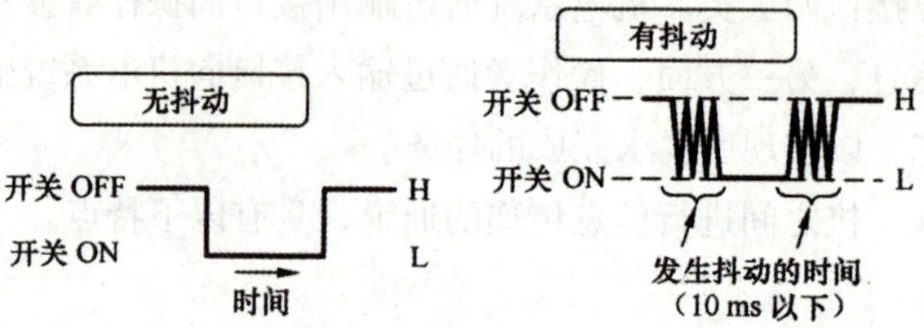

图 6-3　开关通断时的电压抖动

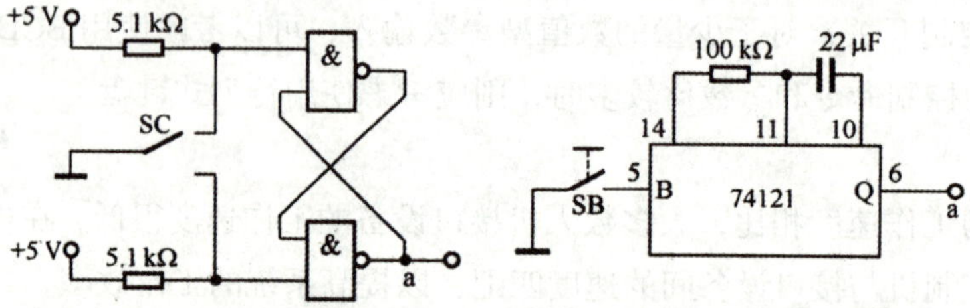

（a）双稳态滤波消抖　　（b）单稳态多谐震荡消抖

图 6-4　硬件开关通断去抖电路

开关数量不多时可以采用开关和 CPU I/O 口直接连接的方式，当开关数量较多时，则应采用矩阵排列方式。

BCD 码定义

2．拨盘输入接口

拨盘是机电一体化系统中常用的一种输入设备，若系统需要输入少量的参数，如修正系数、控制目标值等，则采用拨盘较为方便可靠。这种输入方式具有保持性。

（1）BCD 码拨盘结构。拨盘种类很多，作为人机接口使用最方便的是十进制输入、BCD 码输出的 BCD 码拨盘，其结构如图 6-5 所示。

拨盘内部有一可转动圆盘，具有“0 ～ 9”10 个位置，可以通过前面两个“+、-”按钮进行位置选择，对应每个位置，前面窗口有数字提示，拨盘后面有 5 根引出线，分别定义为 A、1、2、4、8。当拨盘在不同位置时，1、2、4、8 线的通断关系见表 6-2。

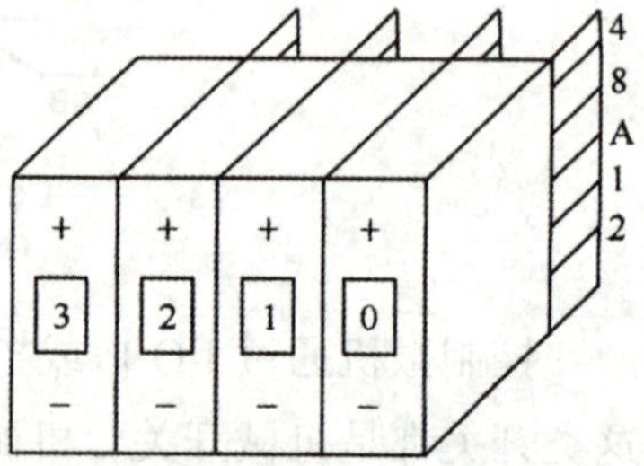

图 6-5　BCD 码拨盘结构

见表 6-2，若将 A 线作为控制线，将 1、2、4、8 线作为数据线，当 A 线接到控制电平时，数据线输出的即是与拨盘位置相对应的 BCD 码。一片拨盘可以输入一位十进制数，当需要输入多位十进制数时，可以选用多片拨盘拼接，并通过相应的接口设计给每片拨码盘赋予相应的十进制权值。

（2）BCD 码拨盘的静态接口。由上述可知，BCD 码拨盘可以直接与控制微机的并行口或扩展并行口相连，以 BCD 码形式输入信息。图 6-6 为单片 BCD 码拨盘与 8031 的 P1.0 口的接口电路。从图中可以看出，每一片拨盘占用 4 根 I/O 口线，8031 可以通过 P1.0 口直接读取拨盘数据。

表 6-2　BCD 码拨盘通断状态表

位置	线号权值			
	1	2	4	8
0	0	0	0	0
1	1	0	0	0
2	0	1	0	0
3	1	1	0	0
4	0	0	1	0
5	1	0	1	0
6	0	1	1	0
7	1	1	1	0
8	0	0	0	1
9	1	0	0	1

（3）BCD 码拨盘的动态接口。当系统需要输入 N 位十进制数时，可以选 N 片拨盘拼接，如图 6-6 所示的接法，需要占用 $4 \times N$ 根 I/O 口线。为节省 I/O 资源，可以采用动态接口方法，图 6-7 为多片 BCD 码与 8031 通过 P1 口扩展 4 片 BCD 码拨盘的动态接口电路。

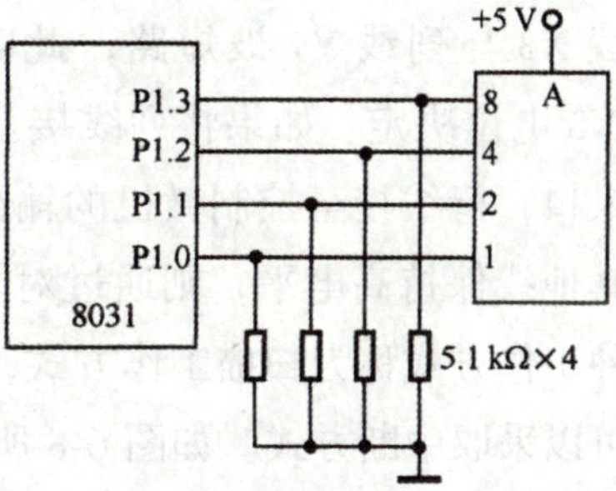

图 6-6　单片 BCD 码拨盘与 8031 的接口

当进行读码盘操作时，将 P1.7 置为低电平，P1.4、P1.5、P1.6 置为高电平，此时从 P1.0 ~ P1.3 读取的即为第四位码盘（千位）的值。同理，若将 P1.6、P1.5、P1.4 中的一位置为低电平，而将其他输出口线置为高电平，即可从 P1.0 ~ P1.3 读取百位、十位和个位的输入值。

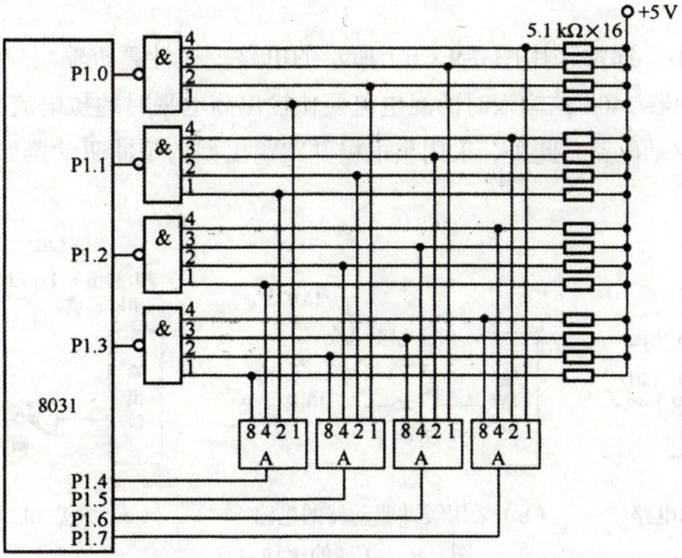

图 6-7　多片 BCD 码拨盘与 8031 动态接口电路

3．键盘输入接口

在机电一体化产品的人机接口中，当需要操作者输入的指令或参数比较多时，可以选择键盘作为输入接口。下面介绍矩阵式键盘的工作原理、硬件接口电路和按键处理程序。

矩阵式键盘由一组行线（Xi）与一组列线（Yi）交叉构成，按键位于交叉点上，为对各个键进行区别，可以按一定规律分别为各个键命名键号，如图 6-8 所示。

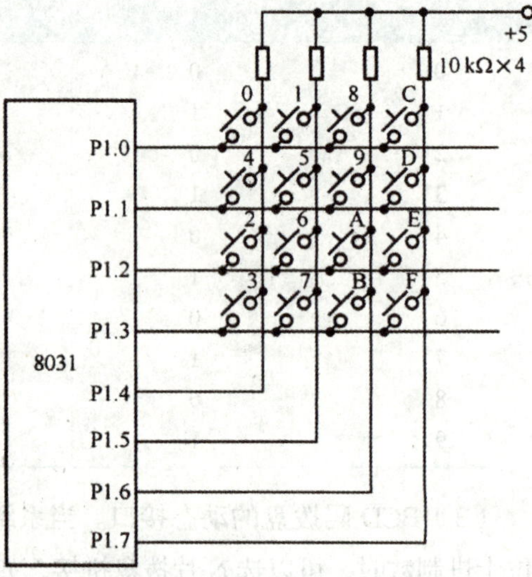

图 6-8　矩阵式键盘的结构及接口电路

将列线通过上拉电阻接至 +5 V 电源，当无键按下时，行线与列线断开，列线呈高电平。当键盘上某键按下时，则该键对应的行线与列线被短路。例如，7 号键被按下闭合时，行线 X3 与列线 Y1 被短路，此时 Y1 的电平由 X3 电位决定。如果将列线接至控制微机的输入口，行线接至控制微机的输出口，则在微机控制下依次从 X0 ～ X3 输出低电平，并使其他线保持高电平，则通过对 Y0 ～ Y3 的读取即可判断有无键闭合、哪一个键闭合。这种工作方式称为扫描工作方式，控制微机对键盘的扫描可以采取程控方式、定时方式，亦可以采取中断方式。如图 6-8 所示，8031 通过 P1 口与一个 4×4 键盘的接口电路，其中 P1.0 ～ P1.3 作行扫描输出线，P1.4 ～ P1.7 作列检测输入线。

6.2.3　输出接口

目前常用的数码显示器有发光管的 LED 和液晶的 LCD 两种，显示方式可以是静态显示或动态显示。

在实际电路中，通常采用图 6-9（b）所示的电路，在计算机输出口与 LED 之间加入一个缓冲器。缓冲器 7404 在输入时的灌电流要比输出高电平时的拉电流大，如图 6-9（b）所示的方法组成驱动电路。此外，采用集电极开路输出型的缓冲驱动器如图 6-9（c）所示。

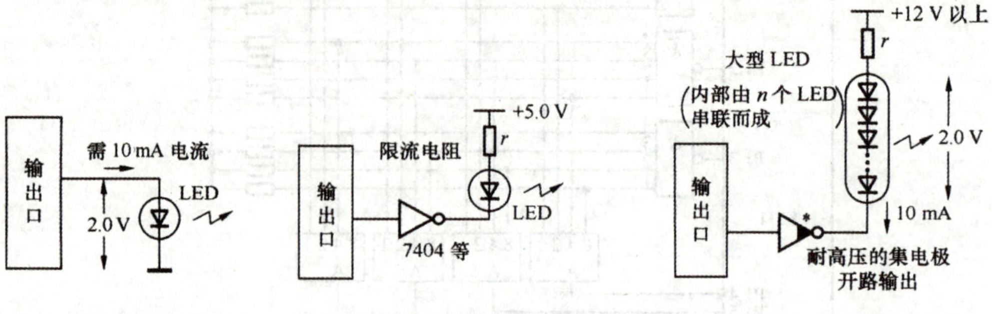

（a）不实用的电路　（b）采用缓冲驱动器的电路　（c）大型 LED 的驱动电路

图 6-9　LED 的驱动电路

1．动态 LED 显示电路

LED 显示器工作在动态显示方式时，段选码端口 I/O_1 用来输出显示字符的段选码，I/O_2 输出位选码。I/O_1 不断送出待显示字符的段选码，I/O_2 不断送出不同的位扫描码，并使每位显示字符停留显示一段时间，一般为 1 ～ 5 ms，利用眼睛的视觉惯性，从显示器上便可以见到相当稳定的数字显示。

8155 控制的动态 LED 显示如图 6-10 所示。8155 的 PB0 ～ PB7 作为段选码口，经 7407 驱动与 LED 的段相连；8155 的 PA0 ～ PA5 作为位选码口，经 7406 驱动与 LED 的位相连。P2.7 反相后做 8155 的片选 $\overline{CE}$，P2.6 接 8155 的 IO/ $\overline{M}$ 端。

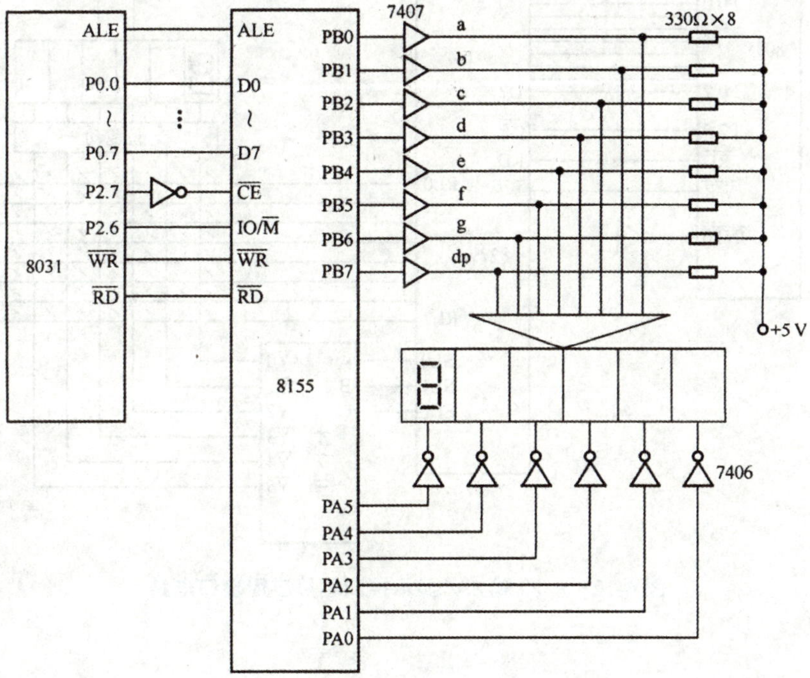

图 6-10　8155 控制的动态 LED 显示

2．静态 LCD 显示电路

图 6-11 为串行口扩展的两位静态 LCD 显示电路。当 8031 的串行口不当做通信使用时，可以使它工作在移位寄存器方式（方式 0），扩展 74LS164 来驱动 LCD 静态显示器。工作在移位寄存器方式时，串行口的 TXD 端输出移位同步时钟，RXD 端输出串行数据，即段选码数据。

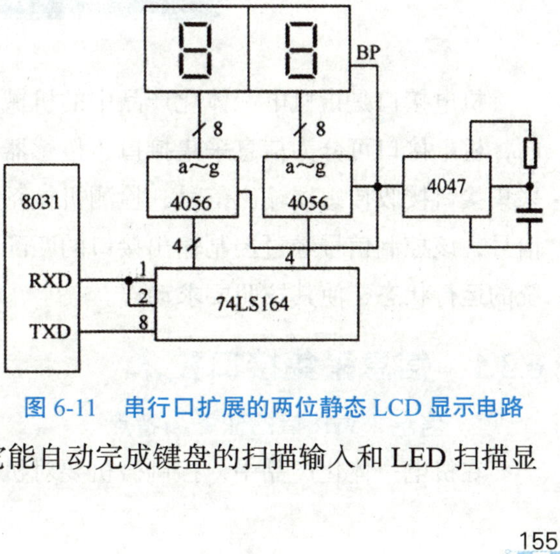

图 6-11　串行口扩展的两位静态 LCD 显示电路

3．可编程的输入 / LED 显示

8729 是可编程的输入 / 显示接口芯片，它能自动完成键盘的扫描输入和 LED 扫描显

示输出。键盘部分提供的扫描方式可以和具有 64 个触点的键盘或传感器相连，能自动清除按键抖动，并实现多键同时按下的保护。显示部分按扫描方式工作，可以连接 8 位或 16 位 LED 显示块。8729 输入 / 显示接口芯片应用接口电路如图 6-12 所示。

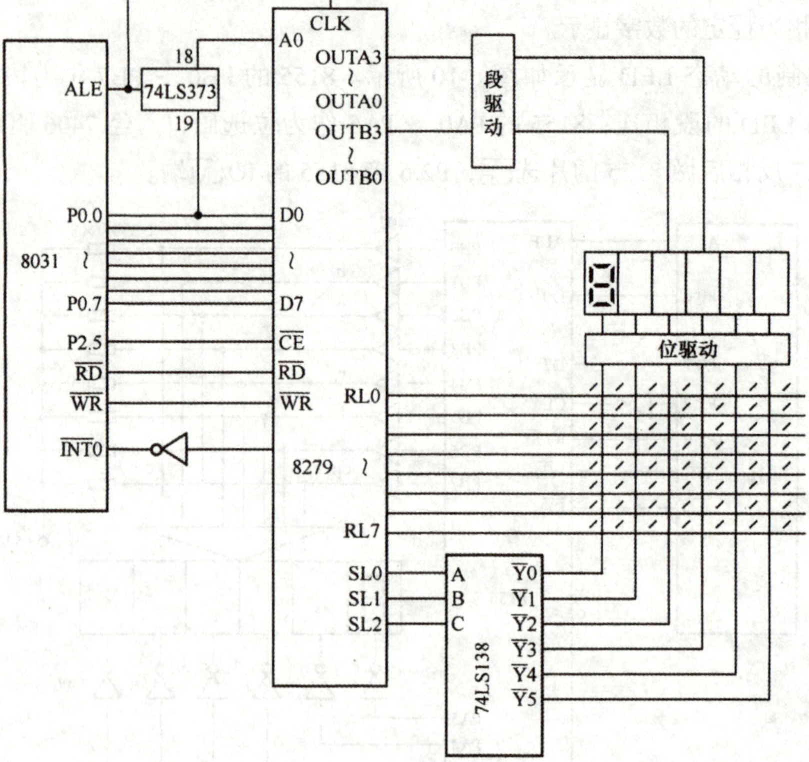

图 6-12　8729 输入 / 显示接口芯片应用接口电路

6.3 机 电 接 口

机电接口是指机电一体化产品中的机械装置与控制微机间的接口。按照信息的传递方向，机电接口可分为信息采集接口（传感器接口）与控制量输出接口。控制微机通过信息采集接口接收传感器输出信号，检测机械系统运动参数，经过运算处理后，发出有关控制信号，该控制信号经过控制输出接口的匹配、转换、功率放大，驱动执行元件调节机械系统的运行状态，使其按照要求动作。

6.3.1　信息采集接口技术

1．信息采集接口的任务与特点

在机电一体化产品中，控制微机要对机械装置进行有效控制使其按预定的规律运行，完成预定的任务，必须随时对机械系统的运行状态进行控制，检测各种工作和运行参数，如位置、速度、转矩、压力、温度等。因此，进行系统设计时，必须选用相应传感器将这些物理量转换为电量，再经过信息采集接口的整形、放大、匹配、转换，变成控制微机可以接收的信号传递给控制微机。传感器的输出信号中既有开关信号（如限位开关、时间继电器），又有频率信号（超声波无损探伤）；既有数字量，又有模拟量（如温敏电阻、应变片等）。针对不同性质的信号，信号采集接口要对其进行不同的处理。例如，对模拟信号必须进行 A/D 转换，变成控制微机可以接收的数字量再传送给控制微机。另外，在机电一体化产品中，传感器要根据机械系统的结构来布置，环境往往比较恶劣，易受干扰；再者，传感器与控制微机之间常要采用长线传输，加之传感器输出信号一般比较弱，所以抗干扰设计也是信息采集接口设计的一项重要内容。

2. 信号采集通道中的 A/D 转换接口设计

单片机模拟通道中的输入通道（也称前向通道）用于将传感器获取的各种信号经过调理电路输出，经 A/D 转换后送入控制微机。根据测量要求和传感器输出信号的不同，输入通道的复杂程度和结构形式也大不一样。图 6-13 为输入通道结构。

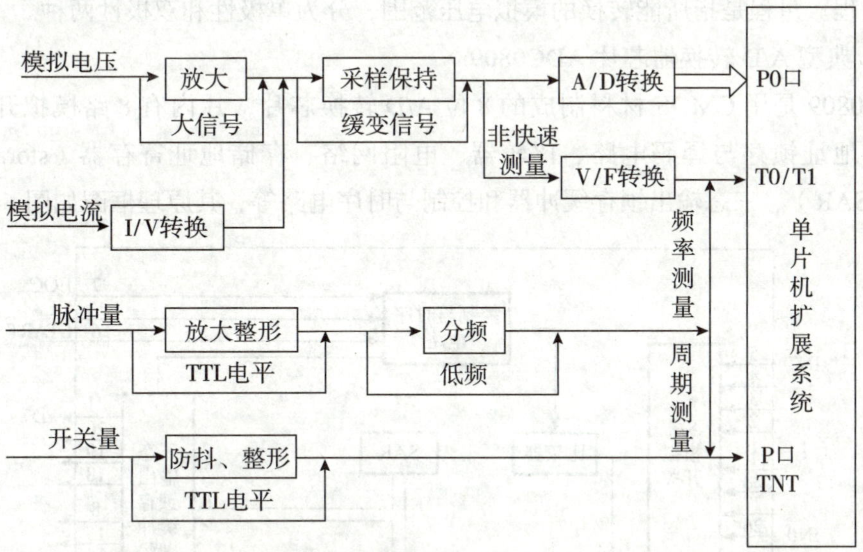

I/V 转换 - 电流 / 电压转换；V/F 转换 - 电压 / 频率转换。

图 6-13　输入通道结构

下面主要介绍模拟电压的转换。很多单片机片内有 A/D 转换电路，如 C196KB、80C166、68HC11 等芯片，都具有 10 位或 8 位 A/D 转换电路，但对于大多数型号的单片机（如 8031）来说，必须外部扩展 A/D 转换芯片。

（1）A/D 转换器概述

实现 A/D 转换的方法很多，目前常用的是双积分式 A/D 转换器和逐次逼近式 A/D 转换器。近年来，为了适应实时处理系统快速性的要求（如图像信号的 A/D 转换装置），并联比较式的 A/D 转换器也有较多的应用。

A/D 转换器的技术指标较多，指标评价方法也不完全统一，以下仅对主要技术指标做简要说明。

① 分辨率与量化误差。A/D 转换器分辨率的习惯表示方法与其输出数字量的形式有关。二进制数输出的 A/D 转换器常由二进制数的位数表示其分辨率，如 8 位 A/D 转换器，其分辨率为 8 位，分辨力为 1 LSB（least significant bit，最低有效位），用百分数表示的分辨率为 0.39%（即 $1/2^8$）。利用 BCD 码输出数据量的 A/D 转换器常用 BCD 码的位数表示其分辨率，如 3 位半的 A/D 转换器满刻度输出数字为 1 999，分辨率的百分数表示为 0.05%（即 1/1 999）。

量化误差是由于用有限数字对模拟数值进行离散取值（量化）而引起的误差，其理论值为一个单位分辨力，即 ±1/2 LSB。

② 转换精度。转换精度定义为实际 A/D 转换器在量化值上与理想转换器的最大转换差值。注意，它不包含量化误差。通常用一个 LSB 的分数值（绝对精度）或用此最大转换差值占满量程的百分比（相对精度）表示。

③ 转换时间。转换时间指完成一次 A/D 转换所需要的时间。

④ 量程。量程是指所能转换的模拟电压范围，分为单极性和双极性两种。

（2）典型 A/D 转换器芯片 ADC0809

ADC0809 是用 CMOS 材料制成的 8 位 A/D 转换芯片，片内有 8 路模拟开关，以及该开关的地址锁存与译码电路、比较器、电阻网络、存储地址寄存器（storage address register，SAR）、三态输出锁存缓冲器和控制与时序电路等，其原理框图如图 6-14 所示。

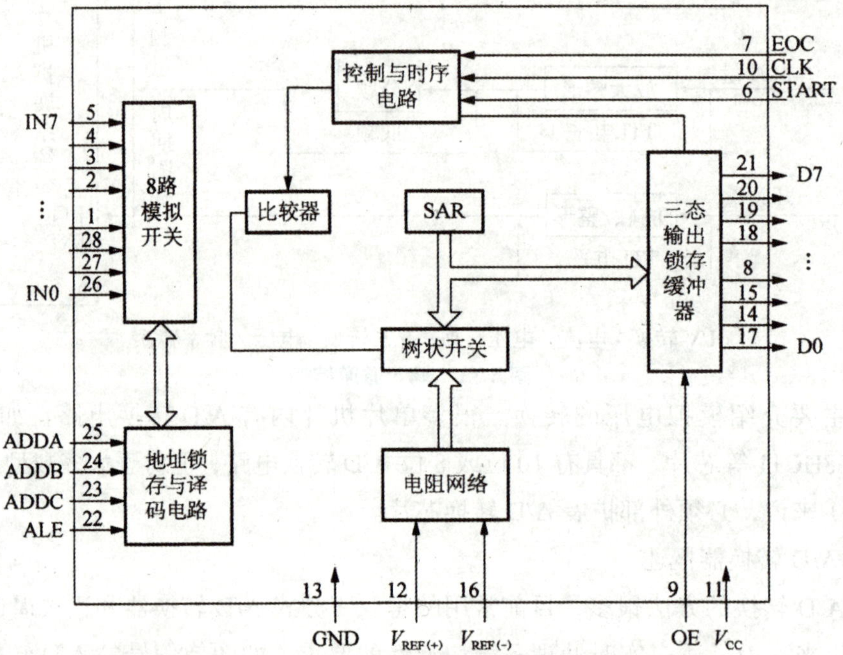

图 6-14　ADC0809 的原理框图

① ADC0809 的引脚说明

• IN0 ～ IN7 为 8 个模拟输入端。ADC0809 允许有 8 路模拟量输入，但同一时刻只能接通一路进行转换。

• ADDC ～ ADDA 为选择 8 路模拟开关的 3 位地址线。通常这三根地址线与 CPU 的地址线 A0、A1、A2 相连，选择 8 路模拟量输入中的一路。

• ALE（引脚 22）为地址锁存允许端。ALE 是上述三根地址线的地址锁存允许信号，高电平有效。

• CLK（引脚 10）为外部时钟输入端。CLK 决定了 A/D 转换的速度。对于 ADC0809，其典型频率为 640 kHz，对应的转换速度为 100 μs。

• START（引脚 6）为启动转换输入端。START 的上升沿用于清除 ADC 内部寄存器，其下降沿用于启动内部控制逻辑电路，使 A/D 转换器开始工作。START 的有效输入为正脉冲。

• EOC（引脚 7）为转换结束信号。在 A/D 转换期间为低电平，转换结束时为高电平。

• OE 信号（引脚 9）为输出允许信号。CPU 可在接到 EOC 信号后，令输出允许信号 OE 为高电平。此时，ADC0809 的转换结果传输到数据总线。

• $V_{REF(+)}$和 $V_{REF(-)}$为参考电压输入端（引脚 12、引脚 16），一般可将 $V_{REF(+)}$接 5 V 电压，而 $V_{REF(-)}$ 接地。

• 数据线 D0 ～ D7: 引脚 8、引脚 14、引脚 15、引脚 17、引脚 18 ～ 21 为数字输出端，引脚 21 为最高有效位 D7。变换后的数字量经 D0 ～ D7 输出，与 CPU 数据总线相连。

② ADC0809 的性能特点

• 8 通道模拟量输入。

• 分辨率为 8 位。

• 转换时间为 100 μs（对应 640 kHz 时钟）。

• 总的不调整误差为 ±1LSB（最低有效位）。

• 输入模拟量量程为 0 ～ 5 V。

• 三态输出，TTL 电平，可与一般微机兼容。

• 不需进行零点调整和满量程调整。

3. ADC0809 与单片机接口

ADC0809 的时钟信号 CLK 由单片机的地址锁存允许信号 ALE 提供。若单片机晶体振荡器频率为 6 MHz，则 ALE 信号经 2 分频后为 500 kHz，满足 CLK 信号低于 640 kHz 的要求。当 P2.7 和$\overline{WP}$同时有效时，以线选方式启动 A/D 转换，同时选通 ADC0809 的 ALE，锁存器 74LS373 输出的地址编码 A0、A1 和 A2（Q0、Q1 和 Q2）分别输入 ADDA、ADDB 和 ADDC 并选定转换通道。例如，当 16 位地址 A15、A0、A1 和 A2 均为 0，其他位任意时，选通 IN0 通道并启动转换。类似地，P2.7 和$\overline{RD}$信号同时有效时，OE 有效，输出缓冲器打开，单片机接收转换数据。转换完成信号 EOC 通过非门与 $\overline{INT1}$（P3.3）相连，以提出中断请求的方式通知单片机转换已经完成。由于 ADC0809 具有三态缓冲输出，数据输出线 D0 ~ D7 直接与 8031 数据总线相连。$V_{REF(+)}$ 由集成基准电压芯片 LM236 单独提供，基准电压为（5 ± 0.05）V，$V_{REF(-)}$ 接 GND，输入模拟电压范围为 0 ~ 5 V。

ADC0809 芯片与 8031 单片机的接口电路如图 6-15 所示。

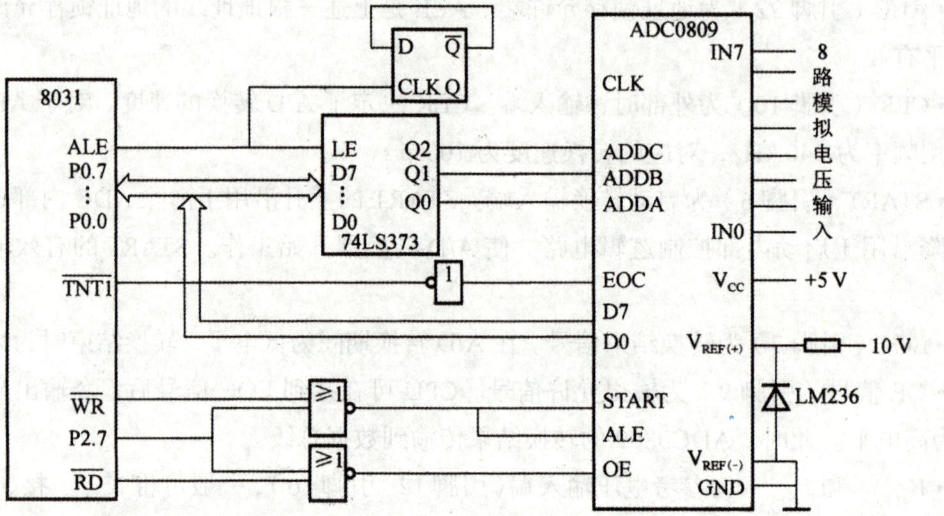

图 6-15 ADC0809 芯片与 8031 单片机的接口电路

例 6–1 如图 6-15 所示的接口电路，要求分别对从 IN0 ~ IN7 输入的 8 路模拟电压信号巡回检测一遍，检测数据依次存放在 60H 开始的内存单元中。参考程序如下。

主程序：

```
        ORG 0000H
        LJMP MAIN
        ORG 0013H           ; INT1（P3.3）中断入口地址
        LJMP INT1
        ORG  0100H
MAIN:   MOV R0,#60H         ; 置数据存储区首地址
        MOV R2,#08H         ; 置 8 路数据采集初值
        SETB IT1            ; 设置边沿触发中断
        SETB EA
        SETB EX1            ; 开放外部中断 1
        MOV DPTR,#7FF8H     ; 指向 0809 通道 0
RD:     MOVX @DPTR,A        ; 启动 A/D 转换
        MOV A,R2            ; 8 路巡回检测数初值送 A
```

```
HE:     JNZ  HE              ；等待中断，8 路未完继续
中断服务程序：
INT1:   MOVX A,@DPTR         ；读取 A/D 转换结果
        MOV @R0,A            ；向指定单元存数
        INC DPTR             ；输入通道数加 1
        INC R0               ；存储单元地址加 1
        MOVX @DPTR,A         ；启动新通道 A/D 转换
        DEC R2               ；待检通道数减 1
        RETI                 ；中断返回
```

6.3.2　控制量输出接口技术

1. 控制量输出接口的任务与特点

执行元件的功能不同，控制量输出接口的任务也不同。例如，交流电动机变频调速器的控制信号为0～5 V电压信号或4～20 mA电流信号，控制量输出接口必须进行D/A转换；又如，交流接触器等大功率元器件必须进行功率驱动。由于机电一体化系统中执行元件多为大功率元件，如电动机、电热器等，这些设备产生的电磁场、电源干扰会影响控制微机的正常工作。因此，抗干扰设计是控制量输出接口设计时应考虑的重要问题。

2. 控制量输出接口中的 D/A 转换接口设计

单片机模拟通道中的输出通道（又称后向通道），用于输出控制系统需要的驱动控制信号。根据单片机的输出信号形式和控制对象的特点，输出通道结构如图 6-16 所示。

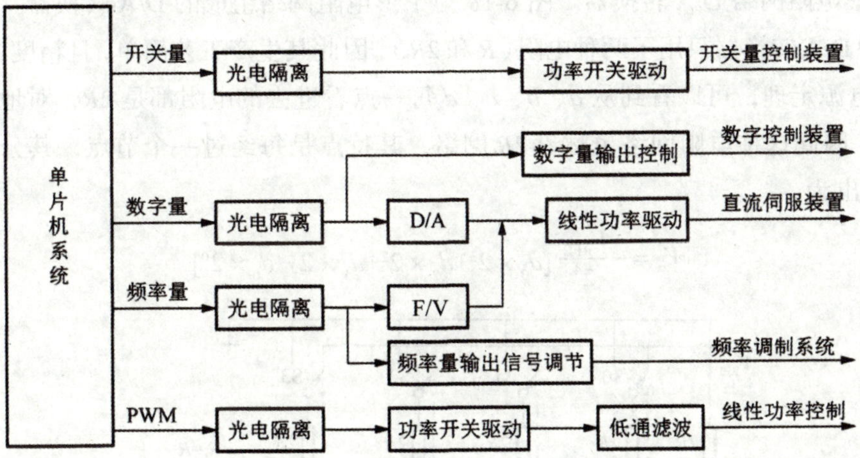

图 6-16　输出通道结构

单片机通常用 D/A 转换作为输出通道，一般不需要光电隔离驱动，但有特殊需要时，需加光耦合器；还可以用 PWM 经低通滤波输出，这种结构在 C96KB、C196KC、

80C166、68HC11 等单片机中都有应用。

（1）D/A 转换器概述

① 权电阻 D/A 转换器。与人们熟悉的十进制数一样，在一个多位二进制数码中，每一位的 1 代表不同的权。从最高位到最低位的权依次为 2^{n-1}，…，2^1，2^0。D/A 转换器就是将每一位代码按权的分配进行模拟。具体地说，即某一位二进制是 0 就“不予理睬”，某一位二进制是 1 就按该位的权的大小分配一定的电压值。此时基准电压源是必不可少的。电压的分配往往是用不同电阻实现的。有了权电阻网络和基准电压，再加上电子开关就能组成一个最简单的 D/A 转换器。图 6-17 为 4 位二进制权电阻网络 D/A 转换器的原理图。

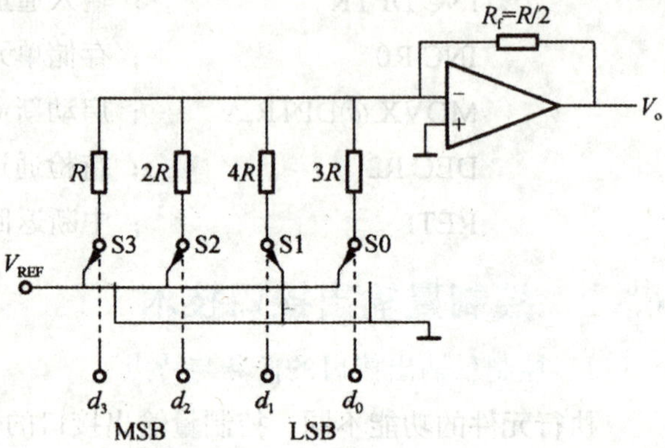

图 6-17　4 位二进制权电阻网络 D/A 转换器的原理图

在权电阻网络中，每个电阻的阻值和对应的权成反比，电子开关 S0 ～ S3 受输入代码 d_0 ～ d_3 的控制。当 $d = 0$ 时，开关接地；当 $d = 1$ 时，开关接到基准电压上（又称参考电压）。

根据模拟电子技术知识可知

$$V_o = -\frac{V_{RFE}}{2^4}[d_3 \times 2^3 + d_2 \times 2^2 + d_1 \times 2^1 + d_0 \times 2^0]$$

② T 形电阻网络 D/A 转换器。图 6-18 为 T 形电阻网络组成的 D/A 转换器。如图 6-18 所示，此种 D/A 转换器只用了两种电阻（R 和 $2R$），因此其生产工艺简单，且精度容易保证。利用等效电源定理，可以看到从 a、b、c、d 每一点看进去的电阻都是 $2R$，对地的等效电阻都是 R，因此这种电阻网络也称 R-$2R$ 网络，其特点是每经过一个节点，其分压系数都是 1/2。输出为

$$V_o = -\frac{V_{RFE}}{2^4}[d_3 \times 2^3 + d_2 \times 2^2 + d_1 \times 2^1 + d_0 \times 2^0]$$

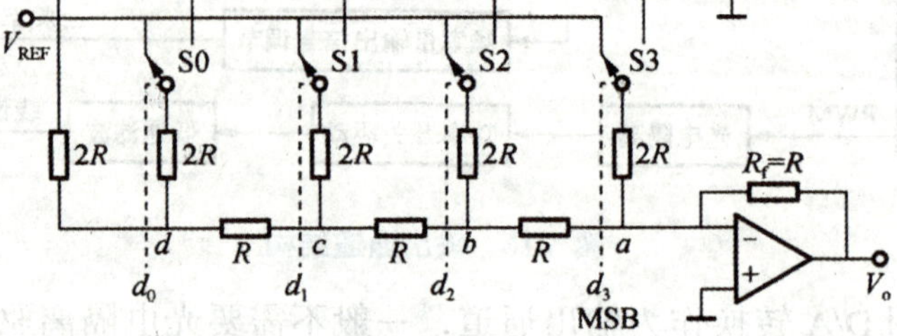

图 6-18　T 形电阻网络组成的 D/A 转换器

（2）典型 D/A 转换器芯片 DAC0832

实用的 D/A 转换器芯片都是单片集成电路，它将典型的数字电路、模拟电路混合集成在单个芯片上，如 DAC0830 ～ DAC0832 是美国国家半导体公司推出的 8 位 D/A 转换器芯片，AD7520 是 10 位 D/A 转换器芯片，AD7521 是 12 位的 D/A 转换器芯片。以上都是倒 T 形电阻网络 D/A 转换器芯片；AD 公司的 AD561 是权电阻网络组成的 D/A 芯片。

DAC0832 是 8 位 D/A 转换器芯片，采用 20 引脚双列直插式封装，它可以直接与 Z80、8085 等 CPU 连接。其引脚图和原理框图分别如图 6-19 和图 6-20 所示。

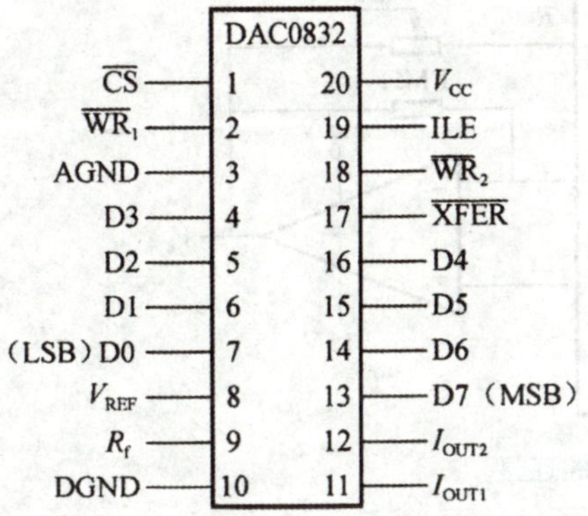

图 6-19　DAC0832 引脚图

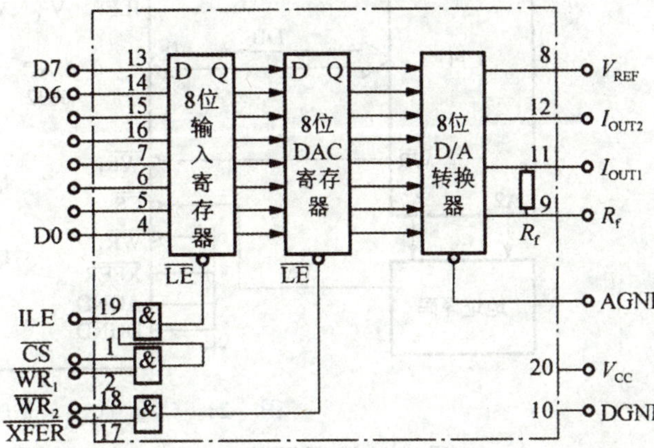

图 6-20　DAC0832 原理框图

DAC0832 主要由两个 8 位寄存器和一个 8 位 D/A 转换器组成。使用两个寄存器的优点是可以进行两次缓冲操作，使该器件的应用具有更大的灵活性。DAC0832 中的 8 位 D/A 转换器是一个倒 T 形电阻网络的 D/A 转换器，并且在引脚 9 和引脚 11 之间接有反馈电阻 R_f，D/A 转换器的 8 个数字量输入端可控制电子开关，当该位为 1 时，开关输出接在 I_{OUT1} 上；当该位为 0 时，开关输出接到 I_{OUT2} 上。为了得到电压输出，DAC0832 需外接运算放大器。

DAC0832 部分引脚含义如下：$\overline{CS}$为片选信号，ILE 为输入寄存器锁存允许信号，一般设为 1，当$\overline{CS}$为低电平，$\overline{WR_1}$为低电平，且 ILE 为高电平时，才能将 CPU 送来的数字量锁存到 8 位输入寄存器中。$\overline{XFER}$为转换控制信号，$\overline{WR_2}$与$\overline{XFER}$同时有效时才能将 8 位输入寄存器中的数字量传送到 8 位 DAC 寄存器并锁存起来。同时，8 位 D/A 转换器开始工作。I_{OUT1} 和 I_{OUT2} 为输出电流，当数据线上为 FFH 时，I_{OUT1} 最大；当数据线上为 00H 时，I_{OUT1} 为 0，I_{OUT2} 最大。一般情况下，$I_{OUT1}+I_{OUT2}$ = 常数。AGND 和 DGND 称为模拟地和数字地，AGND 为输出信号地，它们只允许在此片上共地。V_{REF} 为基准电压，其值应尽量稳定，可在 −10 ～ +10 V 选定。V_{CC} 为数字信号电源，其值可在 5 ～ 15 V，最好工作在 I5 V。DAC0830 ～ DAC0832 这三档芯片的引脚和逻辑性能完全相同，主要区别是精度指标不一样。DAC0832 主要性能指标：分辨率为 8 位，电流建立时间为 1 μs，线性误差为 0.05% ～ 0.2%FSR（FSR 为满刻度）。差分非线性度为 0.1% ～ 0.4%FSR，功耗为 20 MW。

（3）DAC0832 与单片机的接口

① 只用单缓冲器的连接。图 6-21 为 DAC0832 与 CPU 的连接，图中使 $\overline{WR_2}$ 和 $\overline{XFER}$ 接地，因此 DAC 寄存器时刻有效，只有输入寄存器起缓冲锁存作用。

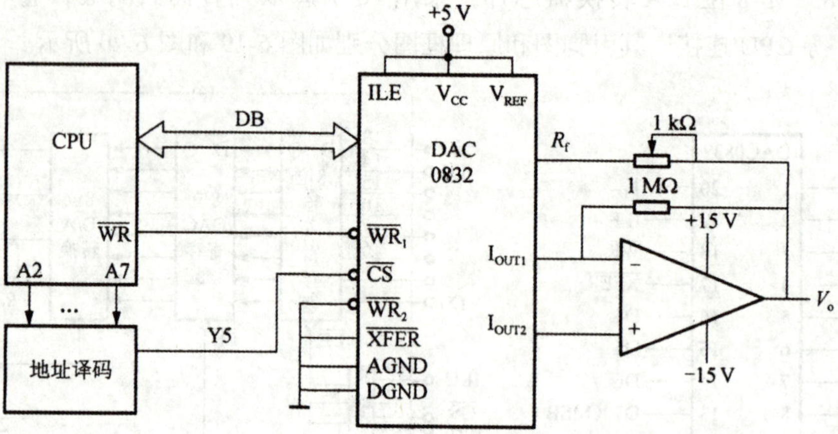

图 6-21　DAC0832 与 CPU 的连接

设地址译码器为 1B28H 时选中 $\overline{CS}$，则 D/A 转换程序为

```
MOV    DPTR,#1B28H
MOV    A,#8AH
MOVX @DPTR，A      ；此时CS = 0，WR1 = 0
```

输出电压为

$$V_o = -D \cdot V_{REF} \ / \ 256$$

式中，D 为二进制数 n 的十进制数，$D = 0 \sim 255$。如果在运算放大器反馈电阻上串联一个电位器，则可微调其比例系数。由上式可以看出，当 V_{REF} 为正电压时，D/A 转换器总是输出负电压。

② 用两个缓冲器的连接。图 6-22 为用两个缓冲器的 D/A 转换接口。当 $\overline{CS}$ 和 $\overline{WR_1}$ 有效时，数字量进入第一个缓冲器，此时并不做 D/A 转换；当 $\overline{WR_2}$ 和 $\overline{XFER}$ 有效时，做 D/A 转换。设 1B28H 使 $\overline{CS}$ 选中，另一地址译码器输出端接 $\overline{XFER}$，端口为 1B29H，这样需执行两条指令才能完成 D/A 转换。程序为

```
MOV     DPTR,#1B28H   ；输入寄存器端口
MOV     A,#8AH        ；待转换的数送 A
MOVX    @DPTR,A       ；向输入寄存器写入 8AH
INC     DPTR          ；选 8 位 DAC 寄存器口
MOVX    @DPTR,A       ；虚拟写，启动 D/A
```

用两个缓冲器的好处是在需要同时输出多个模拟量时，可分别把多个数字量输出到各自的 DAC0832 的第一缓冲器中，但不做 D/A 转换；再用一条指令打开多个 DAC0832 的第二缓冲器，这样多个 D/A 转换的模拟量将同时送出。

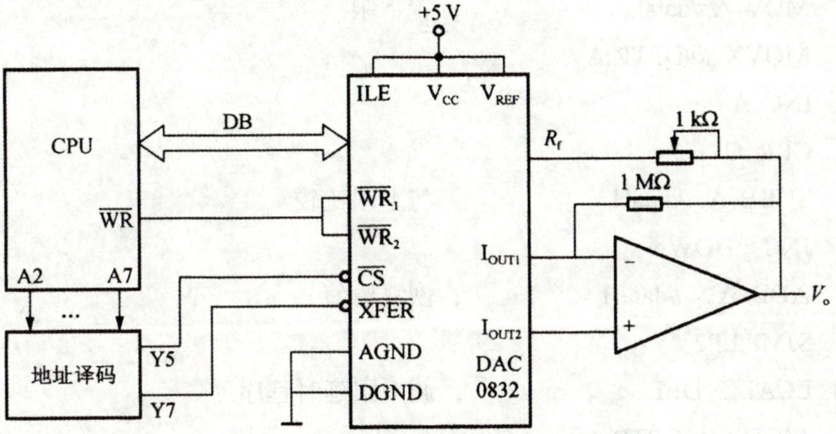

图 6-22　用两个缓冲器的 D/A 转换接口

③ D/A 转换应用举例。

写出利用 DAC0832 芯片产生各种波形的程序。

产生锯齿波的程序为

```
DAADR EQU  7FFFH
ORG      2000H
STAR：  MOV  DPTR, #DAADR       ；选中 DAC0832
        MOV A, #00H
LP：    MOVX  @DPTR,A           ；向 DAC0832 输出数据
        INC A
        SJMP LP
```

产生三角波的程序为

```
STAR：  MOV  DPTR,  #DAADR
DAS0：  MOV A, #00H
DAS1：  MOVX  @DPTR,A
        INC A
        JNZ  DAS1
DAS2：  DEC A
        MOVX  @DPTR, A
        JNZ  DAS2
        AJMP DAS0
```

产生梯形波的程序为

```
        ORG 2000H
STAR:   MOV  DPTR, #DAADR        ；选中 DAC0832
LP1:    MOV  A,#dataL            ；置下限
LP2:    MOVX  @DPTR,A
        INC  A
        CLR  C
        SUBB  A, #dataH          ；与上限比较
        JNC   DOWN
        ADD  A,  #dataH          ；恢复原值
        SJMP LP2
DOWN:   LCALL   DEL              ；调上限延时程序
LP3:    MOVX  @DPTR,A
        DEC  A
        SUBB  A, #dataL          ；与下限比较
        JC   LP1
        ADD  A, #dataL
        SJMP  LP3
```

本章小结

接口将机电一体化产品或系统中的各要素、各子系统有机地结合起来，是各子系统之间以及子系统内各模块之间相互连接的硬件及相关协议软件。本章将主要围绕人机接口、机电接口与总线接口三种类型，对各类型接口技术的特点、原理与设计等进行介绍。

实践活动

D/A 实验

1. 任务要求

（1）熟悉数模转换的基本原理。

（2）掌握 D/A 的使用方法。

2. 任务内容

利用 D/A 转换器产生锯齿波和三角波。

3. 原理图

本实验用 D/A 电路。利用电位器“ZERO.ADJ”可以调零，“RANGE.ADJ”电位

器调整满偏值。DAC0832 在本实验中，工作在双缓冲接口方式下。当 A1 = 0 时可锁存输入数据；当 A1 = 1 时，可起动转换输出。所以要进行 D/A 转换需分二步进行，方法如下。

```
MOV  DX, ADDRESS      ; ADDRESS 片选信号偶地址
MOV  AL, DATA
OUT  DX, AL           ; 锁存数据
ADD  DX , 2
OUT  DX, AL           ; 启动转换
```

4. 任务实施

（1）实验接线 CS0↔CS0832 示波器 ↔DOUT　DS 跳线：1↔2。

（2）用实验箱左上角的“VERF.ADJ”电位器调节 0832 的 8 脚上的参考电压至 5 V。

（3）调试程序并全速运行，产生不同波形。

（4）用示波器观察波形。

（5）实验结果

① 执行程序 dac-1.asm 时，示波器上出现锯齿波。

② 执行程序 dac-2.asm 时，示波器上出现三角波。

程序框图（图 6-23）

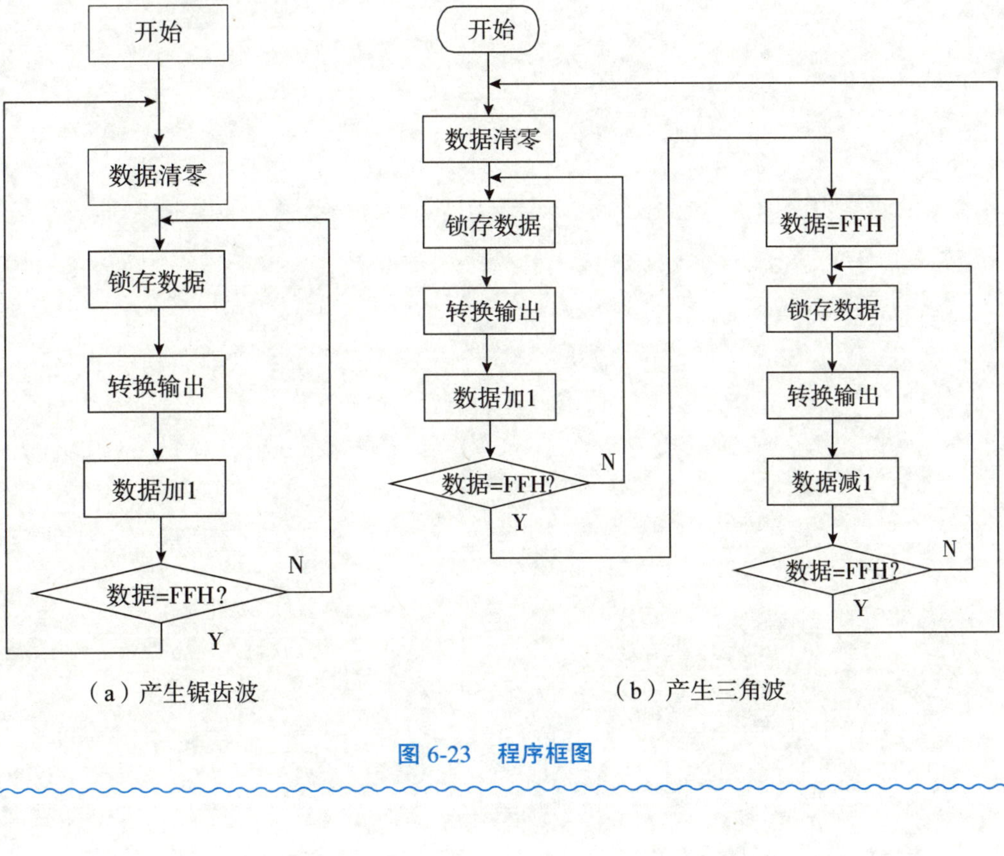

（a）产生锯齿波　　（b）产生三角波

图 6-23　程序框图

思考练习

1．按接口所联系的子系统不同，以信息处理系统（微电子系统）为出发点，可将接口分类哪几类？各自特点是什么？
2．简述人机接口的类型及特点。
3．输入接口有哪些方法？各自适用什么场合？
4．ADC0809 的结构及工作原理是什么？
5．简述控制量输出接口的任务与特点。

第7章 伺服系统

本章导读

随着世界装备制造业的迅猛发展，高速切削、超精密加工、网络制造、具有网络接口的全数字交流伺服驱动系统、直线伺服系统和高速电主轴已成为伺服驱动系统的发展方向。现代交流伺服系统最早应用在宇航和军事领域，如火炮、雷达控制，其后逐渐进入工业领域和民用领域。

学习目标

◎知识目标

（1）了解伺服驱动的定义、伺服系统的工作原理及分类。

（2）掌握执行元件的分类及特点。

（3）理解步进电动机、直流伺服电动机、交流伺服电动机的工作原理，掌握步进电动机的驱动控制。

◎能力目标

（1）会识别不同的伺服驱动系统。

（2）能进行步进电动机和伺服电动机的简单调速。

◎素质目标

培养学生理智、真诚、坦荡的性格和良好的人际关系。

◎思政目标

培养学生的爱岗敬业、精益求精的工匠精神。

7.1 伺服系统概述

7.1.1 伺服驱动的定义

关于伺服驱动，业内有不同的解释，这里总结了两种主流说法，供读者理解伺服驱动的内涵与外延。

（1）伺服驱动技术是实现从控制信号到特定机械动作转换的技术，以位移、速度、加速度、力和力矩等为表现形式。伺服驱动系统在输入指令的指挥下，控制执行元件工作，使机械运动部件按要求进行运动，所以伺服驱动系统是指以机械参数作为被控量的一种自动控制系统。

（2）伺服驱动系统也称随动控制系统，是一种能够即时响应并跟踪输入信号，从而获得精确的位置（角度）、速度（加速度）、力（力矩）等机械量输出的自动控制系统。

大多数伺服驱动系统中具有检测反馈回路，因而伺服系统是一种反馈控制系统。根据反馈控制理论，伺服控制的工作过程是一个偏差不断产生，又不断消除的过渡过程。这种系统需不断检测在各种扰动作用下被控对象输出量的变化，将检测值与给定值进行比较，然后根据得到的偏差值对被控对象进行自动调节，以消除偏差，使被控对象的输出量始终跟踪给定信号。

伺服驱动系统的结构类型繁多，其组成和工作状况也不尽相同。一般来说，其基本组成可包含控制器、功率放大器、执行机构和检测装置四大部分，如图 7-1 所示。

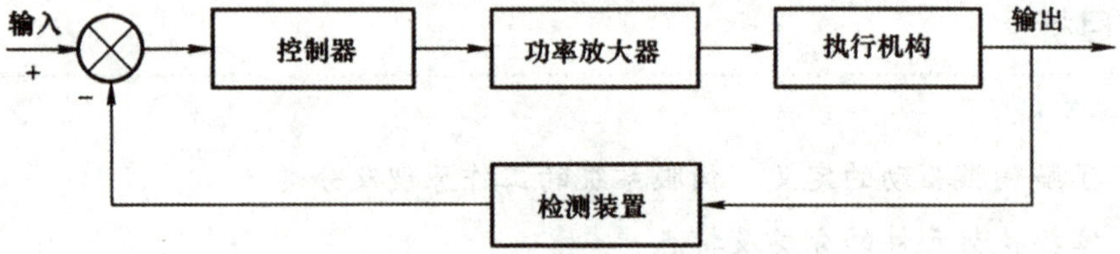

图 7-1 伺服驱动系统的组成

1. 控制器

控制器的主要任务是根据输入信号和反馈信号决定控制策略。常用的控制算法有 PID（比例、积分、微分）控制和最优控制等。控制器通常由电子线路或计算机组成。

2. 功率放大器

伺服系统中的功率放大器的作用是将信号进行放大，并用来驱动执行机构完成某种操作。在现代机电一体化系统中的功率放大装置主要由各种电子元器件组成。

3. 执行机构

执行机构主要由伺服电动机或液压伺服机构和机械传动装置等组成。目前，采用电动机作为驱动元件的执行机构占据较大的比例。伺服电动机包括步进电动机、直流伺服电动机和交流伺服电动机等。液压伺服机构包括液压马达和脉冲液压缸等。

4. 检测装置

检测装置的任务是测量被控制量（即输出量），实现反馈控制。在伺服驱动系统中，用来检测位置量的装置有自整角机、旋转变压器和光电码盘等，用来检测速度信号的装置有测速发电机和光电码盘等。鉴于检测装置的精度是至关重要的，无论采用何种控制方案，系统的控制精度总是低于检测装置的精度。对检测装置的要求除了精度高，还要求线性度好、可靠性高、响应快等。

大多数伺服驱动系统是具有检测回路的反馈控制系统，通常仍采用传统的经典控制理论来进行分析和设计。随着计算机性能的不断提高，现代控制理论得到了更加广泛的应用，伺服驱动系统的控制手段也向着模糊控制、神经网络等更加智能化的方向发展。

7.1.2　伺服系统的基本工作原理

位置检测装置对检测到的移动部件的实际位移量进行位置反馈，与位置指令信号进行比较，将两者的差值进行调节，变换成速度控制信号，控制驱动装置驱动伺服电动机以给定的速度向消除偏差的方向运动，直到指令位置与反馈的实际位置的差值等于零为止。

（1）调速范围要宽，且要有良好的稳定性（在调速范围内）。调速范围 $RN = F_{max}/F_{min}$，一般要求 RN>1 000，且 0.1 mm/min ≤ F_{min} ＜ 1 mm/min。稳定性指输出速度的波动要少，尤其是在低速时的平稳性显得特别重要。

（2）位置精度高，实际位移与指令位移的差值要小。位置精度一般为 0.001 ～ 0.01 mm，甚至可高达 0.1 μm。

（3）稳定性好，即负载特性要硬。当负载发生变化或承受外界干扰的情况下，输出速度应基本不变，而且保持平稳均匀。

（4）动态响应快，即灵敏度高。达到最大稳态速度的时间要短，一般要求在 100 ～ 200 ms，甚至小于几十毫秒。动态响应的快慢反映了系统跟踪精度的高低，直接影响轮廓加工精度的高低和加工表面质量的好坏。

7.1.3　伺服系统的分类

伺服系统可以有很多种分类方法，具体如下所述。

1. 按控制原理

伺服系统按控制原理的不同分为开环、全闭环和半闭环伺服系统。

（1）开环伺服系统。若伺服系统中没有检测反馈装置则称为开环伺服系统。开环伺服系统结构简单，但精度不是很高。大多数经济型数控机床均采用了这种没有检测反馈的开环控制结构。老式机床在数控化改造时，工作台的进给系统更是广泛采用了开环控制。图 7-2 为开环伺服系统简图。数控装置发出脉冲指令，指令经过脉冲分配和功率放大器后驱动步进电动机旋转。由于没有检测反馈装置，工作台的位移精度主要取决于步进电动机和传动件的累积误差，因此开环伺服系统的精度低，一般为 0.01 mm 左右，且速度也有一定的限制。虽然开环伺服系统在精度方面有不足，但其结构简单、成本低、调整和维修都比较方便，另外由于被控量不以任何形式反馈到输入端，所以其工作稳定、可靠，因此在一些精度、速度要求不是很高的场合，如线切割机、办公自动化设备中获得广泛应用。

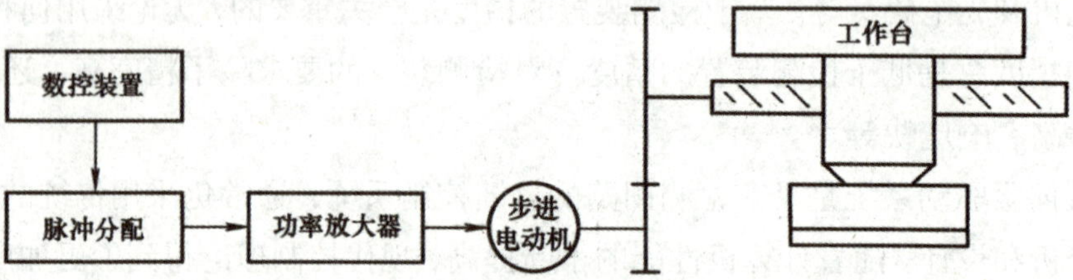

图 7-2　开环伺服系统简图

（2）全闭环伺服系统。图 7-3 为全闭环伺服系统简图。安装在工作台上的位置传感器可以是直线感应同步器或长光栅，它可将工作台的直线位移转换成电信号，并在比较环节与指令脉冲相比较，所得到的偏差值经过放大，由伺服电动机驱动工作台向偏差减小的方向移动。若数控装置中的指令脉冲不断地产生，工作台就会不断地调节位置，直到偏差值等于零为止。

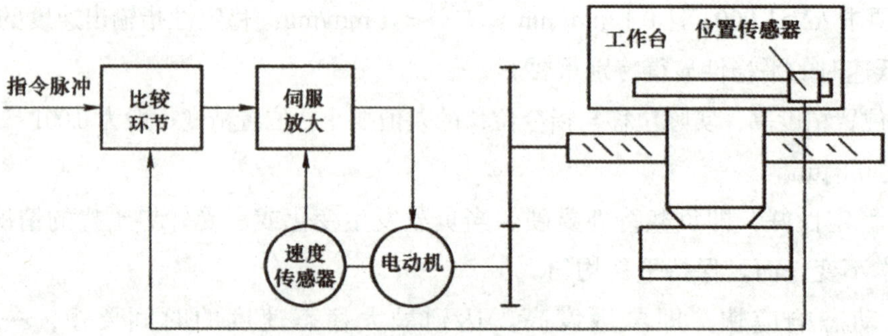

图 7-3　全闭环伺服系统简图

全闭环伺服系统将位置检测器件直接安装在工作台上，因而可获取工作台实际位置的精确信息，定位精度可以达到亚微米量级。从理论上讲，其精度主要取决于检测反馈装置的误差，而与放大器、传动装置没有直接的联系，因此是实现高精度位置控制的一种理想的控制方案。但实现起来难度很大，存在稳定性问题，这是由于全部的机械传动链都被包含在位置闭环之中，机械传动链的惯量、间隙、摩擦、刚性等非线性因素都会给伺服系统造成影响，从而使系统的控制和调试变得异常复杂，制造成本也会急速攀升，因此全闭环伺服系统主要用于高精密和大型的机电一体化设备。

（3）半闭环伺服系统。图 7-4 为半闭环伺服系统简图。工作台的位置通过电动机上的传感器或安装在丝杆轴端的编码器间接获得，它与全闭环伺服系统的区别在于检测元件位于系统传动链的中间，故称为半闭环伺服系统。显然由于有部分传动链在系统闭环之外，故其定位精度比全闭环的稍差。因为测量角位移比测量线位移容易，并可在传动链的任何转动部位进行角位移的测量和反馈，所以结构比较简单，调整、维护也比较方便。由于将惯性质量很大的工作台排除在闭环之外，因此这种系统调试较容易、稳定性好，具有较高的性价比，被广泛应用于各种机电一体化设备。

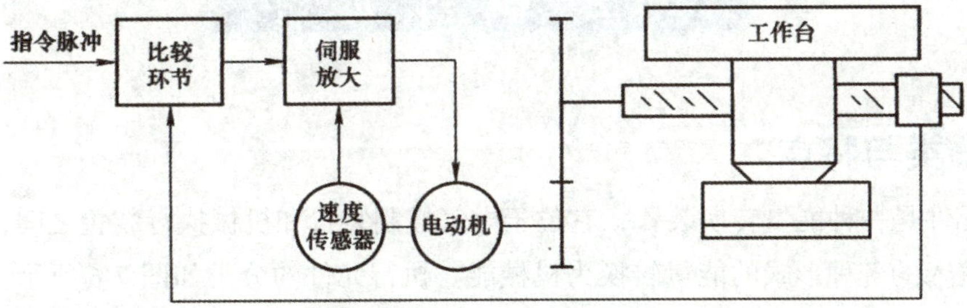

图 7-4　半闭环伺服系统简图

2. 按传递信号

伺服系统按传递信号的不同分为连续控制系统与采样控制系统。连续控制系统又称为模拟控制系统，系统中传递的信号是模拟量。该系统发展最早，已广泛应用于各类工业控制领域中。而采样控制系统中的信号是脉冲序列形成数字编码，通过采样开关把模拟量转化为离散量，故这类系统又称作脉冲控制系统或离散控制系统，它由采样器、数字控制器和保持器等部分组成，如图 7-5 所示。

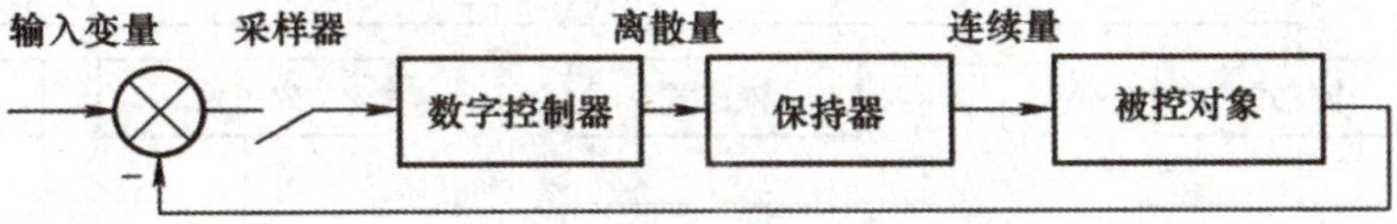

图 7-5　采样控制系统简图

与连续控制系统相比，采样控制具有以下优点。

（1）数字元件比模拟元件具有更高的可靠性和稳定性。

（2）受到扰动时，经过几个采样周期即可快速达到稳定，受扰动的影响小。

（3）具有更大的灵活性，实现控制的精度高。

3. 按驱动方式

伺服系统按驱动方式的不同可分为电气、液压和气动伺服系统。其中电气伺服系统采用伺服电动机作为执行元件，又有直流伺服系统、交流伺服系统、步进伺服系统之分，在机电一体化产品中得到广泛应用。

4．按被控量性质

伺服系统按被控量性质的不同可分为位置控制、速度或加速度控制、力或力矩控制、速度或位置的同步控制等伺服系统。

5．按控制过程

伺服系统按控制过程又分为点位控制系统和轮廓控制系统。

7.2 执行元件

7.2.1 分类与特点

执行元件是一种能量转换装置，它位于电气控制装置和机械执行装置之间，可在控制指令下将输入的各种形式的能量转换为机械能。执行元件的分类如图 7-6 所示。执行元件根据使用能量的不同，可分为电气式、液压式和气压式等类型。电气式执行元件利用电磁线圈把电能转换成磁场力（电磁力），再依靠电磁力做功，从而把电能变换成转子（或动子）的机械运动。液压式执行元件可把电能变换成一次油压，利用电磁阀来控制和切换油压，从而把液压能量变换成负载的机械运动。气压式执行元件的工作原理与液压式相同，它们的区别仅在于能量传递的媒介由油变成了空气。其他执行元件的原理则主要与一些功能材料的性能有关，如利用双金属、形状记忆合金等制成具有某种运动功能的传动装置。

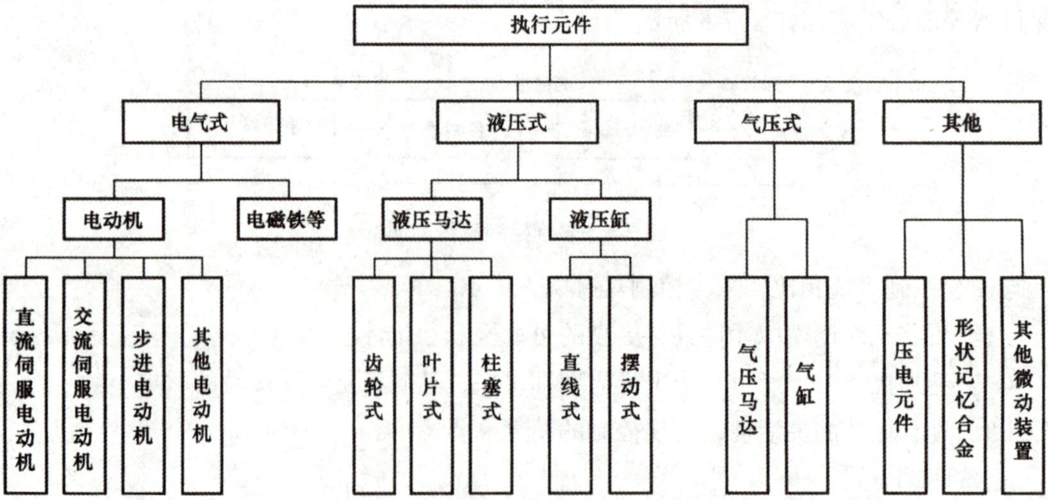

图 7-6 执行元件的分类

用计算机控制最方便的是电气式执行元件，因此机电一体化系统所用执行元件的主流是电气式，其次是液压式和气压式（在驱动接口中需要增加电 - 液或电 - 气变换环节）。

（1）电气式。电气式执行元件可以电能为动力，将电能转变为位移或转角等，包括控制用电动机（步进电动机、DC 和 AC 伺服电动机）、静电电动机、超声波电动机以及电磁铁等。其中，利用电磁力的电动机和电磁铁都具有操纵简便、适宜编程、响应快、伺服性能好、易与微机相接等优点，因而成为机电一体化伺服系统中最常用的执行元件。

（2）液压式。液压式执行元件是按密闭连通器的原理工作的，靠油液通过密闭容积变化的压力能来传递能量。液压式执行元件主要包括往复运动的液压缸、回转液压缸和液压马达等，其中液压缸占绝大多数。其突出优点是输出功率大、转矩大、工作平稳，可以直接驱动运动机构，承载能力强，适用于重载的高加减速驱动。但需要相应的液压源，占地面积大，控制性能不如伺服电动机。目前世界上已开发出了各种数字液压式执行元件，如电 - 液伺服马达和电 - 液步进马达，这些马达在强力驱动和高精度定位时性能好，而且使用方便，因此得到了广泛重视。

（3）气压式。气压式执行元件除了用压缩空气作为工作介质外，与液压式执行元件无太大区别。具有代表性的气压式执行元件有气缸和气压马达等。气压驱动虽可得到较大的驱动力、行程和速度，但由于空气黏性差，具有可压缩性，故不能在定位精度较高的场合使用。

（4）其他执行元件。在新的原理方面，利用压电元件的逆压电效应原理和磁致伸缩、电致伸缩器件等构成的微位移驱动器已经在微米、亚微米领域获得了广泛应用。

伺服系统中采用的主流电气式驱动装置是电动机，伺服电动机是将电能转换为机械能的一种能量转换装置，能够根据控制指令提供正确运动或较复杂动作。伺服电动机可在很宽的速度和负载范围内进行连续、精确地控制，因而在伺服系统设计中得到了广泛的应用。

为了满足伺服系统设计的要求，实现执行元件的精确驱动与定位，保证系统高效、精确和可靠的性能，伺服电动机有如下的基本性能要求。

① 体积小功率大，即功率密度大。

② 快速性好，即加速转矩大，频响特性好。

③ 位置控制精度高，调速范围宽，低速运行平稳，分辨力高，振动噪声小。

④ 适应起停频繁的工作要求。

⑤ 可靠性高，寿命长。

此外，一般还要求伺服电动机具有良好的机械特性和调节特性。机械特性是指在一定的电枢电压条件下转速和转矩的关系，而调节特性是指在一定的转矩条件下转速和电枢电压的关系。因此，在进行伺服系统设计时，需要根据系统设计要求选择伺服电动机。

各种伺服电动机的特点及应用举例见表 7-1。

表 7-1　伺服电动机的特点及应用举例

<table>
<tr><th colspan="2">种类</th><th>主要特点</th><th>应用实例</th></tr>
<tr><td colspan="2">DC 伺服电动机</td><td>高响应特性
高功率密度（体积小、重量轻）
可实现高精度数字控制
接触换向部件（电刷与换向器）需要维护</td><td>数控机械、机器人、计算机外围设备、办公机械、音响和音像设备、计测机械等</td></tr>
<tr><td colspan="2">晶体管式无刷直流伺服电动机</td><td rowspan="2">无接触换向部件
需要磁极位置检测器（如同轴编码器等）
具有 DC 伺服电动机的全部优点</td><td rowspan="2">音响和音像设备、计算机外围设备等</td></tr>
<tr><td rowspan="2">AC 伺服电动机</td><td>永磁同步</td></tr>
<tr><td>异步交流（矢量控制）</td><td>对应于电流的激励分量和转矩分量分别控制
具有 DC 伺服电动机的全部优点</td><td>数控机械、机器人等</td></tr>
<tr><td colspan="2">步进电动机</td><td>转角与控制脉冲数成比例，构成直接数字控制
有定位转矩
可构成廉价的开环控制系统</td><td>计算机外围设备、办公机械、数控装置</td></tr>
</table>

下面对常用的步进电动机、直流伺服电动机、交流伺服电动机的结构、特点及应用范围等进行简单的介绍。伺服电动机的性能及优缺点比较见表 7-2 和表 7-3。

表 7-2　伺服电动机的性能比较

项目	DC 伺服电动机	SM（同步）型伺服电动机	IM（异步）型 AC 伺服电动机
适用容量	数瓦至数千瓦	数十瓦至数千瓦	数百瓦以上
驱动电流波形	直流	矩形波、正弦波	正弦波、矩形波（力矩脉动大）
磁极传感器	不需要	霍尔元件、光电编码器、旋转变压器	不需要
速度传感器	DCTG	无刷 DCTG、光电编码器、旋转变压器	无刷 DCTG、光电编码器、旋转变压器
寿命	电刷寿命	轴承寿命	轴承寿命
电动机常数	受制于电刷电压	可高电压小电流工作，由电动机结构决定，可进行低速大转矩运行	可高电压小电流工作，恒输出特性（弱磁控制）
高速旋转	不适用	适用	适用
异常制动	动态制动力矩大	动态制动力矩中等	制动时需有 DC 电源，动态制动力矩小
耐环境性能	差	良	良

表 7-3　伺服电动机优缺点比较

优缺点	DC 伺服电动机	SM 型伺服电动机	IM 型 AC 伺服电动机
优点	稳定性好； 可控性好； 响应迅速； 控制功率低，损耗小； 转矩大	停电时可制动； 可高速大转矩工作； 耐环境性好，无需维修； 小型轻量； 功率速率高（响应能力指标）	环境性适应性好； 可高速大转矩工作； 大容量下效率良好； 结构坚固
缺点	需对整流子维护； 不能在高速大力矩下工作； 产生磨耗，有粉尘	无自起动功能； 电动机与控制器需对应； 控制器较复杂	在小容量下工作效率低； 温度特性差； 停电时不能制动； 控制器较复杂

7.2.2　步进电动机

步进伺服系统中的执行元件是步进电动机，又称脉冲电动机，它是一种可将输入脉冲信号转换成相应的旋转或直线位移的运动执行元件，可以实现高精度的位移控制。由于步进电动机可用数字信号直接进行控制，因此很容易与计算机相连，是位置控制中常用的执行装置。步进电动机发明至今已有半个多世纪，早期的步进电动机性能差、效率低，但它具有低转子惯量、无漂移和无积累定位误差的优点。在计算机快速发展的今天，步进电动机全数字化的控制性能得到了充分展现，它已被广泛应用于众多领域。

1. 步进电动机的种类与特点

步进电动机根据其构造和工作原理的不同可分为可变磁阻式（VR 型）步进电动机（又称反应式步进电动机）、永磁式（PM 型）步进电动机和混合式（HB 型）步进电动机（又称永磁感应式步进电动机）（图 7-7），按励磁绕组的相数不同可分为二相、三相、四相、五相和六相步进电动机。

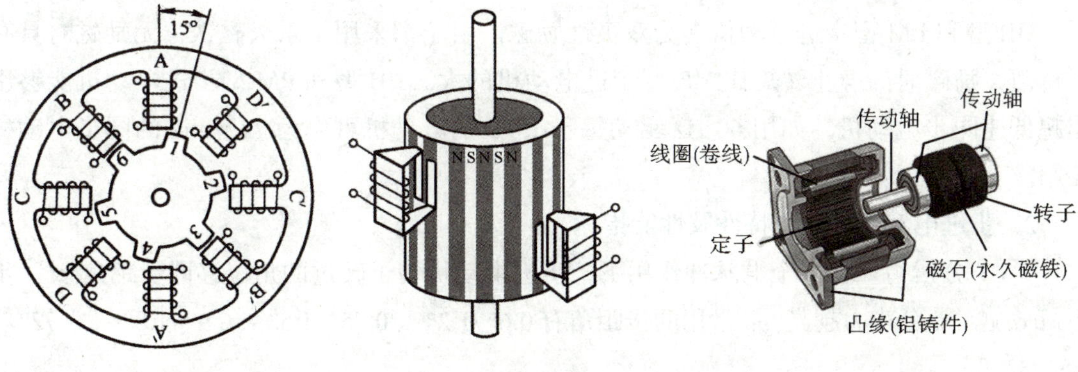

（a）VR 型　　（b）PM 型　　（c）HB 型

图 7-7　步进电动机的结构与分类

（1）可变磁阻式（VR 型）步进电动机。该类电动机由定子绕组产生的反应电磁力吸引用软磁钢制成的齿形转子进行步进驱动，故又称作反应式步进电动机。其定子与转子分别由铁心构成。定子上嵌有线圈，转子朝定子间磁阻最小方向转动，并由此而得名为可变磁阻型。这类电动机的转子结构简单且直径小，有利于高速响应。由于 VR 型步进电动机的铁心无极性，故不需改变电流极性，因此多为单极性励磁。

由于该类电动机的定子与转子均不含永久磁铁，故无励磁时没有保持力。另外，需要将气隙做得尽可能小（如几微米）。这种电动机具有制造成本高、效率低、转子的阻尼差、噪声大等缺点。但是，由于其制造材料费用低、结构简单、步距角小，随着加工技术的进步，可望成为多用途的机种。

（2）永磁式（PM 型）步进电动机。PM 型步进电动机的转子采用永久磁铁制成，定子采用软磁钢制成，绕组轮流通电，建立的磁场与永久磁铁的恒定磁场相互吸引与排斥产生转矩。这种电动机由于采用了永久磁铁，即使定子绕组断电也能保持一定转矩，故具有记忆能力，可用作定位驱动。

PM 型电动机的特点是励磁功率小、效率高、造价便宜，因此需要量也大；由于转子磁铁的磁化间距受到限制，难以制造，故步距角较大。PM 型与 VR 型相比输出转矩大，但转子惯量也较大。

（3）混合式（HB 型）步进电动机。这种电动机转子上嵌有永久磁铁，故可以说是 PM 型步进电动机，但从定子和转子的导磁体来看，又和 VR 型相似，是 PM 型和 VR 型相结合的一种形式，故称为混合式步进电动机。它不仅具有 VR 型步进电动机步距角小、响应频率高的优点，而且还具有 PM 型步进电动机励磁功率小、效率高的优点，它的定子与 VR 型没有多大差别，只是在相数和绕组接线方面有其特殊的地方。例如，VR 型一般都做成集中绕组的形式，每极上放有一套绕组，相对的两极为一相，而 HB 型步进电动机的定子绕组大多数为四相，而且每极同时绕两相绕组或采用桥式电路绕一相绕组，按正反脉冲供电。这种类型的电动机由转子铁心的凸极数和定子的副凸极数决定步距角的大小，可制造出步距角较小（0.9° ～3.6° ）的电动机。

HB 型和 PM 型步进电动机多为双极性励磁。由于都采用了永久磁铁，无励磁时具有保持力，励磁时的静止转矩比 VR 型步进电动机的大。HB 型和 PM 型步进电动机能够用作超低速同步电动机，如用 60 Hz 驱动每步 1.8° 的电动机可作为 72 r/min 的同步电动机使用。

2．步进电动机的运行特性及性能指标

（1）分辨力。在一个电脉冲作用下，步进电动机转子转过的角位移即步距角 α。步距角 α 越小，分辨力越高。最常用的步距角有 0.6°/1.2°、0.75°/1.5°、0.9°/1.8°、1°/2°、1.5°/3° 等。

（2）矩 - 角特性。在空载状态下，步进电动机的某相通以直流电时，转子齿的中心线与定子齿中心线相重合，转子上没有转矩输出，此时的位置为转子初始稳定平衡位置。

如果在电动机转子轴上加一负载转矩 T_L，则转子齿的中心线与定子齿的中心线将错过一个电角度 θ_e 才能重新稳定下来，此时转子上的电磁转矩 T_j 与负载转矩 T_L 相等，该 T_j 称为静态转矩。θ_e 为失调角，当 $\theta_e = \pm 90°$ 时，其静态转矩 T_{jmax} 为最大静转矩。T_j 与 θ_e 之间的关系大致为一条正弦曲线（图 7-8），该曲线被称作矩一角特性曲线。静态转矩越大，自锁力矩越大，静态误差就越小。一般产品说明书中标示的最大静转矩就是指在额定电流和通电方式下的 T_{jmax}。当失调角 θ_e 为 $-\pi \sim \pi$ 时，若去掉负载 T_L，转子仍能回到初始稳定平衡位置，$-\pi \leqslant \theta_e \leqslant \pi$ 的区域称为步进电动机的静态稳定区域。

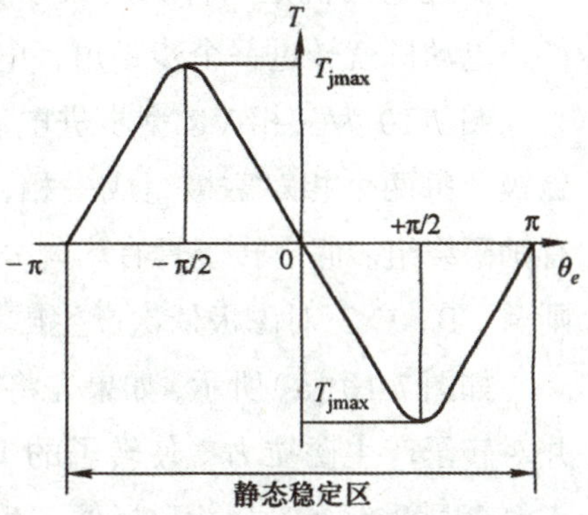

图 7-8　步进电动机矩 - 角特性曲线

（3）起动频率。步进电动机能够不失步起动的最高脉冲频率称为起动频率。所谓失步是转子前进的步数不等于输入的脉冲数，包括丢步和越步两种情况。步进电动机起动时，其外加负载转矩包括为零或不为零两种情况，前者的起动频率称为空载起动频率，后者称为负载起动频率。负载起动频率与负载惯量的大小有关。当驱动电源性能提高时，起动频率可以提高。

（4）最高工作频率。步进电动机起动后，将脉冲频率逐步升高，在额定负载下，电动机能不失步正常运行的极限频率为最高工作频率。最高工作频率值随负载而异，它远大于起动频率，两者可相差十几倍以上。驱动电源性能越好，步进电动机的最高工作频率越高。

（5）转矩 - 工作频率特性。步进电动机转动后，其输出转矩随工作频率增高而下降，当输出转矩下降到一定程度时，步进电动机将不能正常工作。步进电动机的输出转矩 M 与工作频率 f 的关系曲线（也称矩 - 频特性曲线）如图 7-9 所示。其中，实线为电动机的起动矩 - 频特性，可以看出，电动机的转动惯量 J 越大，同频率下的起动转矩 M_q 就越小；虚线为电动机的运行矩 - 频特性，严格说来，转动惯量 J，对运行矩 - 频特性也有影响，但不像对起动矩频特性的影响那样显著。此外，步进电动机的矩 - 频特性与驱动电源性能好坏有很大的关系。

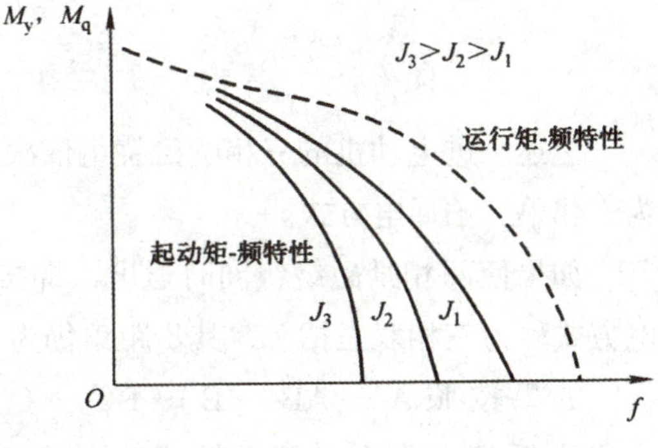

M_y- 运行转矩；M_q- 起动转矩。

图 7-9　步进电动机的矩 - 频特性曲线

在不同负载下，电动机允许的最高连续运行频率是不同的。一般步进电动机的技术说明书上都指明空载最高连续运行频率和空载起动频率。为了缩短起动时间，可在一定的起动时间内将电脉冲频率按一定的规律逐渐增加到所允许的运行频率。

3. 步进电动机的工作原理

步进电机类型结构与原理

步进电动机是一种利用数字脉冲信号旋转的电动机，每当送入一个脉冲，电动机就转过一个步距角，电动机的转速与脉冲信号的频率成比例。

图 7-10 为三相 VR 型步进电动机工作原理。其定子有 6 个均匀分布的磁极，每两个相对磁极组成一相，即有 A-A′、B-B′、C-C′，三相磁极上绕有励磁绕组。假定转子具有均匀分布的四个齿，当 A、B、C 三个磁极的绕组依次通电时，则 A、B、C 三对磁极依次产生磁场吸引转子转动。

如图 7-10（a）所示，如果先将电脉冲加到 A 相励磁绕组，定子 A 相磁极就会产生磁通，并对转子产生磁拉力，使转子的 1、3 两个齿与定子的 A 相磁极对齐。而后再将电脉冲通入 B 相励磁绕组，B 相磁极便产生磁通。如图 7-10（b）所示，这时转子 2、4 两个齿与 B 相磁极靠得最近，于是转子便沿着反时针方向转过 30°，使转子 2、4 两个齿与定子 B 相磁极对齐。旋转的这个角度就叫步距角。显然，单位时间内通入的电脉冲数越多，即电脉冲频率越高，电动机转速就越高。如果按 A → C → B → A →…的顺序通电，步进电动机将沿顺时针方向一步一步地转动。

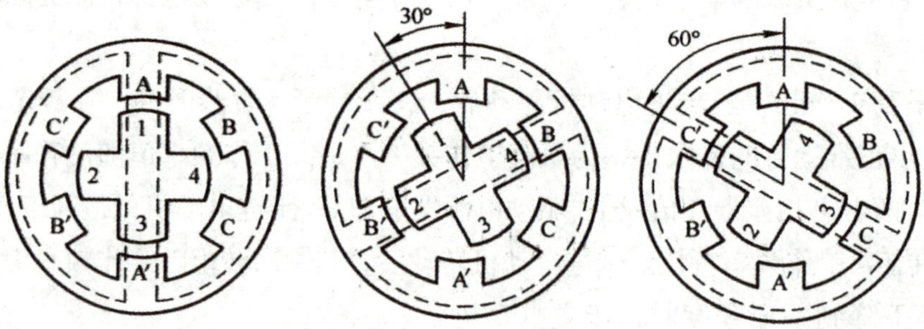

（a）（b）（c）

图 7-10　三相 VR 型步进电动机工作原理

上述步进电动机的三相励磁绕组依次单独通电运行，换接 3 次完成一个通电循环，称为三相单三拍通电方式。

如果使两相励磁绕组同时通电，即按 AB → BC → CA → AB →…顺序通电（这种通电方式称为三相双三拍），其步距角仍为 30°。

如果按照 A → AB → B → BC → C → CA → A →… 顺序通电，换接 6 次完成一个通电循环（称为三相六拍通电方式），则这种通电方式的步距角为 15°。如果按 B → BC → C → CA → A 的顺序通电，则步进电动机将沿着反时针方向转动。

步进电动机的步距角越小，意味着能达到的位置精度越高。通常的步距角是 1.5° 或 0.75°，为此需要将转子做成多极式，并在定子磁极上制成小齿，其结构如图 7-11 所示。定子磁极上的小齿和转子磁极上的小齿大小一样，两种小齿的齿宽和齿距相等。当一相定子磁极的小齿与转子的小齿对齐时，其他两相磁极的小齿都与转子的齿错过一个角度，按着相序，后一相比前一相错开的角度要大。例如，转子上有 40 个齿，则相邻两个齿的齿距角是 360° /40 = 9° 。若定子每个磁极上制成 5 个小齿，当转子齿和 A 相磁极小齿对齐时，B 相磁极小齿沿反时针超前转子齿 1/3 齿距角，即超前 3° ，而 C 相磁极小齿则超前转子齿 2/3 齿距角，即超前 6° ，则当励磁绕组按 A → B → C → A →…顺序以三相单三拍通电时，转子按反时针方向，以 3° 步距角转动；当按照 A → AB → B → BC → C → CA → A →…顺序以三相六拍通电时，步距角减小一半为 1.5° 。

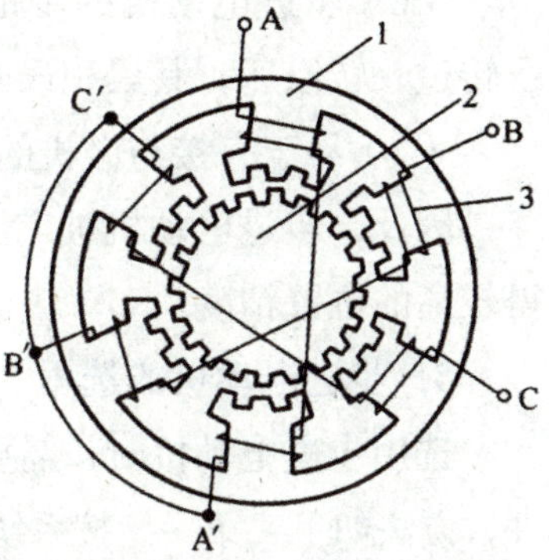

1- 定子；2- 转子；3- 定子绕组。

图 7-11　步进电动机结构

步进电动机也可以制成四相、五相、六相或更多的相数，以减小步距角并改善步进电动机的性能。为了减小电动机制造的难度，多相步进电动机常做成轴向多段式。例如，五相步进电动机的定子沿轴向分为 A、B、C、D、E 五段，每一段是一相，在此段内只有一对定子磁极，在磁极的表面上开有一定数量的小齿，各相磁极的小齿在圆周方向互相错开 1/5 齿距，转子也分为五段，每段转子具有与磁极同等数量的小齿，但它们在圆周方向并不错开，定子的五段就是电动机的五相。

一个 m 相步进电动机，若其转子上有 z 个齿，则步距角 α 可通过下式计算

$$\alpha = \frac{360^\circ}{kmz}$$

式中，k 为通电方式系数。

当采用单相或双相通电方式时，$k = 1$；当采用单双相轮流通电方式时，$k = 2$。

4．步进电动机的特点

根据上述工作原理，可以看出步进电动机具有以下几个基本特点。

（1）步进电动机受数字脉冲信号控制，输出角位移与输入脉冲数成正比，即

$$\theta = N\alpha$$

式中，θ 为电动机转过的角度（° ）；N 为控制脉冲数；α 为步距角（° ）。

（2）步进电动机的转速与输入的脉冲频率成正比，即

$$n = \frac{\alpha}{360} \times 60f = \frac{\alpha f}{6}$$

式中，n 为电动机转速（r/min）；f 为控制脉冲频率（Hz）。

（3）步进电动机的转向可以通过改变通电顺序来改变。

（4）步进电动机具有自锁能力，一旦停止输入脉冲，只要维持绕组通电，电动机就可以保持在该固定位置。

（5）步进电动机工作状态不易受各种干扰因素（如电源电压的波动、电流的大小、

波形的变化、温度等）影响，只要干扰未引起步进电动机产生丢步，就不会影响其正常工作。

（6）步进电动机的步距角有误差，转子转过一定步数以后也会出现累积误差．但转子转过一转以后，其累积误差为“零”，不会长期积累。

（7）易于直接与微机的 I/O 接口相连，构成开环位置伺服系统。

因此，步进电动机被广泛应用于开环控制结构的伺服系统，使系统简化，并可靠地获得较高的位置精度。

5．步进电动机的选用

选用步进电动机时，需要综合考虑伺服系统的精度、转矩和转动惯量的设计要求与条件，方法如下：第一，按系统位置精度要求选择步进电动机的步距角；第二，按起动速度、最大工作速度选择步进电动机的起动频率和最高工作频率；第三，根据机械结构草图计算机械传动装置及负载折算到电动机轴上的等效转动惯量，然后分别计算各种工况下所需的等效力矩，按起动负载和工作负载确定起动转矩和工作转矩；第四，根据步进电动机最大静转矩和起动、运行矩 - 频特性选择合适的步进电动机；第五，校验电动机的转矩。

步矩角的选择是由脉冲当量等因素来决定的。步进电动机的步距角精度将会影响开环系统的精度。

为了使步进电动机具有良好的起动能力及较快的响应速度，须保证负载的转动惯量与电动机转子的转动惯量相互匹配，计算为

$$\frac{T_L}{T_{max}} \leqslant 0.5, \quad \frac{J_L}{J_m} \leqslant 4$$

式中，T_{max} 为步进电动机的最大静转矩（N·m）；T_L 为换算到电动机轴上的负载转矩（N·m）；J_m 为步进电动机转子的最大转动惯量（kg·m^2）；J_L 为折算步进电动机转子上的等效转动惯量（kg·m^2）。

根据上述条件，初步选择步进电动机的型号，然后根据动力学公式检查其起动能力和运动参数。

由于步进电动机的起动矩 - 频特性曲线是在空载下做出的，检查其起动能力时应考虑惯性负载对起动转矩的影响，即从起动惯 - 频特性曲线上找出带惯性负载的起动频率，然后再查其起动转矩和计算起动时间。若在起动惯 - 矩特性曲线上查不到带惯性负载时的最大起动频率，可用下式近似计算

$$f_L = \frac{f_m}{\sqrt{1+\frac{J_L}{J_m}}}$$

式中，f_L 为带惯性负载的最大起动频率（Hz）；f_m 为电动机本身的最大空载起动频率（Hz）；J_m 为电动机转子转动惯量（kg·m^2）；J_L 为换算到电动机轴上的转动惯量（kg·m^2）。

当 $J_L/J_m = 3$ 时，$f_L = 0.5f_m$。

不同 J_L/J_m 下的矩 - 频特性如图 7-12 所示。由图可见，J_L/J_m 值增大，自起动最大频率减小，其加减速时间将会延长，甚至难以起动，这就失去了快速性。

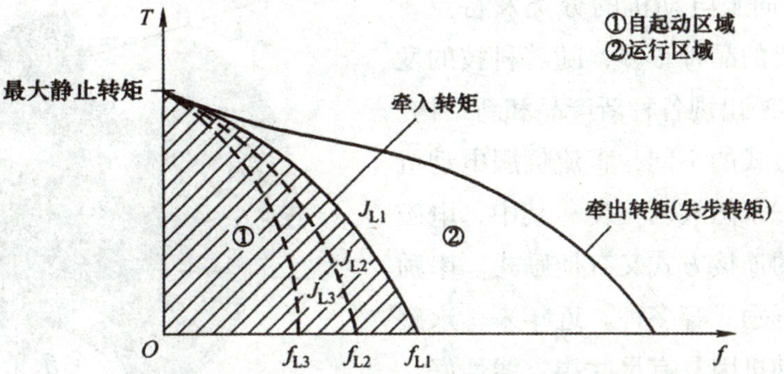

图 7-12　不同 J_L/J_m 下的矩 - 频特性

7.2.3　直流伺服电动机

机电一体化设备中，直流伺服系统是发展最早、最成熟的伺服系统。其中直流伺服电动机作为驱动元件，其功能是将输入的受控电压 / 电流量转换为电枢轴上的角位移或角速度输出。

1．直流伺服电动机概述

（1）直流伺服电动机的工作原理。伺服系统中最常见的有刷直流电动机是永磁直流电动机。下面以其为例介绍直流伺服电动机的工作原理。要使电动机旋转，电动机中必须有磁场相互作用，如图 7-13（a）所示。图 7-13（a）所示的磁场具有两种极性，一种是 N 极，一种是 S 极。同极性磁极之间相互作用的是排斥力，不同极性磁极之间相互作用的则是吸引力，图 7-13（b）所示的电动机就是利用了磁场的这一性质，在电动机的外侧采用了固定不动的永磁磁极（定子）。该电动机内侧是一个旋转的铁心线圈（转子），以及 N 极和 S 极总是按一定规律不断切换的电励磁磁极（称为电枢或转子），定子和转子磁极相互作用即可产生一定方向的力（转矩）。在图 7-13（c）所示的电动机中，转子 N 极和 S 极的切换是按照定子磁极的位置，通过改变电枢绕组中的电流方向来实现的。

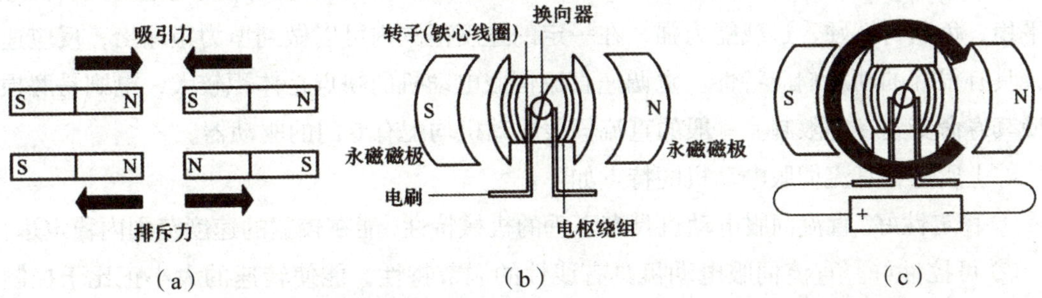

图 7-13　直流伺服电动机的工作原理

电刷的任务就是从电源吸收电流并通过换向器提供给电枢绕组。当励磁绕组和电刷端提供的电流都是直流电流时，电动机转子就会因产生电磁力（电磁转矩）而旋转起来。图7-14为直流伺服电动机的内部结构。

（2）直流伺服电动机的分类及特点。直流伺服电动机的品种很多，随着科技的发展，至今还在不断出现各种新产品和新结构。按照定子励磁方式的不同，直流伺服电动机可分为电磁式和永磁式两大类。其中，电磁式按定子绕组的连接方式又有他励式、串励式、并励式和复励式等多种。近年来，永磁式直流伺服电动机因具有尺寸小、线性好、起动转矩大、过载能力强等优点，应用较多。它和一般永磁直流电动机一样，用铁氧体、铝镍钴、稀土钴等永磁材料产生励磁磁场。永磁式直流伺服电动机按照转子结构不同又可分为普通电枢型、盘式印刷绕组型、盘式线绕型和线绕空心杯型，后三种电动机的共同特点是转子无铁心，转动惯量小，具有很高的加速能力，如空心杯型电动机的机械时间常数小于1 ms。

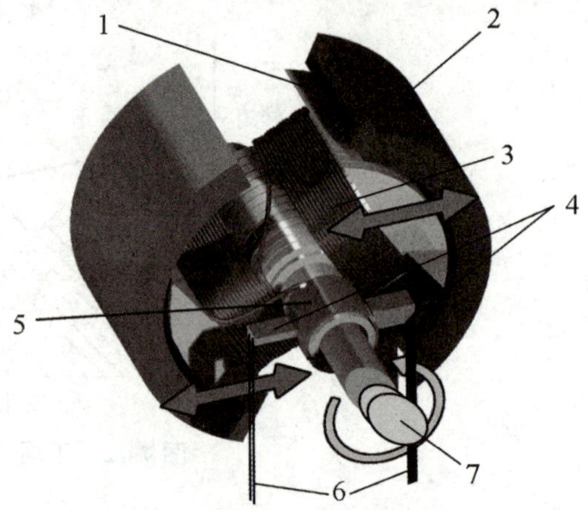

1- 转子；2- 永磁定子；3- 线圈；4- 电刷
5- 换向器；6- 接线端子；7- 编码器。

图7-14　直流伺服电动机的内部结构

20世纪70年代，研制成功了宽调速直流伺服电动机，其结构特点是励磁便于调整，易于安排补偿绕组和换向极，电动机的换向性能得到改善，成本低，可以在较宽的速度范围内得到恒转速特性。永久磁铁的宽调速直流伺服电动机有不带制动器，如图7-15（a）所示。带制动器见图7-15（b）两种结构，电动机定子（磁钢）1采用矫顽力高、不易去磁的永磁材料（如铁氧体永久磁铁），转子（电枢）2直径大并且有槽，因而热容量大，结构上采用了通常凸极式和隐极式永磁电动机磁路的组合，提高了电动机气隙磁通密度。同时，在电动机尾部装有高精度低纹波的测速发电机并可加装光电编码器和旋转变压器及制动器，能获得优良的低速刚度和动态性能。因此，宽调速直流伺服电动机是目前机电一体化闭环伺服系统中应用较广泛的一种控制用电动机。其主要特点是调速范围宽、低速运行平稳、负载特性硬、过载能力强，在一定的速度范围内可以做到恒力矩输出，反应速度快，具有很好的动态响应特性。宽调速直流伺服电动机的缺点是体积较大，电刷易磨损，这使其寿命受到一定限制。一般的直流伺服电动机均配有专门的驱动器。

综上所述，直流伺服电动机的特点如下。

① 稳定性好。直流伺服电动机具有下垂的机械特性，能在较宽的速度范围内稳定运行。

② 可控性好。直流伺服电动机具有线性的调节特性，能使转速的大小正比于控制电压值。转速取决于控制电压的极性（或相位），控制电压为零时，转子惯性很小，能立即停止。

③ 响应迅速。直流伺服电动机具有较大的起动转矩和较小的转动惯量，在控制信号增加、减小或消失的瞬间，直流伺服电动机能快速起动、快速加速、快速减速和快速停止。

④ 控制功率低，损耗小。

⑤ 转矩大。直流伺服电动机广泛应用在宽调速系统和精确位置控制系统中，其输出功率一般为 1 ~ 600 W，也有达数千瓦。电源电压有 6 V、9 V、12 V、24 V、27 V、48 V、110 V、220 V 等。转速可达 1 500 ~ 1 600 r/min，时间常数低于 0.03。

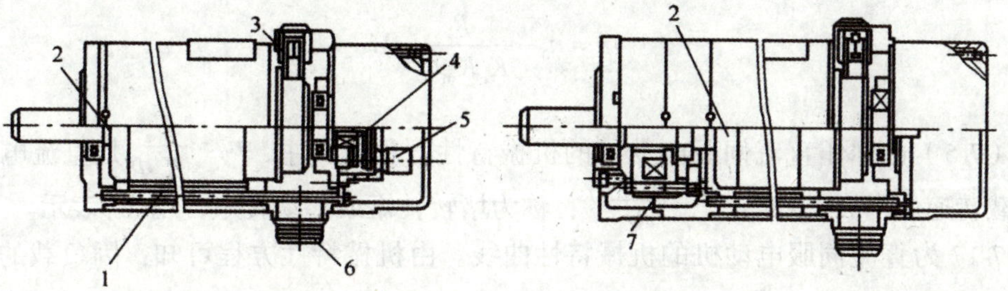

（a）不带制动器的宽调速直流伺服电动机　（b）带制动器的宽调速直流伺服电动机

1- 定子；2- 转子；3- 电刷；4- 测速电动机；5- 编码器；6- 航空插座；7- 制动组件。

图 7-15　宽调速直流伺服电动机

2. 直流伺服电动机的特性

直流伺服电动机既可采用电枢控制，也可采用磁场控制，多采用前者。这里以电枢控制直流伺服电动机为例对电动机的特性加以说明。

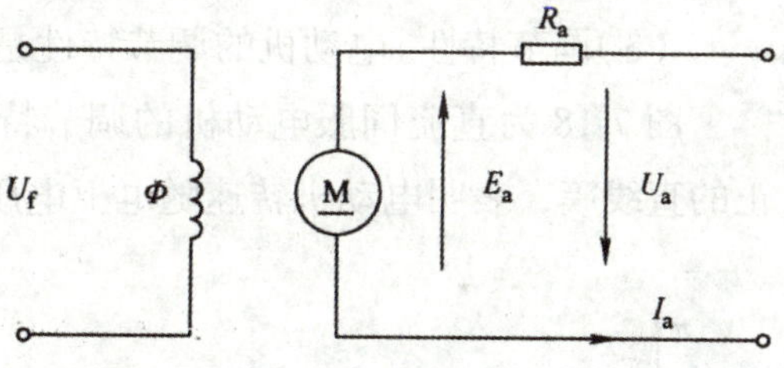

图 7-16　电枢控制直流伺服电动机等效电路

（1）稳态方程如下所述。

① 电压平衡方程。图 7-16 为电枢控制直流伺服电动机的等效电路（电枢绕组电感忽略），励磁绕组接于恒定电压 U_f，控制电压 U_a 接到电枢两端，按电压定律可列出电枢回路的电压平衡方程为

$$E_a = U_a - I_a R_a \tag{7-1}$$

式中，E_a 为反电动势；U_a 为电枢电压；I_a 为电枢电流；R_a 为电枢绕组电阻。

② 电枢反电动势方程。转子切割定子磁场时产生的反电动势 E_a 与转速 n 之间的关系为

$$E_a = K_e \Phi n \tag{7-2}$$

式中，K_e 为反电动势常数；Φ 为定子磁通。

③ 转矩方程。转子切割定子磁场所产生的电磁转矩可由下面关系式求得

$$M = K_m \Phi I_a \tag{7-3}$$

式中，K_m 为转矩常数。

④ 转速方程。将式（7-1）~式（7-3）联立，消去中间量，可得

$$n=\frac{U_a}{K_e\Phi}-\frac{R_a}{K_eK_m\Phi^2}M \tag{7-4}$$

式（7-4）也称作直流伺服电动机的稳态方程。

（2）机械特性。电动机的机械特性是指转速与转矩之间的关系，即 $n=f(M)$ 曲线。若电枢电压恒定，则稳态方程可写为

$$n=n_0-\frac{R_a}{K_eK_m\Phi^2}M \tag{7-5}$$

式（7-5）也称作直流伺服电动机的机械特性方程。式中，$n_0=\frac{U_a}{K_e\Phi}$是直流电动机的理想空载转速。当 $n=0$ 时，$M=\frac{K_m\Phi}{R_a}U_a$，称为堵转转矩或起动转矩，用 M_d 表示。

图 7-17 为直流伺服电动机的机械特性曲线。由机械特性方程可知：因负载的作用，若转速降低$\Delta n\left(\Delta n=-\frac{R_a}{K_eK_m\Phi^2}M\right)$，即 R_a 越小或 Φ 越大，则电动机的机械特性越硬。在实际的控制中需对伺服电动机外接功放电路，这就引入了功放电路内阻，使电动机的机械特性变软，在设计时应加以注意。

（3）调节特性。电动机的调节特性是指转速与电枢电压之间的关系，即 $n=f(U_a)$曲线。

图 7-18 为直流伺服电动机的调节特性曲线。对不同的转矩，调节特性曲线是斜率为正的直线簇，表明电动机转速随电枢电压的升高而增加。

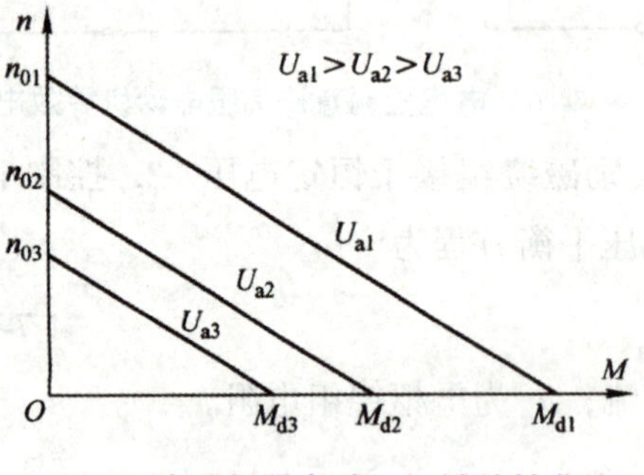

图 7-17　直流伺服电动机机械特性曲线

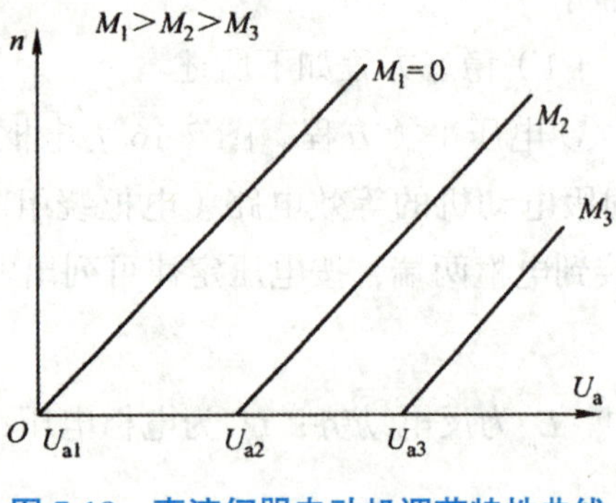

图 7-18　直流伺服电动机调节特性曲线

在调节特性曲线中，过原点的直线 $M_1=0$，而实际上由于包括摩擦在内的各种阻力的存在，空载起动时负载转矩不可能为 0。因此，对于电枢电压来讲，它有一个最小的限制，称作起动电压，电枢电压小于它则不能起动，该区域称死区。

另外，图 7-18 中的直线簇是在假设负载转矩不变的条件下绘制的，在实际应用中这一条件可能并不成立，这就会导致调节特性曲线的非线性，在变负载控制时应予以注意。

7.2.4 交流伺服电动机

从20世纪70年代后期到80年代，随着集成电路、电力电子技术、交流变速驱动技术、微处理器技术和电动机永磁材料制造工艺的发展，永磁交流伺服驱动技术有了巨大的突破，交流伺服驱动技术成为工业领域自动化的基础技术之一，交流伺服电动机和交流伺服驱动系统逐渐成为机电一体化系统中伺服装置的主导产品，广泛应用于机电一体化的众多领域。

图7-19所示为典型的交流伺服电动机结构。交流伺服电动机与普通交流电动机结构的驱动原理相似，主要区别在于交流伺服电动机具有编码器，能够识别转子的转速进行反馈控制。交流电动机的三组线圈按相互间隔120° 配置，当绕组中流过三相交流电流时，各相绕组将按右螺旋法则产生磁场。每一相绕组产生一对N极和S极，三相绕组的磁场合成起来，形成一对合成磁场的N极和S极。这个合成磁场是一个旋转磁场，每当绕组中的电流变化一个周期，交流电动机就会旋转一周。旋转磁场的转速n（r/min）称为交流电动机的同步转速。若绕组电流的频率为f、电动机的磁极数为p，则同步转速$n = 60f/p$。

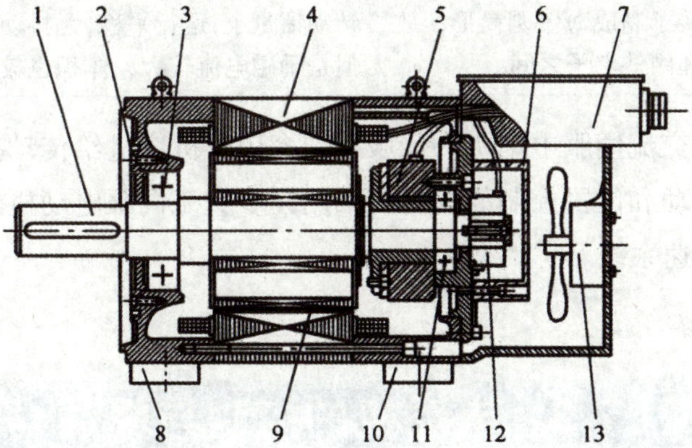

1- 转子；2- 轴封；3- 前轴承；4- 定子；5- 抱闸；6- 后端盖；7- 出线盒
8- 前底脚；9- 气隙；10- 后底脚；11- 后轴承；12- 编码器；13- 冷却风机。

图7-19 交流伺服电动机结构

交流伺服电动机具有以下特点。

① 调速范围宽。交流伺服电动机的转速随着控制电压改变，能在较宽的范围内连续调速。

② 转子惯性小，即能够实现迅速起动、停止。

③ 控制功率小，过载能力强，可靠性好。

交流伺服电动机主要分为两大类：同步交流伺服电动机（SM）和异步交流伺服电动机（IM）。

日本法纳克（FANUC）公司为了满足CNC机床和工业机器人的需要于1982年开发出永磁同步伺服电动机，其特点是定子为三相绕组，转子为永久磁铁，其转矩产生机理与直流伺服电动机相同。永磁同步电动机的交流伺服控制技术已趋于成熟，具有十分优良的低速性能，并可实现弱磁高速控制，拓宽了系统的调速范围，适应高性能伺服驱动的要求，随着永磁材料性能的大幅度提高和价格的降低，永磁同步伺服电动机在工业生产自动化领域中的应用越来越广泛，目前已成为交流伺服系统的主流。

异步交流伺服电动机即感应式伺服电动机。感应式电动机由定子和转子组成，定子铁心中绕有按一定规律缠绕的导线绕组，其转子一般分为笼型转子和空心杯形转子两种结构型式，其特点和应用范围见表 7-4。定子绕组通入三相交流电后，产生旋转磁场，旋转磁场切割转子中金属导体产生电流，有电流流过的铜条在磁场中受力的作用，使转子产生旋转力矩，驱动转子旋转，转子的旋转方向与旋转磁场的旋转方向相同。

表 7-4　异步交流伺服电动机的特点和应用范围

种类	产品型号	结构特点	性能特点	应用范围
笼型转子	SL	与普通笼型电动机结构相同，但转子细而长，转子导体采用高电阻率的材料	励磁电流较小，体积较小，机械强度高，但是低速运行不够平稳，有时快时慢的抖动现象	小功率的伺服系统
空心杯形转子	SK	转子制成薄壁圆筒形，放在内外定子之间	转动惯量小，运行平稳，无抖动现象，但是励磁电流较大，体积也较大	要求运行平滑的系统

目前，采用同步交流伺服电动机的伺服系统多用于机床进给传动控制、工业机器人关节传动和其他需要运动和位置控制的场合，采用异步交流伺服电动机的伺服系统多用于机床主轴转速和其他调速系统。

7.3　电动机的控制与驱动

7.3.1　步进电动机的控制与驱动

由于步进电动机接收的是脉冲信号，因此步进电动机需要由专门的驱动电源供电。驱动电源的基本部分包括变频信号源、脉冲分配器和脉冲功率放大器，如图 7-20 所示。

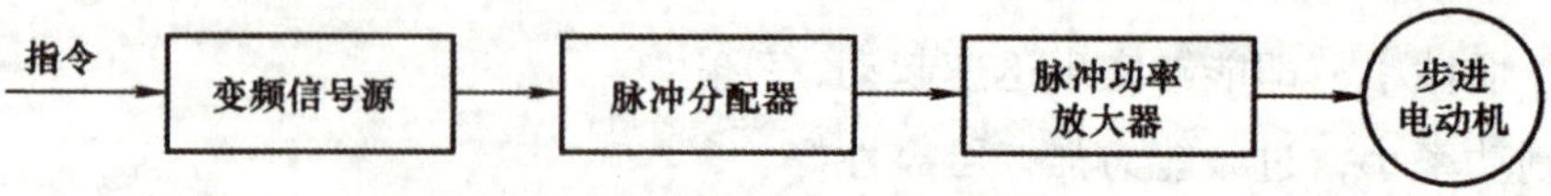

图 7-20　步进电动机驱动示意图

1. 变频信号源

变频信号源是一个频率从几赫兹到几万赫兹连续变化的脉冲信号发生器。脉冲分配器的作用是根据运行指令把脉冲信号按一定逻辑关系分配到每一相脉冲放大器上，使步进电动机按选定的运行方式工作，它一般由逻辑电路构成。从脉冲分配器输出的电流只有几毫安，不能直接驱动步进电动机。因此，在脉冲分配器后需要连接功率放大器。功率放大器是每相绕组配备一套。

2．脉冲分配器

用于脉冲分配的方法有多种：用普通集成电路实现，用专用集成电路实现，用微机实现。

图 7-21 为由普通集成电路组成的三相六拍脉冲分配器电路。图中，C_1、C_2、C_3 为双稳态触发器（J-K 触发器），其余为与非门。变频信号源的脉冲加到脉冲分配器的脉冲输入端，步进电动机的旋转方向由正向和反向控制电位决定。该电路的初始状态是 C 相导通。当在正向控制电位端加高电平、反向控制电位端加低电平时，在脉冲输入端输入第一个脉冲，双稳态触发器 C_1 翻转。这时，电动机的 A、C 相同时导通，B 相断电。当第二个脉冲到来时，触发器 C_3 翻转。此时，A 相通电，B、C 两相断开。如果不断地输入脉冲，则步进电动机绕组按 C → CA → A → AB → B → BC → C 的顺序通电，转子按一个方向旋转。反之，在反向控制端加高电平、正向控制端加低电平时，电机绕组按 C → CB → B → BA → A → AC → C 的顺序通电，转子反向旋转。

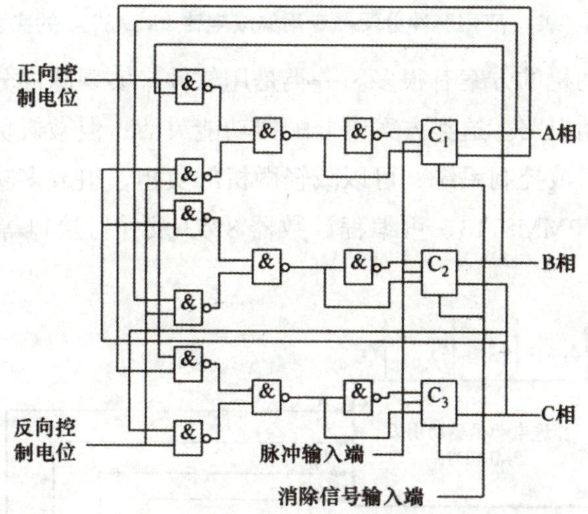

图 7-21　普通集成电路组成的三相六拍脉冲分配器电路

脉冲分配器集成电路有 CH250、PMM8713 等。采用专用集成电路有利于降低系统成本和提高系统的可靠性，而且使用维护方便。

图 7-22 为应用脉冲分配器专用集成电路 PMM8713 的实例。脉冲分配器设定在双四拍工作方式。电动机的转速由端子 C_K 的脉冲输入频率决定，正、反转切换由 U/D 端子取“1”还是取“0”来决定（电动机的正、反转也可以通过 C_U 和 C_D 端子采用脉冲控制，C_U 端输入的脉冲使电动机正转，C_D 端输入的脉冲使电动机反转，此时 C_K 和 U/D 端同时接地）。φc 端是为切换电动机相数用的控制端，三相电动机时 φc = “0”，四相电动机时 φc = “1”。φ_1 ～ φ_4 为脉冲输出端，直接连接驱动电路。E_A、E_B 为励磁方式选择，1 相～ 2 相励磁时，$E_A = E_B$ = “1”；2 相励磁时，$E_A = E_B$ = “0”；1 相励磁时，其中一

端为“1”，另一端为“0”。$\overline{R}$为复位端，$\overline{R}=$“0”时，$\phi_1\sim\phi_4$均为“1”状态，此时步进电动机锁住不动。

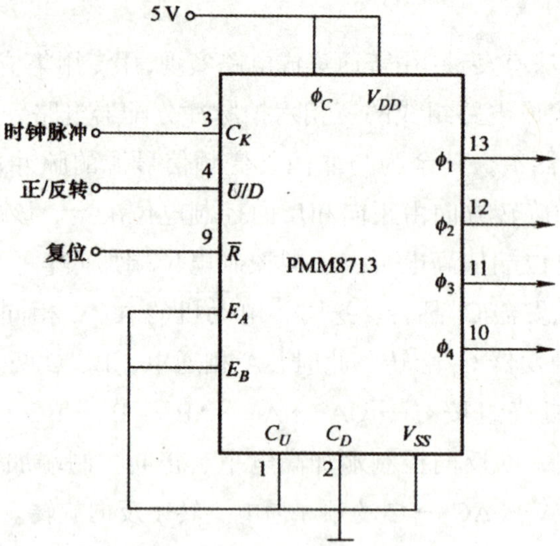

图 7-22　应用脉冲分配器专用集成电路 PMM8713 的实例

微机控制步进电动机的方案有很多。一类是用软件来实现脉冲分配器功能，由并行口送励磁信号去控制驱动电路。这类方案中分配器功能灵活，但微机负担加重。另一类是由微机和专用集成芯片组成控制系统，可以减轻微机的负担，组成多功能的步进电动机驱动电路。图 7-23 为采用 PMM8713、可编程计数器 8253 及并行接口等组成的步进电动机微机控制系统原理图。

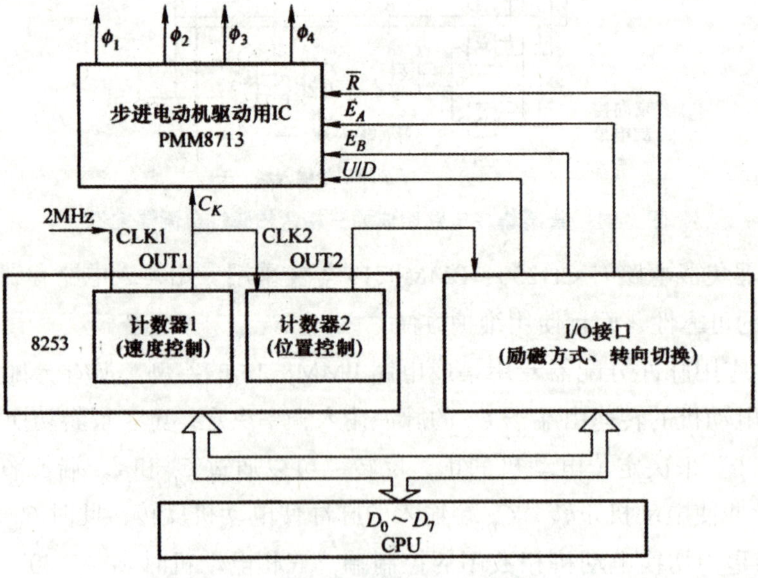

图 7-23　步进电动机微机控制系统原理图

可编程计数器 8253 中的两个计数器用来进行速度和位置控制。通过改变计数器 1 的时间常数，改变加到PMM8713芯片C_K端的脉冲频率，可以控制步进电动机的速度。计数器2用来统计加到C_K端脉冲数，作为位置控制计数器。由并行口4位输出接到PMM8713的$\overline{R}$、E_A、E_B、U/D端。因此，可以随意控制电动机的转向、运行、停止及改变励磁方式等。改变脉冲频率的过程是，当计数器2的计数值达到内部寄存器的设置值时，输出的脉冲通过接口向CPU申请中断，CPU一旦响应，就进入中断处理。在中断服务程序中，改写计数器1的时间常数，就可以改变C_K端的脉冲频率。于是，在这一控制系统中，CPU每中断一次，步进电动机的脉冲频率就改变一次，这样便可以实现电动机的速度控制。计数器2所计的脉冲数值可以用来计算步进电动机的旋转角，在此值等于设定位置角的时候，使接至并行接口的$\overline{R}$端逻辑电平变低就能够控制位置。

3．功率驱动电路

按功率放大器电路不同，步进电动机驱动电路主要可分为单电压电路、双电压电路、恒流斩波电路、细分电路和调频调压电路。

（1）单电压电路。单电压电路即由单一电源供电的电路。图7-24为单电压电路。当有控制脉冲信号输入时，功率晶体管V导通，控制绕组有电流流过；否则，功率晶体管V关断，控制绕组没有电流流过。

为了减少控制绕组的时间常数，提高步进电动机的动态转矩，在控制绕组中串联电阻R_n，同时也起限制电流的作用。电阻两端并联电容C是为了改善步进电动机控制绕组电流脉冲的前沿。二极管和电阻R_f构成了放电回路，限制功率晶体管V集电极上的电压和保护功率晶体管V。

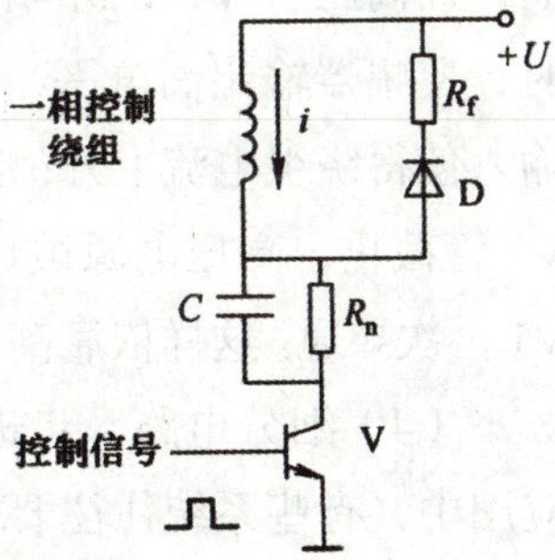

图7-24 单电压电路

这种电路的最大特点是线路简单，功率元器件少，成本低。由于R_n要消耗能量，故使得工作效率低。这种电路一般只适用于小功率步进电动机的驱动。

（2）双电压电路（高低电压电路）。为了改善控制绕组中电流的波形，可以采用双电压电路。双电压电路如图7-25所示。当输入控制脉冲信号时，功率晶体管V1、V2导通，低压电源由于二极管D1承受反向电压而处于截止状态，这时高压电源加在控制绕组上，控制绕组电流迅速上升。当电流上升到额定值时，利用定时电路使功率晶体管V1关断，V2仍然导通，控制绕组由低压电源供电，维持其额定电流。

采用双电压电路可以改善输出电流的波形，所以电动机的矩频特性好，起动和运行频率得到了很大的提高。主要缺点是低频运行时输入能量过大，造成步进电动机低频振荡加重，同时也增大了电源的容量。

（3）恒流斩波电路。恒流斩波电路可以更好地解决绕组电流导通后的平稳性，使得步进电动机在额定电流附近产生最小的脉动。恒流斩波电路是通过对绕组电流的检测来实现对电流大小的控制，当绕组电流高于额定值时，关断相应的功率晶体管；当绕组电流低于额定值时，开启相应的功率晶体管。恒流斩波电路如图 7-26 所示。

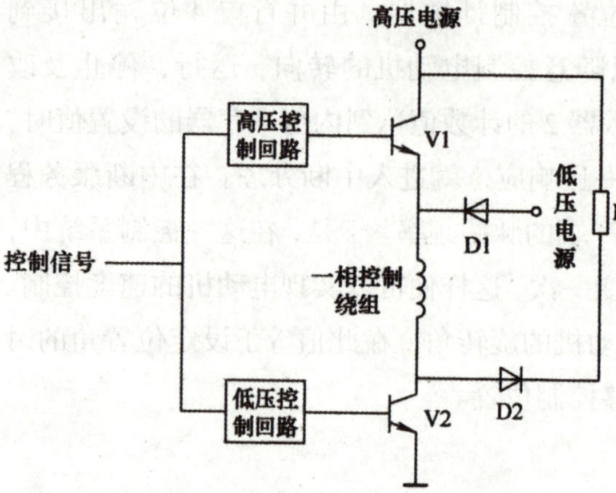

图 7-25　双电压电路

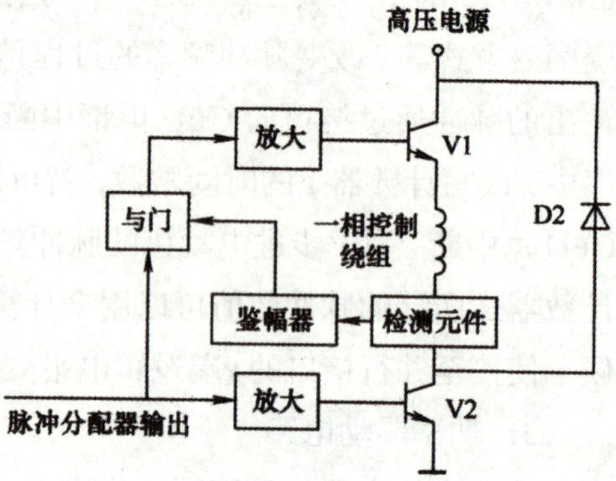

图 7-26　恒流斩波电路

恒流斩波电路相当于在双电压电路基础上多加了一个电流检测控制线路，因而可以根据绕组电流来控制高压电源的接通和断开。当分配器输出脉冲信号时，低压管 V2 饱和导通，而高压管 V1 受到与门输出的限制。如图 7-27 所示，当绕组中电流小于要求的电流 I_2 时，鉴幅器输出高电平，使与门打开，与门输出经电流放大后迫使 V1 管导通，高压电源输入使得绕组电流上升；当绕组电流上升到峰值电流 I_1 时，鉴幅器输出低电平，与门关闭，V1 管截止，高压电源被切断；当绕组电流下降到谷点电流 I_2 时，鉴幅器输出高电平，使 V1 再次导通。这样依靠高压管的多次接通和关断，可使绕组电流波形维持在额定值 I_0 附近。

（4）细分电路。步进电动机的制造受到工艺的限制，它的步矩角是有限的。在实际应用中，有些系统往往要求步进电动机的步矩角必须很小才能满足要求。例如，数控机床为了提高加工精度，要求脉冲当量为 0.01 mm/ 脉冲，一般的步进电动机驱动方式对此无能为力。为了能满足要求，可以采用细分驱动方式。所谓细分驱动方式，就是把原来的一步再细分为若干步，使步进电动机的转动近似为均匀运动，并能在任何位置停止。因此，可将原来的矩形脉冲电流改为阶梯波电流（图 7-28），电流每上一个阶梯，步进电动机转动一个角度，步矩角就减少了很多。

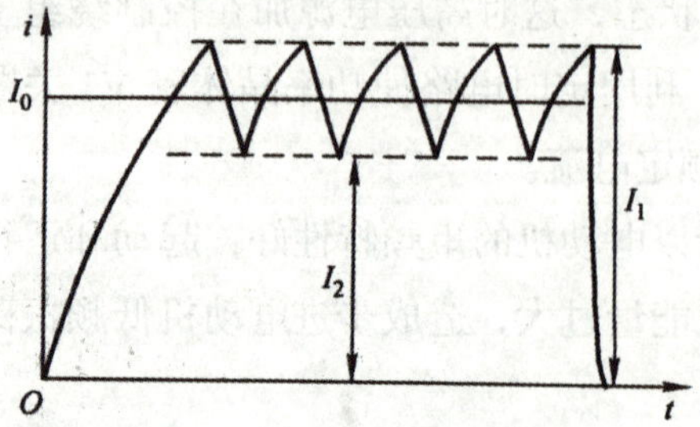

图 7-27　恒流斩波电路电流波形

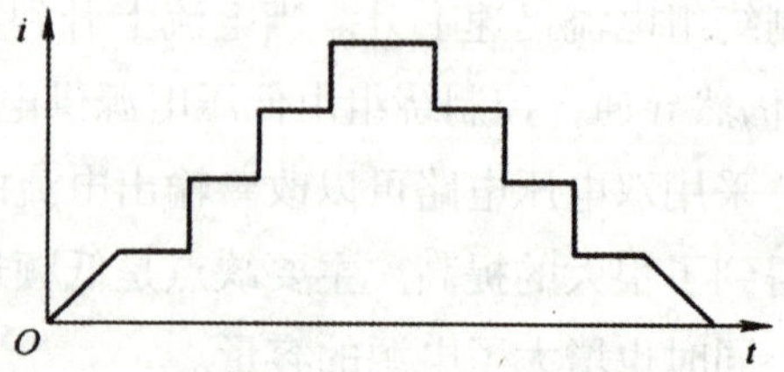

图 7-28　电流细分波形

实现阶梯波通常有两种方法：一种是对细分方波先放大后叠加，另一种是先叠加后放大。前者使得功率元器件增加，但元器件容量成倍降低，结构简单，容易调整，适用于中、大功率步进电动机的驱动；后者功率元器件少，但元器件容量大，适用于小功率步进电动机的驱动。

（5）调频调压电路。步进电动机低频时因绕组电流过大易产生振荡，高频时由于注入电流减少而导致转矩下降，因此理想情况下希望低频低压，高频高压。这种方法的思路正是当步进电动机低频运行时调低供电电压，高频运行时调高供电电压，使绕组电压随着步进电动机的转速而变化。

步进电动机驱动电路的另外一种分类是根据驱动电流方向分类，可分为单极性驱动和双极性驱动。在单极性驱动的步进电动机中，电流只在一个方向流过步进电动机绕组；在双极性驱动电流中，电流将会在两个方向流过步进电动机的绕组。由于步进电动机控制集成电路的发展，使得步进电动机控制越来越方便。下面就以双极性步进电动机控制芯片为例，介绍集成驱动电路的应用。

双极性驱动芯片 LB1945H 是 SANYO 公司生产的单片双 H 桥驱动器，适用于驱动双相步进电动机，采用 PWM 电流控制，可实现四拍、八拍通电方式的运转。图 7-29 为其内部结构图。

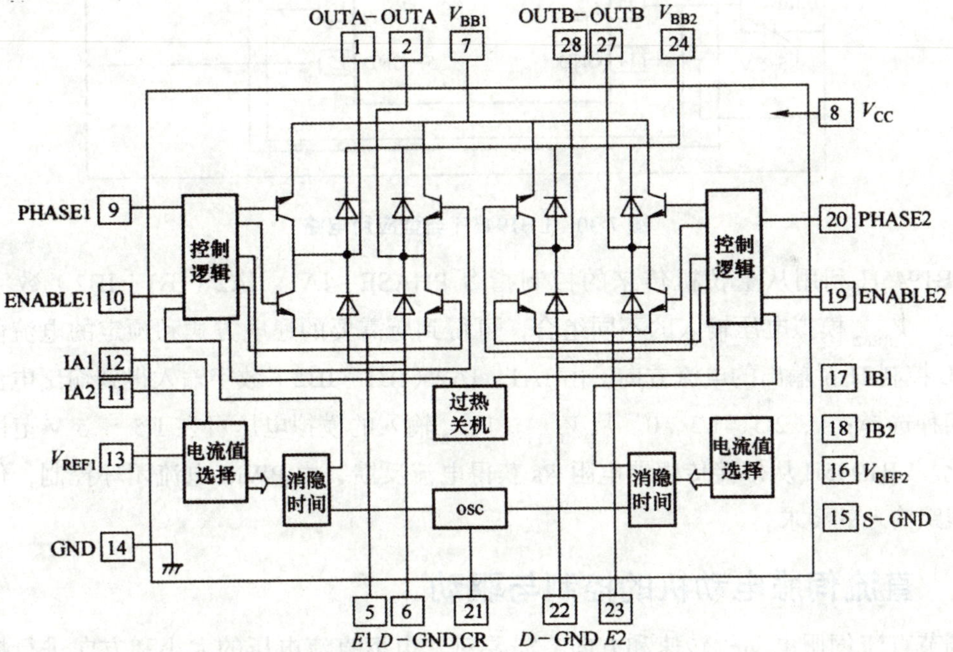

图 7-29　LB1945H 内部结构图

其中，OUTA、OUTA−、OUTB、OUTB−为输出端，接两相步进电动机线圈；PHASE1、PHASE2 为输出相选择端，如果为高电平，OUTA＝H，OUTA－＝L，如果为低电平，OUTA＝L，OUTA－＝H；IA1、IA2、IB1、IB2 为逻辑输入端，设定输出电流值；V_{REF1}、V_{REF2} 为输出电流设定参考电压。LB1945H 的典型应用电路如图 7-30 所示。

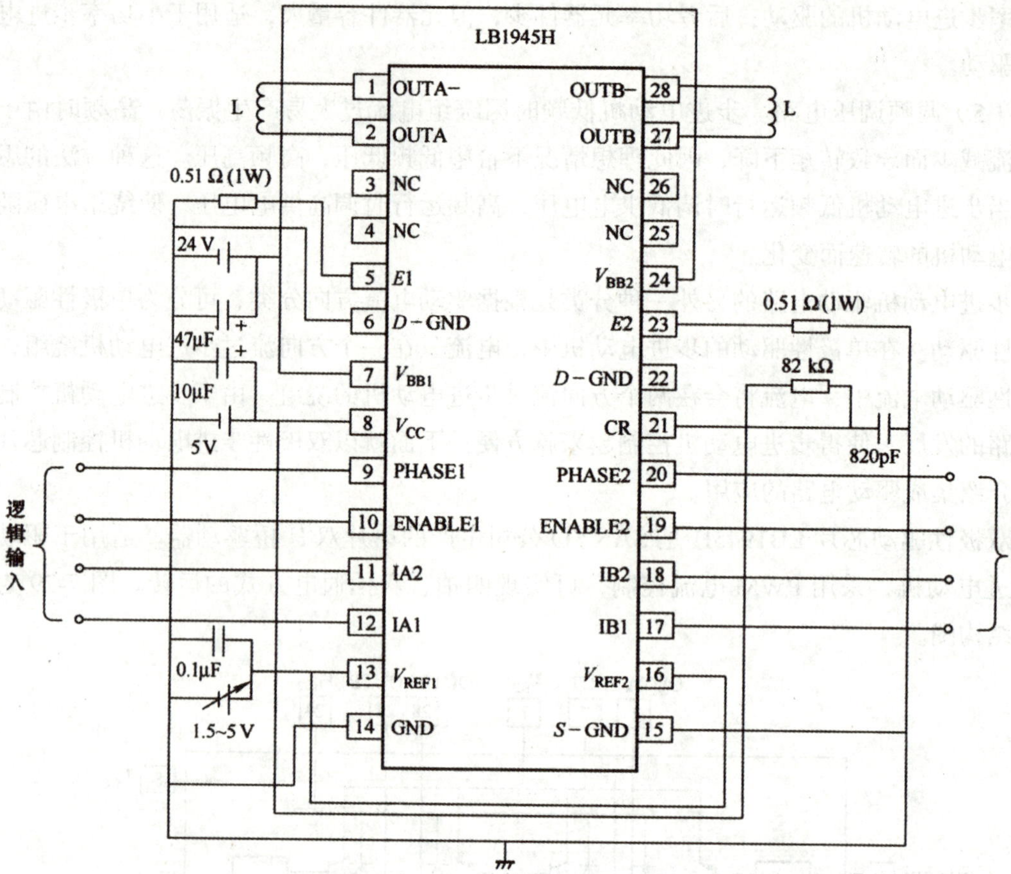

图 7-30　LB1945H 典型应用电路

LB1945H 利用从上位机传来的控制指令 PHASE、IA1、IA2（IB1、IB2）数字输入和 V_{REF1}、V_{REF2} 模拟电压输入的不同组合，可得到所需要的通电方式和预定的电流值。由 PHASE 控制 H 桥输出的电流方向，由 IA1、IA2（IB1、IB2）数字输入得到输出电流值比例的四种选择：1、2/3、1/3、0。从 V_{REF1}、V_{REF2} 输入的模拟电压可在 1.5 ～ 5 V 范围内连续变化。LB1945H 从外接传感器电阻 *Rs* 获得电流反馈，由 PWM 电流闭环控制，使输出电流跟踪输入的要求。

7.3.2　直流伺服电动机的控制与驱动

调节直流伺服电动机转速和方向，需要对其电枢直流电压的大小和方向进行控制，目前常用的驱动控制有晶闸管直流调速驱动和晶体管脉宽调制（pulse width modulation，PWM）驱动两种方式。

晶闸管直流驱动方式主要通过调节触发装置控制晶闸管的触发延迟角，从而控制晶闸管的导通，改变整流电压的大小，使直流电动机电枢电压的变化易于平滑调速。由于晶闸管本身的工作原理和电源的特点，晶闸管导通后需要利用交流信号使其过零关闭，因此在低整流电压时，其输出是很小的尖峰电压的平均值，从而造成电流的不连续性。

脉宽调制驱动系统开关频率高，通常能达到 2 000 ～ 3 000 Hz，伺服机构能够响应的频带范围也较宽，与晶闸管相比，其输出电流脉动非常小，接近于纯直流，因此一般采用脉宽调制进行直流调速驱动。

1. 脉宽调制（PWM）调速原理

脉宽调制即脉冲宽度调制，是利用大功率晶体管的开关作用，将直流电源电压转换成一定频率（如 2 000 Hz）的方波电压，加在直流电动机的电枢上，通过对方波脉冲宽度的控制，改变电枢的平均电压，从而调节电动机的转速。其原理框图如图 7-31 所示，锯齿波发生器的输出电压 U_A 和直流控制电压 U_{IN} 进行比较，同时在比较器的输入端还加入一个调零电压 U_0，当控制电压 U_{IN} 为零时，调节 U_0 使比较器的输出电压为正、负脉冲宽度相等的方波信号，如图 7-32（a）所示；当控制电压 U_{IN} 为正或负时，比较器输入端处的锯齿波相应地上移或下移，比较器的输出脉冲也随着相应改变，脉宽调制结果分别如图 7-32（b）和图 7-32（c）所示。

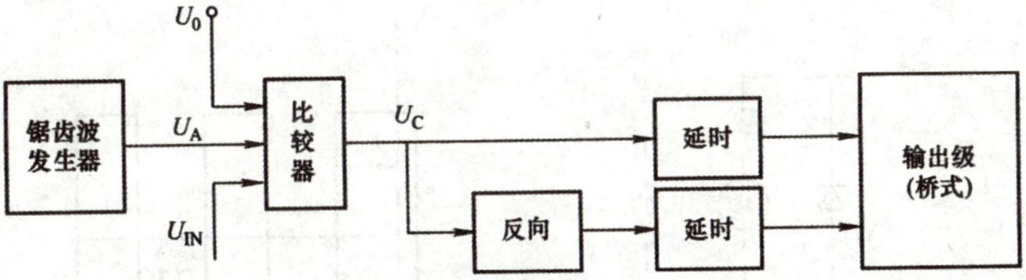

图 7-31　脉宽调制原理框图

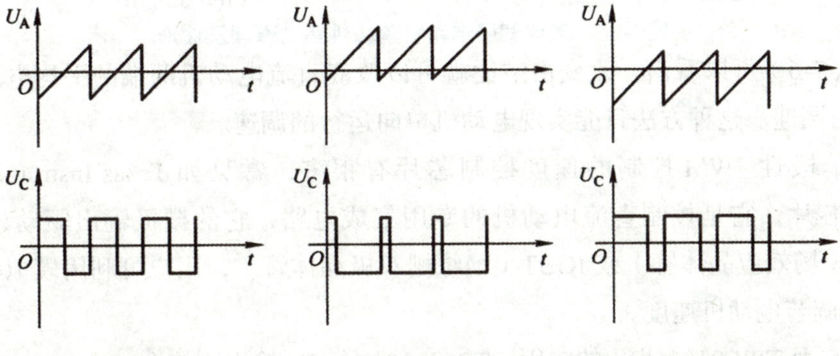

图 7-32　锯齿波脉宽调制器波形图

若输出级为桥式电路，比较器的输出应分成相位相反的两路信号，去控制桥式电路（见图 7-33）中的 V_1、V_4 和 V_2、V_3 两组晶体管的基极。为防止 V_1、V_4 未断开，V_2、V_3 就导通，造成桥臂短路，在线路中还加有延时电路。

2. 开关功率放大器

PWM 信号需连接功率放大器才能驱动直流伺服电动机。PWM 有两种驱动方式，一种是单极性驱动方式，另一种是双极性驱动方式。

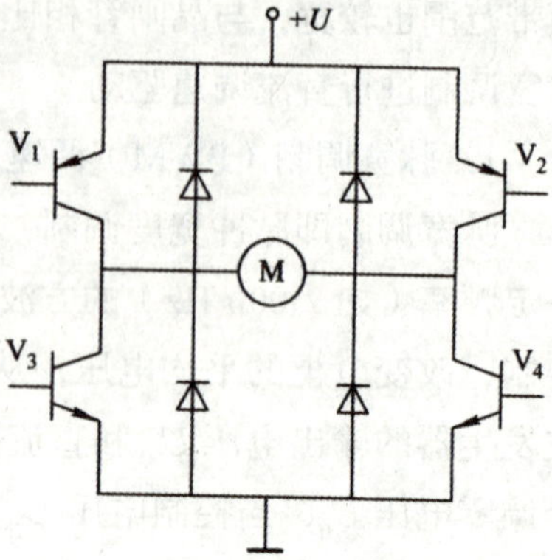

图 7-33　桥式电路

（1）单极性驱动方式。当电动机只需要单方向旋转时，可采用此种方式，原理如图 7-34（a）所示。其中，VT 是用开关符号表示的电力电子开关器件，VD 为续流二极管。当 VT 导通时，直流电压 U_a 加到电动机上；当 VT 关断时，直流电源与电动机断开，电动机电枢中的电流经 VD 续流，电枢两端的电压接近于零。如此反复，得到电枢端电压波形 $u=f(t)$，如图 7-34（b）所示。这时电动机平均电压为

$$U_d=\frac{t_{on}}{T}U_a=\rho U_a \tag{7-6}$$

式中，T 为功率开关器件的开关周期（s）；t_{on} 为开通时间（s）；ρ 为占空比。

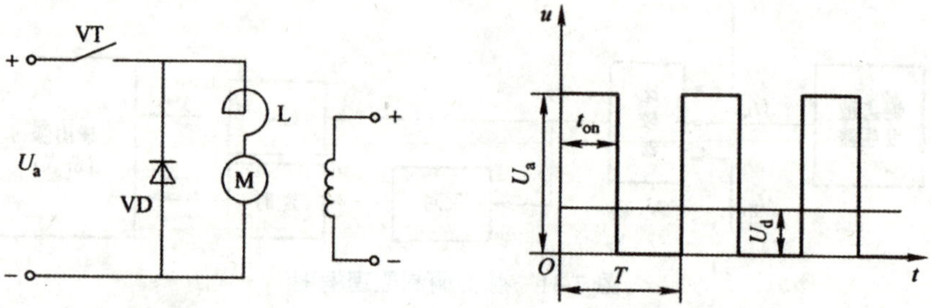

（a）原理图　（b）波形图

图 7-34　直流伺服电动机单极性驱动原理及波形

从式（7-6）可以看出，改变占空比就可以改变直流电动机两端的平均电压，从而实现电动机的调速。这种方法只能实现电动机单向运行的调速。

采用单极性 PWM 控制的速度控制芯片有很多，常见如 Texas Instruments 公司的 TPIC2101 芯片，它是控制直流电动机的专用集成电路，它的栅极输出驱动外接 N 沟道 MOS-FET（场效应晶体管）或 IGBT（绝缘栅双极晶体管），用户可利用模拟电压信号或 PWM 信号调节电动机速度。

图 7-35 为 TPIC2101 芯片的应用。TPIC2101 的 GD 输出脚接在一个 IRF530 NMOS 开关管的栅极，以低侧驱动方式驱动电动机，VD1（MBR1045）是续流二极管，V_{bat} 是外接供电电源电压，MAN 和 AUTO 输入端接到外电路。当 AUTO 端输入时，TPIC2101 处于自动模式，自动模式接收占空比 0 ～ 100% 的 PWM 信号；当 MAN 端输入时，TPIC2101 处于手动模式，手动模式接收 0 ～ 2.2 V 差动电压信号。

（2）双极性驱动方式。这种驱动方式不仅可以改变电动机的转速，还能够实现电动机的制动、反向。这种驱动方式一般采用四个功率开关构成 H 桥电路，如图 7-36（a）所示。

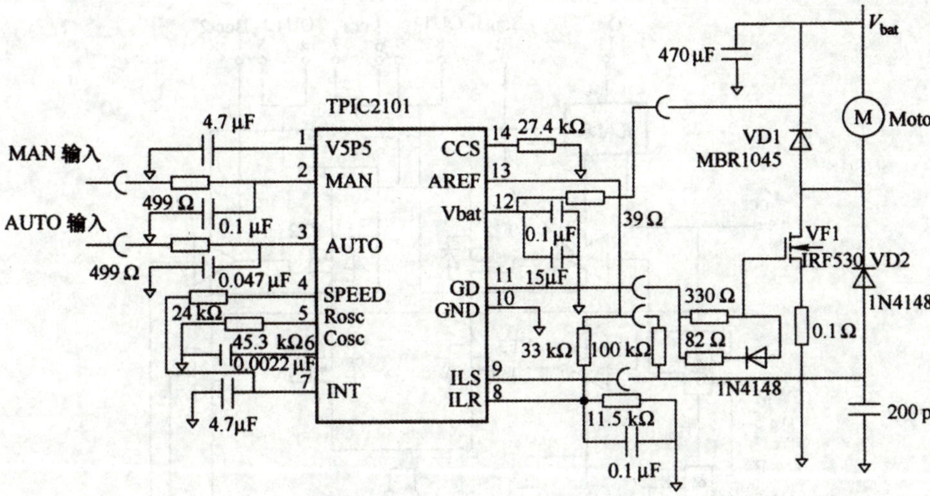

图 7-35　TPIC2101 芯片的应用

VT1 ～ VT4 四个电力电子开关构成了 H 桥可逆脉冲宽度调制电路。VT1 和 VT4 同时导通或关断，或者 VT2 和 VT3 同时通断，使电动机两端承受电压 $+U_S$ 或 $-U_S$。改变两组开关的导通时间，也就可以改变电压脉冲的宽度，得到的电动机两端的电压波形如图 7-36（b）所示。

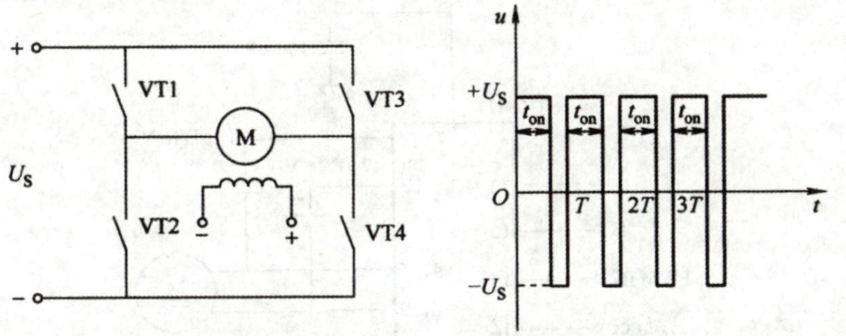

（a）原理图　（b）波形图

图 7-36　直流伺服电动机的双极性驱动电路及波形

如果用 t_{on} 表示 VT1 和 VT4 导通时间，开关周期为 T，占空比为 ρ，则电动机电枢两端平均电压为

$$U=\left(\frac{t_{on}}{T}-\frac{T-t_{on}}{T}\right)U_S\left(\frac{2t_{on}}{T}-1\right)U_S=(2\rho-1)U_S \tag{7-7}$$

直流电动机双极性驱动芯片种类很多。例如，SANYO 公司生产的 STK6877，它是一款 H 桥厚膜混合集成电路，图 7-37 为其内部电路，它采用 MOSFET 作为它的输出功率器件，一般可作为复印机鼓、扫描仪等各种直流电动机的驱动芯片。

图 7-38 为 STK6877 的应用电路。输入端是 A、B、PWM。A、B 不同状态的组合可实现不同的功能，如 A 为高电平且 B 为低电平表示电动机是正向的状态，A 为低电平且 B 为高电平为反转状态。

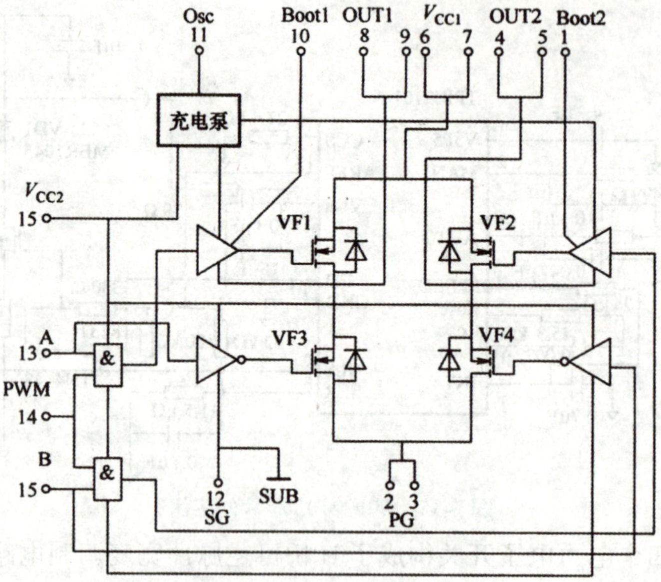

图 7-37　STK6877 内部电路

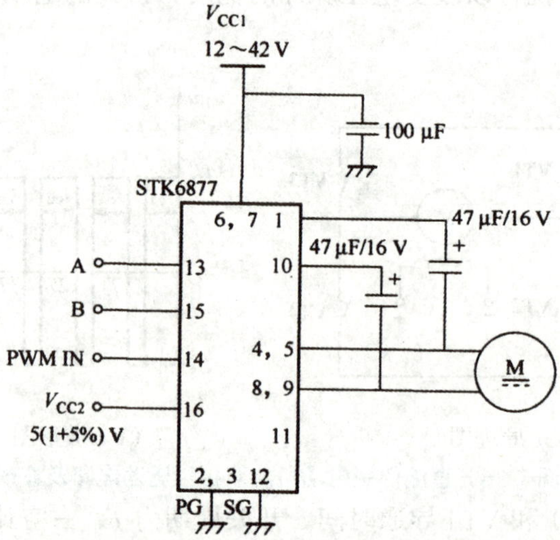

图 7-38　STK6877 的应用电路

又如 ST 公司生产的 1298N，它是一款高电压、高电流全桥式驱动器，其单个芯片可以驱动两个直流电动机。该芯片采用 15 脚封装，图 7-39 为其内部电路。其采用标准 TTL 电平信号控制，可以用来驱动直流电动机、步进电动机、继电器线圈等负载。

引脚 2、3 和 13、14 分别为 Current Sensing A 和 B 的输出端，与负载直流电动机相接；引脚 5、7 和 10、12 分别为 A、B 的输入端，接 TTL 电平；引脚 6、11 分别为 A 和 B 的使能端。若为低电平，则无论输入控制端 5（10）和 7（12）为何电平，直流电动机总处于停止状态；在高电平下，5（10）为高电平、7（12）为低电平时电动机正转，反之则电动机反转，两者为相同电平时电动机快速停止。L298N 驱动直流电动机电路如图 7-40 所示。

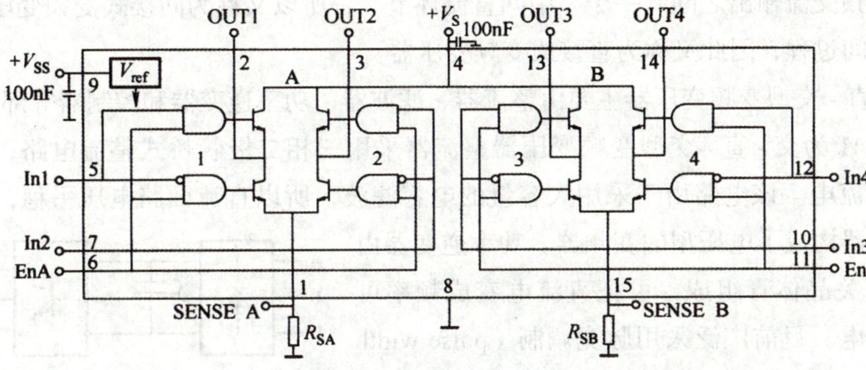

图 7-39　L298N 内部电路

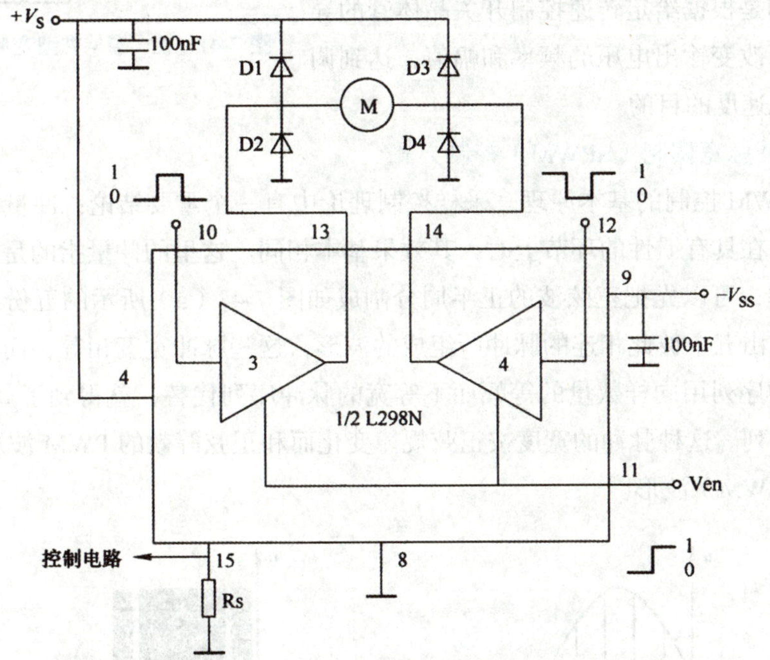

图 7-40　L298N 驱动直流电动机电路

7.3.3　交流伺服电动机的控制与驱动

1．交流异步伺服电动机的控制

对交流异步伺服电动机的控制主要是指对交流异步伺服电动机速度的控制。异步电动机调速主要有定子调压调速、转子串电阻调速和变频变压调速。变频变压调速具有很好的调速性能，因此这种调速方法用途广泛。

异步电动机的变频变压调速需要同时能够控制频率和电压的交流电源，而电网提供的是恒压恒频的电源，因此应该配置变频变压器。目前，市场上有各种变频器产品都具有变频变压的功能，可供选用。

从整体结构上，变频变压器可分为交 - 直 - 交和交 - 交两大类。前者由于在恒频交流电源和变频交流输出之间有一个“中间直流环节”，所以又称为间接式变频变压器；后者不经过中间过程，因此又称为直接式变频变压器。

交 - 直 - 交型变频变压器主要由整流器、滤波器、功率逆变器和控制器等部分组成。

图 7-41 为交 - 直 - 交型变频变压器整流器采用三相二极管桥式整流电路，可把交流电换成直流电。该电路由于采用大容量的电容滤波，所以直流回路电压平稳，输出阻抗小，变频器构成了电压型的变频器。功率逆变器由大功率开关晶体管组成，可把直流电变成频率可控的交流电。目前广泛采用脉宽调制（pulse width modulation,PWM）控制方式。控制器主要由单片机组成，其作用是根据给定转速控制开关晶体管的导通时间，从而改变输出电压的频率和幅值，达到调节交流电动机速度的目的。

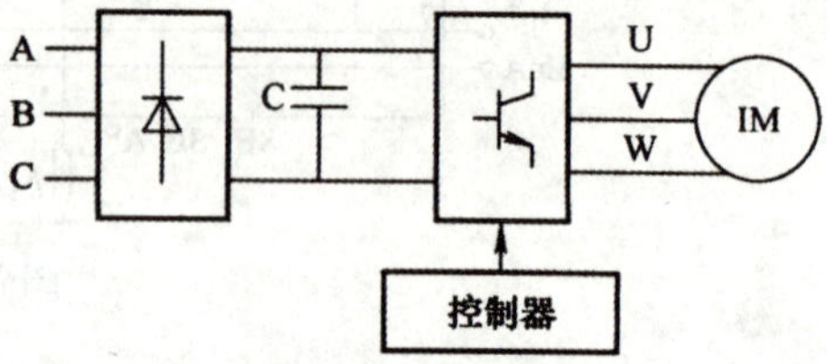

图 7-41　交 - 直 - 交型变频变压器整流器

2．正弦波脉宽调制（SPWM）控制方式

（1）SPWM 控制的基本原理。采样控制理论中有一个重要结论：冲量相等而形状不同的窄脉冲加在具有惯性的环节上时，其效果基本相同。这里的冲量指的是脉冲的面积。根据这个原理，可以先把正弦波的正半周分割成如图 7-42（a）所示的五份，这样就可以把正弦波看成由五个彼此相连的脉冲所组成的波形，这些脉冲宽度相等，而幅值不等。如果把上述脉冲序列用同样数量的等幅而不等宽的脉冲序列代替，就得到了如图 7-42（b）所示的脉冲序列。这种脉冲的宽度按正弦规律变化而和正弦等效的 PWM 波形称为 SPWM（Sinusoidal PWM）波形。

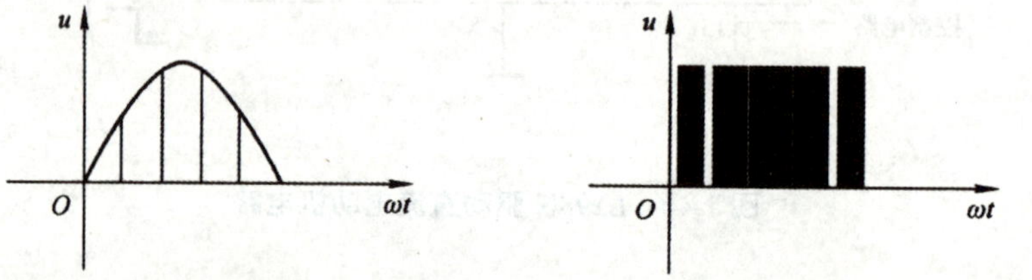

（a）波形图　　（b）脉冲序列

图 7-42　SPWM 基本原理

（2）SPWM 的实现。以正弦波作为逆变器输出的期望波，以频率比期望波高得多的等腰三角形波作为载波，并用频率和期望波相同的正弦波作为调制波，当调制波与载波相交时，可由它们的交点确定逆变器开关的通断时刻。如图 7-43 所示，当调制波高于三角形波时，输出满幅度的高电平 $+U_d$；当调制波低于三角形波时，输出满幅度的低电平 $-U_d$。

图 7-43 所示的 SPWM 波形为双极性波形，即输出 $+U_d$、$-U_d$ 两种电平。除此之外还有单极性输出，单极性输出 $\pm U_d$ 和 0 三种电平。

通常产生 SPWM 波形采用的方法主要有两种：一种是利用微处理器计算查表得到，

它常需复杂的算法；另一种是利用专用集成电路（ASIC）来产生 PWM 脉冲，不需或只需少许编程，使用起来较为方便。例如，交流电动机微控制器集成芯片 MC3PHAC，它是 Motorola 公司生产的高性能智能微控制器集成电路，是为满足三相交流电动机变速控制系统需求专门设计的。该芯片主要有如下特点。

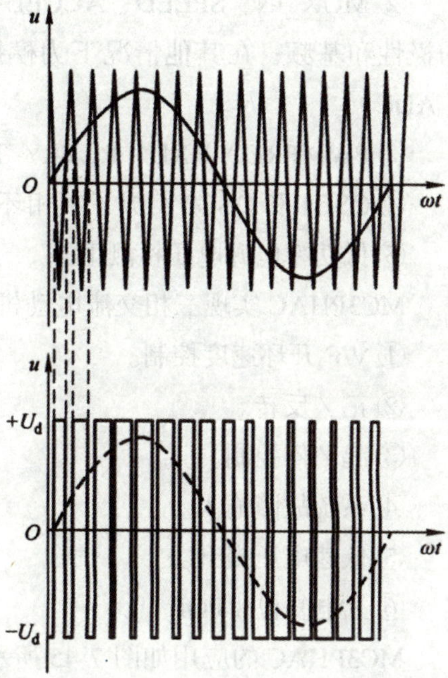

图 7-43　双极性 SPWM 波形

① V/F 速度控制。MC3PHAC 可按需要提升低速电压，调整 V/F 速度控制特性。

② DSP（数字信号处理器）滤波。

③ 32bit 运算，使速度分辨率达 4MHz，高精度操作得以平滑运行。

④ 6 个输出脉宽调制器（PWM）。

⑤ 三相波形输出。MC3PHAC 产生控制三相交流电动机需要的 6 个 PWM 信号。三次谐波信号叠加到基波频率上，充分利用总线电压，和纯正弦波调制相比较，最大输出幅值增加 15%。

⑥ 4 个通道模拟 / 数字转换器（ADC）。

⑦ 串行通信接口（SCI）。

⑧ 欠电压检测。

MC3PHAC 芯片有 28 个引脚，引脚排列如图 7-44 所示。

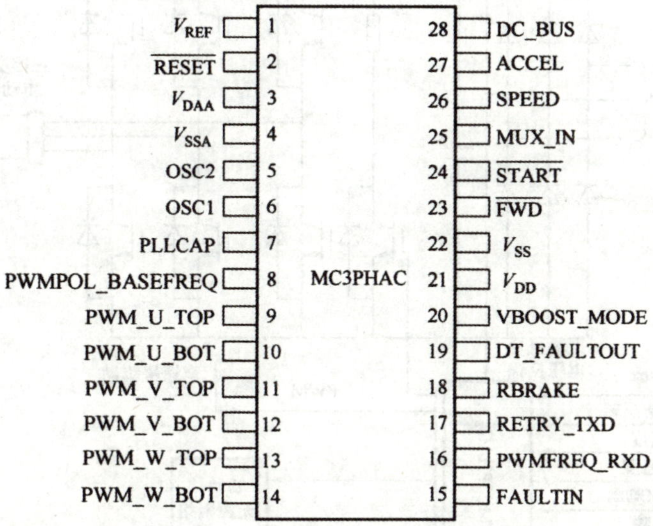

图 7-44　MC3PHAC 引脚排列

MC3PHAC 有三种封装方式，图 7-44 为 28 个引脚的 DIP 封装。MC3PHAC 主要由下列部分组成。

① 引脚 9 ～ 14 组成了 6 个输出脉冲宽度调制器（PWM）驱动输出端。

② MUX_IN、SPEED、ACCEL 和 DC_BUS 在标准模式下为输出引脚，指示 PWM 的极性和基频；在其他情况下为模拟量输入，MC3PHAC 内置 4 通道模拟 / 数字转换器（ADC）。

③ PWMFREQ_RXD、RETRY_TXD 为串行通信接口引脚。

④ OSC1 和 OSC2 组成了锁相环（PLL）系统振荡器。

⑤ 低功率电源电压检测电路。

MC3PHAC 实现三相交流电动机控制的功能如下。

① V/F 开环速度控制。

② 正 / 反转。

③ 起 / 停控制。

④ 系统故障输入。

⑤ 低速电压提升。

⑥ 上电复位（POR）。

MC3PHAC 的应用如图 7-45 所示。根据输入参数，即速度、PWM 频率、总线电压和加速度等即时输出 PWM 波形。由于 MC3PHAC 输出的电流比较小，不足以驱动功率开关，因此它们与功率驱动电路之间还有栅极驱动接口电路（图 7-45 中未示出）。常用的栅极驱动芯片如 IR 公司的 IR2085S、Motorola 公司生产的 MC33198。

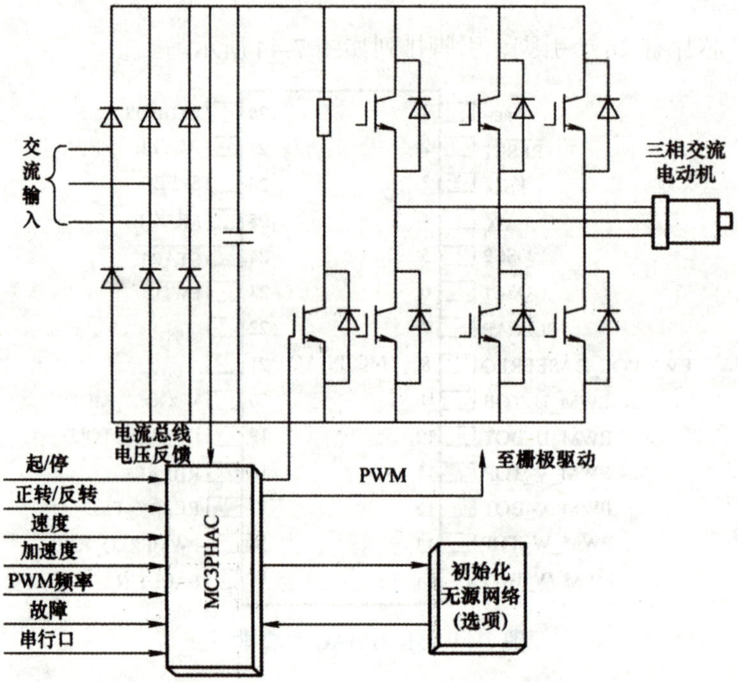

图 7-45　MC3PHAC 的应用

本章小结

伺服驱动技术作为数控机床、工业机器人及其他机电装备控制的关键技术之一，在机电一体化技术系统中占有重要地位。伺服驱动技术主要用于机电一体化系统中机械运动的位置和速度等动态控制，依据的是经典控制理论和现代控制理论。本章主要介绍了伺服驱动的定义、伺服系统的基本工作原理、伺服系统的分类、伺服驱动系统中执行元件以及驱动和控制技术、伺服系统的设计等内容。

实践活动

典型机电一体化系统执行元件的应用

1. 任务要求

（1）了解气动式执行元件的类型。

（2）会根据气动回路图进行安装与调试。

（3）了解常用执行元件在机电一体化设备中的应用。

2. 任务内容

以 MPS 模块化生产加工系统（YL-335B 的装配单元）为例，识别不同的气动式执行元件，了解其功用，并能根据气动回路图进行安装与调试。

3. 任务实施

（1）了解装配单元及其结构组成。

装配单元是利用物料台使从供料机构落到料盘的工件旋转到机械手（夹紧器）正下方，再通过机械手放到料斗中。装配单元主要由供料机构、回转机构、机械手机构、电磁阀组、PLC 模块、急停按钮和起动 / 停止按钮等组成。

（2）认识装配单元不同类型的气动式执行元件。

装配单元的气动式执行元件主要有标准直线气缸、气动手指、气动摆台和导向气缸。其中，供料机构由两个双作用标准直线气缸组成，实现将放置在料仓底层的工件，依次放到回转物料台的料盘中。回转机构由摆动气缸和回转物料台组成，摆动气缸能驱动回转台旋转 180° ，实现把从供料机构落下到料盘的工件移动到装配机械手的正下方。机械手结构由两个导向气缸（升降气缸和伸缩气缸）和气动手指组成，导向气缸实现机械手的水平方向移动和竖直方向移动，气动手指实现工件的抓取。

本实践活动中，装配单元气缸的缸筒均采用导磁性弱、隔磁性强的材料制成，并且在非磁性体的活塞上安装一个永久磁铁的磁环，利用安装在气缸外侧的磁性开关来检测气缸活塞的位置，因此这种气缸又称开关气缸或带磁性开关气缸。

（3）识读装配单元气动工作原理图。

图 7-46 是装配单元的气动回路图，其中，B 是安装在气缸两个极限工作位置的磁

性开关，Y 是控制换向阀动作的电磁控制端。换向阀用于改变气体通道，使气体流动方向发生变化从而改变气动式执行元件的运动方向。

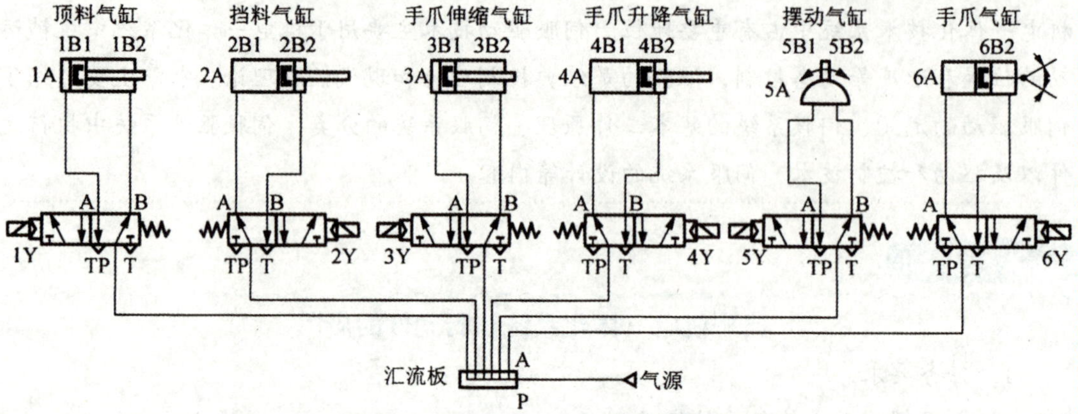

图 7-46　装配单元的气动回路图

初始状态时，换向阀在弹簧作用下，气源中的气体经汇流板、换向阀进入气缸中，使供料机构的挡料气缸伸出、顶料气缸缩回，手爪伸缩气缸缩回、手爪升降气缸和手爪气缸伸出，摆动气缸右转。

（4）根据气动回路图规范接线。

装配单元首先根据气动回路图进行规范接线，然后进行调试。

① 气动回路的安装。如照图 7-47 所示的气动回路图接线，其接线方法如下：将空气压缩机的出气口连接到汇流板进气口 P，再由汇流板的出口 A 连接到电磁阀的进气口 P，电磁阀的出口 A、B 与气缸连接。

② 气动回路的工艺规范。气动回路的工艺规范要求见表 7-5。

表 7-5　气动回路的工艺规范要求

规范编号	说明
1	气管必须用扎带进行绑扎，且气管应与电缆分开绑扎
2	无气管缠绕，绑扎变形现象
3	第一根绑扎带离电磁阀组气管连接处（60 ± 5）mm
4	两个绑扎之间的距离不超过 50 mm
5	绑扎带切割不能留余太长，必须小于 1 mm 且不割手
6	气动汇流板出口处的气管应先用线夹子固定在台面上，然后与电磁阀组连接
7	两个线夹子之间的距离不超过 120 mm

（5）调试装配单元的气动系统。

① 接好气路后，检查气动汇流板的接法，切勿接反，并放松其调压旋钮。

②无负载时，打开空气压缩机，以免造成安全事故。

③待空气压缩机正常工作时，调节气动汇流板的调压旋钮，使其回路压力在 0.3～0.6 MPa，锁定调压按钮。

④打开气源，观察气路有无漏气现象、气缸的初始状态是否处于初始状态。

⑤按下电磁阀手控开关按钮，观察气缸能否正常伸出，松开按钮，观察气缸能否正常缩回。

⑥实验结束后，关闭空气压缩机，关闭电源。待压力回零时，拆卸回路，清理元器件，并放回规定的位置，保持实训室整洁。

思考练习

1．简述伺服电动机的定义和特点。

2．简述步进电动机的种类与特点。

3．简述交流伺服电动机的原理及特点。

4．直流电动机有哪些调速方法？

5．步进电动机的驱动电源由哪几部分组成？简述各自功能。

第 8 章　机电一体化技术的应用

本章导读

机电一体化产品种类繁多，应用范围广泛。现代社会中，机电一体化产品比比皆是，如家用电器中的全自动洗衣机和智能空调，机械制造领域中的各种数控机床和工业机器人，农业工程领域中的自动驾驶拖拉机、果实采摘机器人和智能设施农业等，在国防领域，机电一体化技术更是支撑了几乎全部高精尖军事装备的设计、制造和使用。

学习目标

◎知识目标

（1）了解数控机床的特点、构成、应用及分类。

（2）了解工业机器人的发展历程、技术特点与性能要素。

（3）了解变频式空调控制器的结构和主要功能。

（4）了解智能农业装备。

◎能力目标

了解机电一体化技术的应用，能够应用相关知识解决实际问题。

◎素质目标

培养学生具有一定的创新、可持续发展能力。

◎思政目标

培养学生树立科学世界观、理解科技强国梦。

8.1　数 控 机 床

为了实现多品种、小批量产品零件的自动化生产，由此数控机床（computer numerical control，CNC）的现代机床应运而生。数控机床是数字控制机床的简称，是一种装有程序控制系统的自动化机床。该控制系统能够处理具有控制编码或其他符号指令规定的程序，并将其译码，从而驱动机床运转并加工零件。它很好地解决了刚性自动生产线难以经常改型和调整设备的问题。自从 1952 年美国麻省理工学院伺服机构实验室研制出世界上第一台数控机床以来，数控机床在制造业，特别是汽车、航空航天及军事工业中被广泛地应用，数控技术无论在硬件还是软件方面都有了飞速发展。现代数控技术更是集机械制造技术、液压气动技术、计算机技术、成组技术与现代控制技术、传感检测技术、信息处理技术、网络通信技术等于一体。因此，数控技术的提高是整个制造业水平发展的重要基础。

8.1.1　数控机床的特点

数控机床对零件的加工过程是严格按照加工程序所规定的参数及动作执行的，它是一种高效能自动或半自动机床。与普通机床相比，具有以下明显特点。

1. 适用于复杂异形零件的加工

数控机床可以完成普通机床难以完成或根本不能制造的复杂零件的加工，因此在航空航天、造船、汽车、模具等行业中得到广泛应用。

2. 加工精度高

数控机床的加工精度一般可达到 0.001 ～ 0.1 mm。数控机床是按数字信号形式控制的，数控装置每输出一个脉冲信号，则机床移动部件移动一个脉冲当量（一般为 0.001 mm），加工过程不需要人工干预，而且机床进给传动链的反向间隙与丝杠螺距平均误差可由数控装置（CNC 装置）进行校正及补偿。所以，数控机床定位精度比较高，可以获得比机床本身精度还要高的加工精度和重复精度。

3. 加工稳定可靠

数控机床采用计算机控制，可排除人为误差，零件的加工一致性好，质量稳定可靠。

4. 高柔性

在数控机床上加工零件主要取决于数控加工程序。它与普通机床不同，不必制造、更换许多工具和夹具，不需要经常调整机床，当加工对象改变时，一般只需要更改数控加工程序，因此可大大节省准备时间。在数控机床的基础上，还可以组成具有更高柔性的自动化制造系统——柔性制造系统（flexible manufacturing system，FMS）。

5．生产率高

数控机床主轴转速和进给量的范围大，允许机床进行大切削量的强力切削，可有效地减少零件的切削时间和辅助时间。数控机床目前正进入高速加工时代，数控机床移动部件的快速移动和定位及高速切削加工，减少了半成品的工序间周转时间，提高了生产率。

6．劳动条件好

数控机床是具有广泛的通用性而且具有很高自动化程度的机床。它的控制系统不仅能控制机床各种动作的先后顺序，还能控制机床运动部件的运动速度，以及刀具相对工件的运动轨迹。数控机床的动作都是自动连续完成，操作者只需操作控制面板、装卸零件、关键工序的中间测量及观察机床运动，不需要进行繁重的重复性手工操作，劳动强度和紧张程度均可大大减轻，劳动条件也得到了相应的改善。另外，数控机床还是计算机辅助设计与制造（CAD/CAM）、柔性制造系统（FMS）、计算机集成制造系统（computer lntegrated manufacturing system，CIMS）等柔性加工和柔性制造系统的基础。

7．有利于现代化管理

用数控机床加工零件，能精确地计算零件的加工工时，并可以有效地简化检验和工装夹具、半成品的管理工作，这些特点都有利于向计算机控制与管理生产方面发展，为实现生产过程自动化创造了条件。

8．投资大、维修困难及使用费用高

数控机床的初期投资及技术维修等费用较高，而且数控机床作为典型的机电一体化技术，技术含量高，对管理及操作人员的素质要求也较高。合理地选择和使用数控机床，可以降低企业的生产成本，提高经济效益和竞争能力。

8.1.2 数控机床的构成

数控机床是指在加工工艺的一个工序上实现数字控制的自动化机床，如数控车床、数控铣床、数控磨床、数控钻床和数控齿轮加工机床等。尽管这些机床在加工工艺方面存在很大差异，具体的控制方式也不相同，但它们都适用于单件、小批量和多品种的零件加工，具有很好的加工尺寸一致性、很高的生产率和自动化程度。

图 8-1 为数控装置的基本组成框图。其中图样是指加工零件的图样，作为数控装置工作的原始数据。根据被加工零件的图样及技术要求、工艺要求等切削加工的必要信息，按数控系统所规定的指令和格式编制的数控加工指令序列就是数控加工程序，或称零件程序。要在数控机床上进行加工，数控加工程序是必需的，制备数控加工程序的过程称为数控加工程序的编制，简称数控编程（numerical control programming，NCP），它是数控加工中的一项关键工作。

图 8-1 中的控制介质也称为信息载体，通常是用穿孔纸带、磁带、软磁盘或光盘作为记载控制指令的介质。控制介质上存储了加工零件所需要的全部操作信息，是数控系统用来指挥和控制设备进行加工运动的唯一指令信息。在现代 CAD/CAM 系统中，也可不经控

制介质，将计算机辅助设计的结果及自动编制的程序加以后置处理，直接输入数控装置。

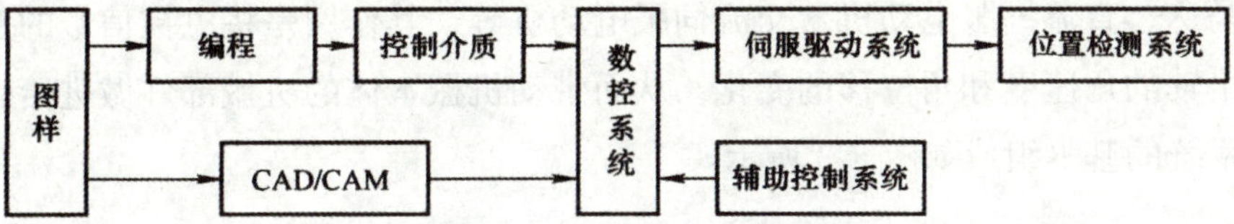

图 8-1　数控装置的基本组成框图

图 8-1 中的数控系统是数控装置的核心环节。数控系统的作用是接收控制介质输入的信息，经处理运算后用于控制机床运动。数控系统结构可分为硬件结构和软件结构。CNC 数控系统软件是为完成 CNC 系统的各项功能而专门设计的，是数控加工的一种专用软件，又称为系统软件（系统程序），其管理作用类似于计算机的操作系统。不同的 CNC 装置，功能和控制方案不同，故各系统软件在结构和规模上差别较大，各生产厂家的软件互不兼容。现代数控机床的功能大多需要采用软件来实现，所以系统软件的设计及功能是 CNC 系统的关键。CNC 数控系统硬件除了一般计算机所具有的中央处理器（CPU）、存储器、输入输出接口外，还包括数控系统的专用接口和部件，如位置控制器、USB 接口、手动数据输入（manual data lnput，MDI）接口和显示器（CRT）等，图 8-2 为数控系统的硬件结构。

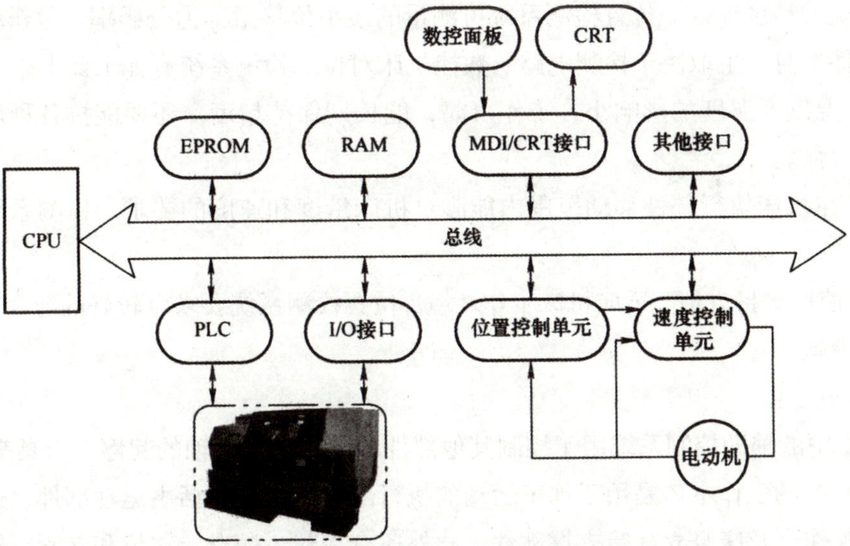

图 8-2　数控系统的硬件结构

图 8-1 中的伺服驱动系统包括伺服驱动电路（伺服控制线路、功率放大线路）和伺服电动机等驱动执行机构。它们与工作本体上的机械部件组成数控设备的进给系统，其作用是把数控装置发来的速度和位移指令（脉冲信号）转换成执行部件的进给速度、方向和位移。数控装置可以以足够高的速度和精度进行计算并发出足够小的脉冲信号，关键在于伺服系统能以多高的速度与精度去响应执行，整个系统的精度与速度主要取决于伺服系统。伺服驱动电路可把数控装置发出的微弱电信号（5 V 左右，毫安级）放大成强电的驱动电

信号（几十、上百伏，安培级）来驱动执行元件。伺服系统执行元件主要有步进电动机、电液脉冲马达、直流伺服电动机、交流伺服电动机等，其作用是将电控信号的变化转换成电动机输出轴的角速度和角位移的变化，从而带动机械本体的机械部件做进给运动。数控机床伺服系统的基本组成如图 8-3 所示。

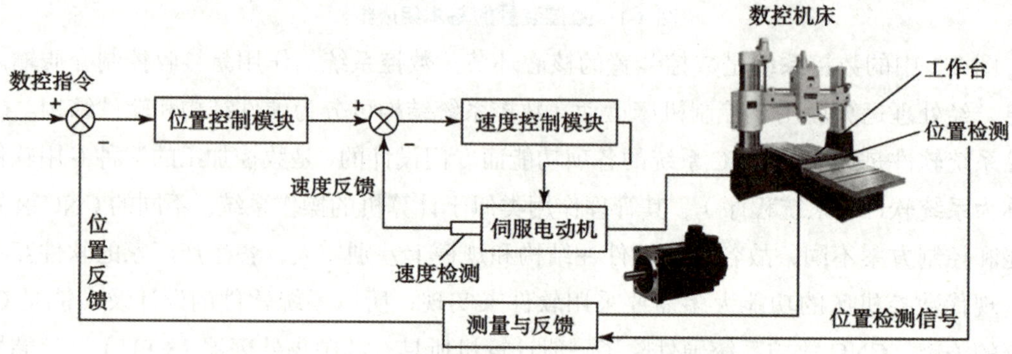

图 8-3　数控机床伺服系统的基本构成

图 8-1 中的位置检测系统是数控机床伺服系统中重要的组成部分，其作用是检测位移和速度，发送反馈信号，构成伺服系统的闭环或半闭环控制。数控机床的加工精度主要是由检测系统的精度保证。位置检测系统可测量的最小位移量称为分辨率。分辨率不仅取决于检测元件本身，也取决于检测电路。数控机床对位置检测系统有如下要求。

（1）温度、湿度的影响小，工作可靠，能长期保持精度。还要能抗各种电磁干扰且抗干扰能力强。

（2）在机床执行部件移动范围内能满足机床精度和速度的要求。检测系统的安装精度要合理。

（3）使用维护方便，适应机床工作环境。位置检测系统要求有较好的防尘、防油雾、防切屑等措施。

（4）成本低。

图 8-1 中的辅助控制系统用于控制其他部件的工作，如主轴的起停、刀具交换等。

数控系统的工作本体是用于加工运动的执行部件，主要包括主运动部件、进给运动执行部件、工作台及床身立柱等支撑部件，此外还有冷却、润滑、转位和夹紧等辅助装置，以及存放刀具的刀架、刀库或交换刀具的自动换刀机构等。对工作本体的要求是，应该有足够的刚度和抗振性，要有足够的精度，热变形小，传动系统结构要简单，便于实现自动控制。

8.1.3　应用及分类

数控机床
应用及分类

衡量一个国家综合实力的重要标志之一，是数控机床的拥有量及其性能水平的高低。加快发展数控机床产业也是我国装备制造业发展的现实要求。

中国机床工具工业协会调查表明，航天航空、国防军工制造业需要大型、高速、精密、多轴、高效数控机床，汽车、摩托车、家电制造业需要高可靠性、高效、高自动化的数控机床和成套柔性生产线，电站设备、造船、冶金设备、石化设备、轨道交通设备制造业需要高精度、重型的数控机床，IT 业、生物工程等高技术产业需要纳米级、亚微米级超精密加工数控机床。工程机械、农业机械等传统制造行业的产业升级，特别是民营企业的蓬勃发展，需要大量数控机床。所以，数控机床的发展对我国经济发展起到至关重要的作用。

按照机床加工方式的不同，可以把数控机床分为以下几类。

（1）普通数控机床。这类机床的工艺性能和通用机床相似，所不同的是它能加工复杂形状的零件。属于此类的数控机床有数控车床、数控铣床和数控磨床等，如图 8-4（a）至图 8-4（c）所示。

（2）加工中心。这类机床是在一般数控机床的基础上发展起来的、配有刀库（可容纳 10 ～ 100 多把刀具）和自动换刀装置的机床。其特点是工件经一次装夹，数控装置就能控制机床自动更换刀具，完成铣、镗、钻、铰及攻螺纹等多道工序。图 8-4（d）为立式加工中心。

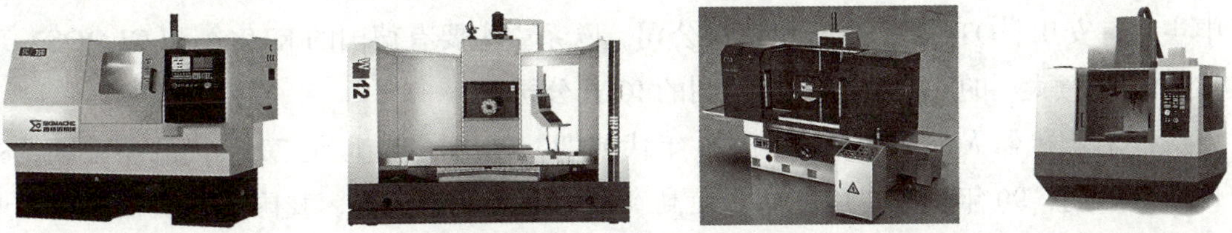

（a）数控车床　　（b）数控铣床　　（c）数控磨床　　（d）立式加工中心

图 8-4　各类数控机床

（3）多坐标机床。有些形状复杂的零件（如螺旋桨）用三坐标的数控机床还是难以加工，为此出现了多坐标的数控机床。其特点是数控装置控制的轴数较多，机床结构也比较复杂，其坐标轴数常取决于被加工零件的工艺要求。目前常用的是 3 ～ 4 个坐标数控机床。

8.2　工业机器人

工业机器人是集机械、电子、控制、计算机、传感器、人工智能等多学科先进技术于一体的现代制造业重要的自动化装备。联合国标准化组织采用的机器人的定义是：“一种可以反复编程的多功能的、用来搬运材料、零件、工具的操作机。”在无人参与的情况下，工业机器人可以自动按不同的轨迹、不同的运动方式完成规定动作和各种任务。机器人和机械手的主要区别是：机械手没有自主能力，不可重复编程，只能完成定位点不变的简单的重复动作；机器人是由计算机控制，可重复编程，能完成任意定位的复杂运动体。

8.2.1 工业机器人的发展历程

工业机器人的发展过程可分为三代：第一代为示教再现型机器人，它主要由机械手控制器和示教盒组成，可按预先引导动作记录下信息，重复再现执行，当前工业中应用最多；第二代为感觉型机器人，它具有力觉、触觉、视觉等，并且具有对某些外界信息进行反馈调整的能力，目前已进入应用阶段；第三代为智能型机器人，它具有感知和理解外部环境的能力，在工作环境改变的情况下也能够成功地完成任务，目前尚处于实验研究阶段。

早在 1954 年，美国乔治·德沃尔设计出第一台电子可编程序的工业机器人，并于 1961 年发表了该项专利，1962 年美国通用汽车公司投入使用，标志着第一代机器人诞生。从此机器人开始走进人类生活中，随后日本使工业机器人得到迅速的发展。如今，日本已成为世界上工业机器人产量和拥有量最多的国家。20 世纪 80 年代，世界工业生产技术的自动化和集成化得到高速发展，同时也使工业机器人得到进一步发展，在这个时期，工业机器人对世界整个工业经济的发展起到了关键性作用。目前，世界上工业机器人在技术水平上日趋成熟，在以日、美为代表的少数几个发达的工业化国家中已经作为一种标准设备被工业界广泛应用。国际上具有影响力的、著名的工业机器人公司主要分为日系和欧系，日系中主要有安川、OTC、松下、川崎等公司，欧系中主要有德国的 KUKA 和 CLOOS、瑞典的 ABB、意大利的 COMAU 及奥地利的 IGM 公司。

我国工业机器人起步于 20 世纪 70 年代初期，经历了 20 世纪 70 年代的萌芽期，80 年代的开发期，90 年代的实用化期。在高新技术发展的推动下，我国工业机器人在工业自动化的发展中已扮演着极其重要的角色。为了迅速缩减与工业发达国家的差距，我国要积极吸收和利用国外已经成熟的机器人技术，并在高起点的平台上发展我国自己的机器人工业。

从近几年推出的世界机器人产品来看，工业机器人技术正在向智能机器和智能系统的方向发展，其发展趋势主要为结构的模块化和可重构化，控制技术的开放化、PC 化和网络化，伺服驱动技术的数字化和分散化，多传感器融合技术的实用化，工作环境设计的优化和作业的柔性化，以及系统的网络化和智能化等方面。

8.2.2 工业机器人的技术特点与性能要素

1. 技术特点

（1）通用性：指工业机器人可执行不同功能和完成不同任务的能力。这主要取决于其结构特色和承载能力，一般自由度越多，通用性越强。

（2）适用性：指工业机器人对工作环境变化的适应能力。其包括传感与测量环境变化的能力、分析任务和执行操作规划的能力、自动执行指令能力。

（3）智能性：指工业机器人具有自主化和智能化能力。其包括对环境的感知和理解、动态决策、行为的自主规划、自我学习、自我适应，甚至是逻辑推理能力。具有感知功能即获取信息的功能，机器人可以通过“感知”系统获取外界环境信息，如声音、光线和物体温度等。具有思考的功能即处理信息的功能，机器人通过“大脑”系统进行思考，它的思考过程就是对各种信息进行加工、处理、决策的过程。具有行动功能即输出信息的功能，机器人通过“执行”系统（执行器）来完成工作，如行走、发声等。

2. 性能要素

（1）自由度数。衡量机器人适应性和灵活性的重要指标，一般等于机器人的关节数。机器人所需要的自由度数取决于其作业任务。

（2）负荷能力。机器人在满足其他性能要求的前提下，能够承载的负荷重量。

（3）运动范围。机器人在其工作区域内可以达到的最大距离。它是机器人关节长度和其构型的函数。

（4）运动速度。包括单关节速度和合成速度。

（5）精度。指机器人到达指定点的精确程度。它与机器人驱动器的分辨率及反馈装置有关。必要时可进行补偿。

（6）重复精度。指机器人重复到达同样位置的精确程度。它不仅与机器人驱动器的分辨率及反馈装置有关，还与传动机构的精度及机器人的动态性能有关。重复精度比精度更重要。

（7）其他动态特性。如稳定性、柔顺性等。

（8）控制模式。包括引导点到点示教模式、连续轨迹示教模式、软件编程模式和自主模式等。

8.2.3　工业机器人的组成

工业机器人的组成大体上可分成四大部分，即执行机构、驱动系统、控制系统、感知和反馈系统，如图 8-5 所示。执行机构按控制系统的指令进行运动，动力由驱动系统提供，各部分的相互关系如图 8-6 所示。

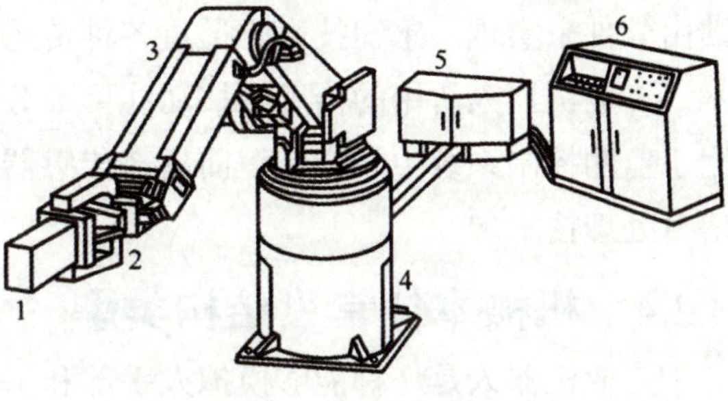

1- 工件；2- 机械手；3- 机械臂；4- 气动装置
5- 驱动系统；6- 计算机控制系统。

图 8-5　工业机器人的组成

机械系统又叫操作机，是工业机器人的执行机构。它又可分成机座、手臂、手腕和手部，如图 8-7 所示。分析时，一般将操作机的组成简化为连杆、关节和末端执行件三部分。组成工业机器人操作机的连杆和关节，按其功能可以分成两类：一类是组成操作机手臂的长连杆，也称臂杆，产生主运动，是操作机的位置机构；另一类是组成手腕的短连杆，它实际上是一组位于臂杆端部的关节组，是操作机的姿态机构，可确定末端执行件在空间的方向。连杆首尾通过关节相连，构成一个开式连杆系，在连杆系的开端安装末端执行件。

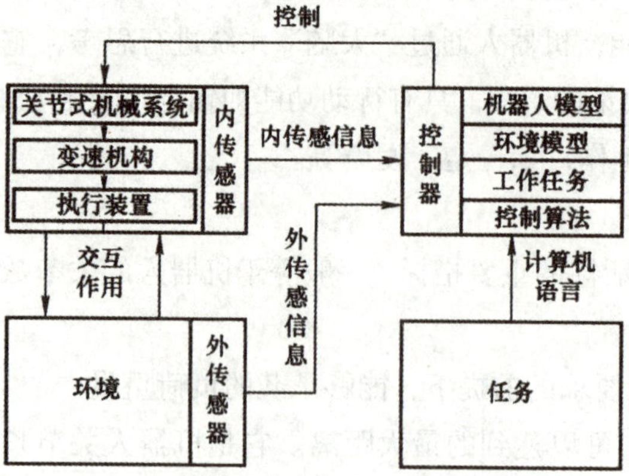

图 8-6　工业机器人各部分的相互关系

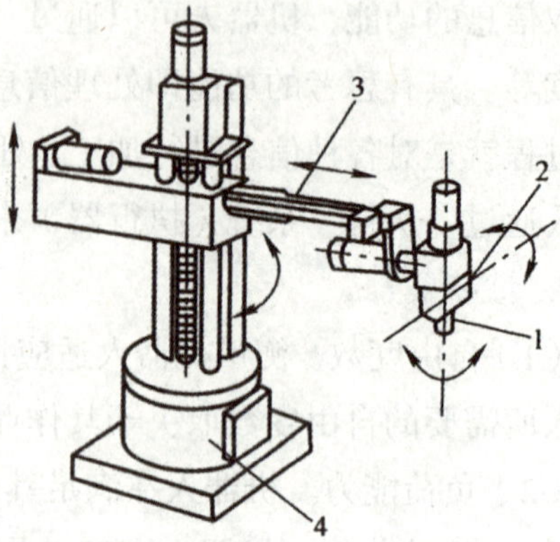

1- 手部；2- 手腕；3- 手臂；4- 机座。

图 8-7　工业机器人机械系统

工业机器人的驱动系统按动力源分为液压、气动和电动三种基本类型，根据需要也可将这三种类型组合成复合式的驱动系统。近年来，随着特殊用途机器人（如微型机器人）的出现，动力来自压电效应、超声波、化学反应的驱动系统相继出现。交、直流伺服电动机具有起动力矩大、惯量小等优点，很适合工业机器人驱动系统的要求。因此，目前在抓重 100 kg 以下的工业机器人中多采用电动驱动系统。

控制系统可用于对操作机的控制。它通过控制各关节运动坐标的驱动器，可使各臂杆端点按要求的轨迹、速度和加速度运动，并通过协调各臂杆的运动，或使末端执行件按指定的路径运动，或使其到达空间指定的位置，并满足正确的取向要求。为完成指定的作业，在工作过程中，控制系统还必须能够实现操作机和周边设备间的信息交流和工作协调。

感知和反馈系统共同作用可实现工业机器人的智能化。感知系统主要是传感器组，反馈由软件来实现。感知技术是通过各种传感器对工作环境信息的变化进行测量或监测的技术。工业机器人所用的传感器按功能可细分为外部传感器和内部传感器两类。内部传感器用于监测控制系统中的变量，而外部传感器则涉及视觉传感技术，要使用观察设备及视觉信息处理技术。

8.2.4　机械本体常见结构类型

工业机器人是一种能够模拟人手部和手臂的部分动作，按照预定的程序、轨迹及其他要求，实现抓取、搬运工件或操纵工具的自动化装置。它是具有发展前途的机电一体化典型产品，可在实现柔性自动化生产、提高产品质量、代替人在恶劣环境条件下工作方面发挥重大作用。

工业机器人结构类型根据动作形态，可以分成以下几种。

1. 直角坐标型

直角坐标型工业机器人如图 8-8 所示，它有三个直角坐标轴，按直角坐标形式动作。其结构特点是在直角坐标空间解耦，空间轨迹易于求解、易于实现高精度定位；当工作空间相同时，本体所占空间较大。大多数工业机器人都采用这种结构型式。

2. 圆柱坐标型

圆柱坐标型工业机器人如图 8-9 所示，它按圆柱坐标形式动作。其结构特点是在圆柱坐标空间内解耦，能够伸入型腔式空间；工作空间相同时，本体所占空间比直角坐标型工业机器人要小，但直线驱动部分密封、防尘较难。

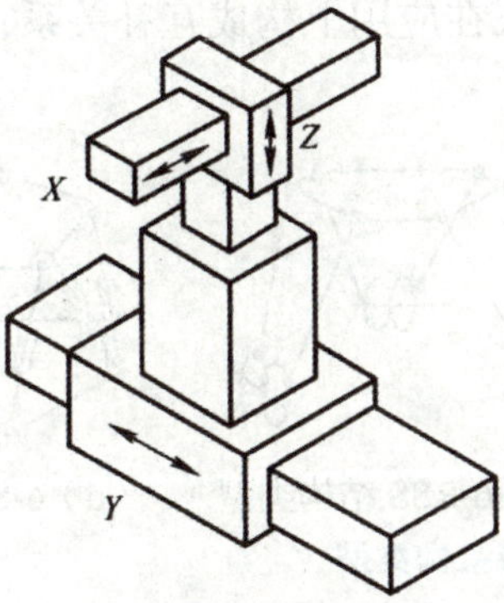

图 8-8　直角坐标型工业机器人

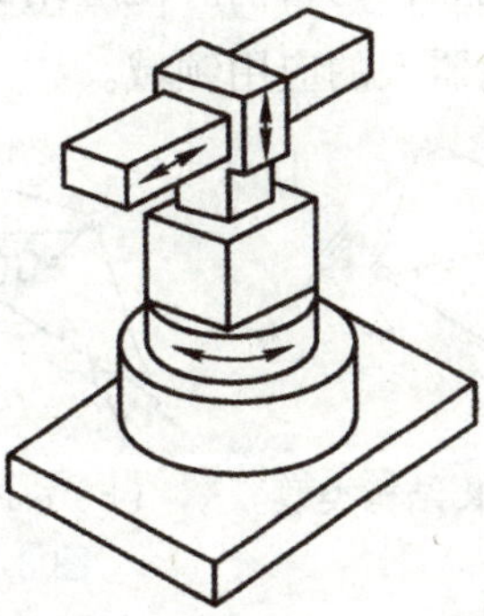

图 8-9　圆柱坐标型工业机器人

3. 球坐标型（也称极坐标型）

球坐标型工业机器人如图 8-10 所示，它按球坐标形式动作。其结构特点是有一个直线坐标轴和两个回转轴，所占空间体积小，结构紧凑；往往需要将极坐标转化为人们习惯的直角坐标，轨迹求解较难；直线驱动同样存在密封、防尘问题。

4. 关节型

关节型工业机器人如图 8-11 所示，由于关节型工业机器人的动作类似于人关节的动作，故将其运动副称为关节。一般的关节指回转运动副，但这种机器人中有的含有移动运动副，为了方便，也统称为关节，包括回转关节和直线运动关节。其结构特点是灵活性好，工作空间范围大（同样占地面积情况下），但刚度和精度较低。

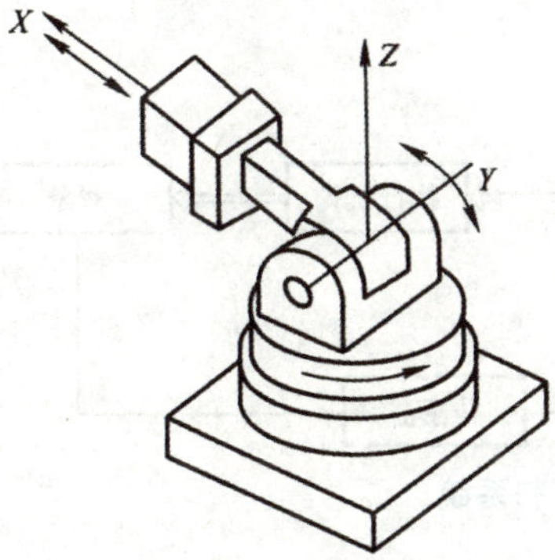

图 8-10　球坐标型工业机器人

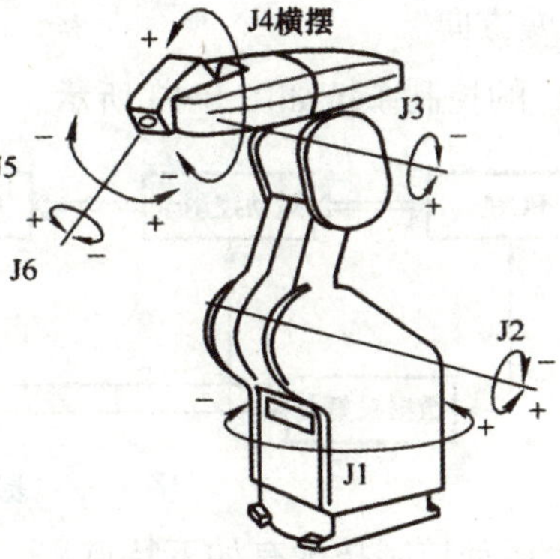

图 8-11　关节型工业机器人

5. 并联型

上述结构类型均属于串联型工业机器人结构。一段时间里，串联型工业机器人一直占主导地位，其结构简单，工作空间大，位置分析中求解比较容易，因而获得广泛的应用。

但随着科学技术的发展和研究领域的不断拓宽，人们发现了一种全新的工业机器人——并联型工业机器人。上下平台用两个或两个以上分支相连，机构具有两个或两个以上的自由度，且以并联方式驱动的机构称为并联型工业机器人。其常见结构类型如图 8-12 所示。它具有刚度大、承载能力强、误差小、精度高、自重负荷比较小、动力性能好、控制容易等一系列优点，与目前广泛应用的串联型工业机器人在应用上构成互补关系，因而扩大了整个工业机器人的应用领域。

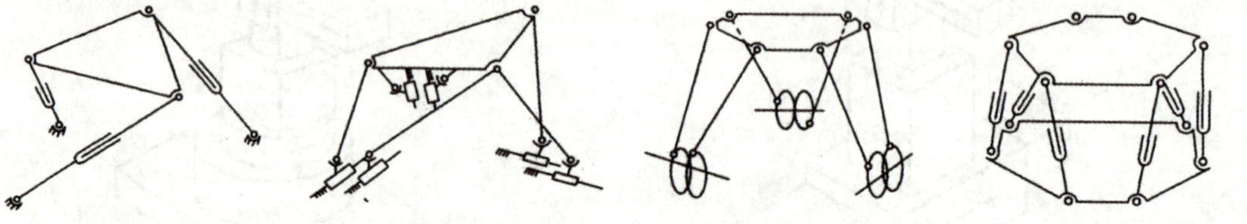

（a）3-SPR 结构类型　（b）6-PSS 结构类型　（c）6-RSS 结构类型　（d）6-SPS 结构类型

图 8-12　并联机器人的机械结构类型

8.2.5　控制系统

1. 控制系统组成

控制系统是机器人中的关键和核心部分，它类似于人的大脑，控制着机器人的全部动作。机器人功能的强弱以及性能的优劣主要取决于控制系统。从基本结构上看，一个典型的机器人控制系统主要由上位计算机、运动控制器、驱动器、执行机构和反馈装置构成。

在高性能工业 PC 和嵌入式 PC（配备专为工业应用而开发的主板）的硬件平台上，完全采用 PC 机的全软件形式的机器人系统可通过软件程序实现 PLC 和运动控制等功能，并实现机器人需要的逻辑控制和运动控制。通过高速的工业总线进行 PC 与驱动器的实时通信，可显著地提高机器人的生产效率和灵活性。不过，在提供灵活的应用平台的同时，也大大提高了开发难度，延长了开发周期。但是，这种先进性的结构代表了未来机器人控制系统的发展方向。

基于 PC 的控制系统如图 8-13 所示。

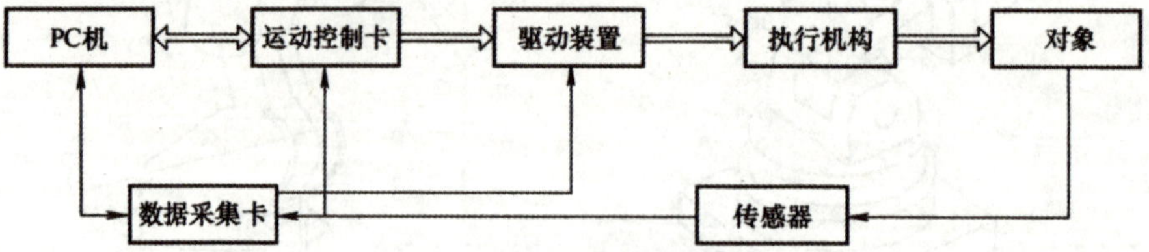

图 8-13　基于 PC 的控制系统

PC 平台运动控制技术有如下特点。

（1）界面友好。PC 平台控制系统受到机器操作员的普遍欢迎。与单片机和 PLC 方案的界面相比，PC 机（显示器、键盘、鼠标、通信端口、硬盘等）具有无可比拟的输入 / 输出能力。

（2）功能强大。由于具有 PC 机的强大功能以及运动控制卡的先进技术，故基于 PC 机的运动控制系统能够实现单片机系统和 PLC 系统所无法应对的高级功能。

（3）开发便利。用户可使用 VB、VC、C++Builder 等高级编程语言，快速开发人机界面，调用成熟可靠的运动函数，在几天或者几周时间内完成控制软件的开发。另外，修改和添加功能也十分便利，而且开发好的软件极易移植到类似的机器中。

（4）成本优势。由于 PC 机成本持续下跌而且运动控制卡具有很高的性价比，使得由基于 PC 机和运动控制卡组成的控制系统在大多数运动控制场合中具有较好的综合成本优势。

控制系统核心运动控制卡如图 8-14 所示；运动控制卡系统框图如图 8-15 所示。运动控制卡是基于计算机总线，利用高性能微处理器（如 DSP）及大规模可编程器件实现多个伺服电动机的多轴协调控制的一种高性能的步进 / 伺服电动机运动控制卡，具有脉冲输出、脉冲计数、数字输入、数字输出、D/A 输出等功能。它可以发出连续的、高频率的脉冲串，通过改变发出脉冲的频率来控制电动机的速度，改变发出脉冲的数量来控制电动机的位置。它的脉冲输出模式包括脉冲 / 方向、脉冲 / 脉冲方式。脉冲计数可用于编码器的位置反馈，提供机器准确的位置，纠正传动过程中产生的误差。数字输入 / 输出点可用于限位、原点开关等。其库函数包括 S 型和 T 型加减速、直线插补和圆弧插补、多轴联动函数等。运动控制卡广泛应用于工业自动化控制领域中需要精确定位、定长的位置控制系统。具体来讲，就是将实现运动控制的底层软件和硬件集成在一起，使其具有伺服电动机控制所需的各种速度、位置控制功能，这些功能都能通过计算机进行调试。

图 8-14　运动控制卡

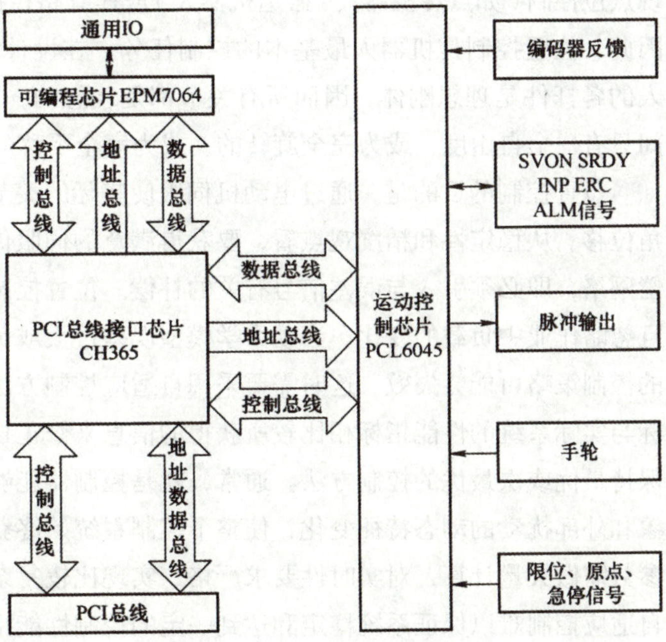

图 8-15　运动控制卡系统框图

2．工业机器人运动控制要解决的问题

一般来说，工业机器人运动控制要解决的问题有以下两个：① 求得操作机的动态模型；② 利用这些模型确定控制规律或策略，以达到所需的系统响应和性能。对工业机器人进行运动控制时，要求操作机各关节按所规划的轨迹运动，而控制系统中的驱动器是由力矩指令来驱动关节运动的，实际上，动力学模型不可能绝对准确，而且系统中还存在干扰和噪声。因此，开环控制策略是不适用的，通常采用关节传感器构成闭环反馈控制。工业机器人运动控制过程如图 8-16 所示。

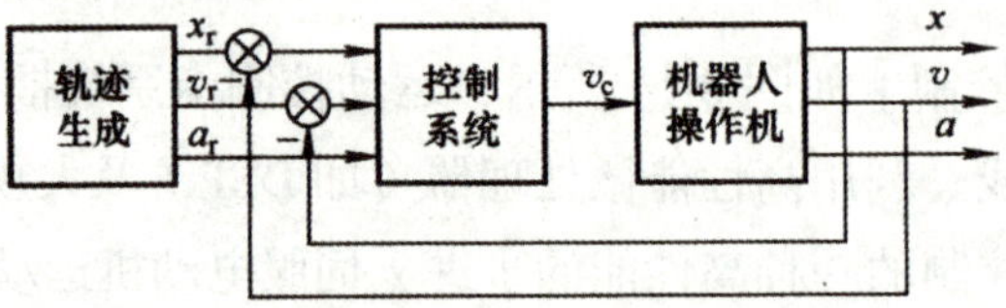

xr、υr、ar- 位移、速度、加速度输入信号；υc- 为速度控制信号；
x、υ、a- 系统输出的机器人实际的位移、速度、加速度。

图 8-16　工业机器人运动控制过程

从控制分析的观点出发，工业机器人操作机的运动是分两个不同的控制阶段来完成的。首先是粗调运动控制，操作机从一个起始位姿沿着规划的轨迹移向所需目标位姿的附近；其次才是微调运动控制，操作机的末端执行器与目标位姿动态地交互作用，运用传感器反馈信息来完成这一任务。

许多工业机器人完成作业的基本要求是控制操作机末端工具的位置（含位姿），以实现点位控制（如点焊机器人、搬运机器人）或连续路径控制（如弧焊机器人、喷漆机器人）。因此，位置控制是机器人最基本的控制任务。在设计模型时，提出了两个假设：① 机器人的各杆件是理想刚体，因而所有关节都是理想的，不存在摩擦和间隙；② 相邻两连杆间只有一个自由度，或为完全旋转的，或为完全平移的。

位置控制的目的是，通过电动机伺服使实际的关节角位移追踪预定轨迹所确定的期望角位移。从稳定性和精度观点看，要获得满意的伺服传动性能，必须在伺服电路内引入补偿网络，即必须引入与误差信号有关的补偿。位置控制需要操作机动力学的精确建模，并且忽略作业中负载的变化。当动力学模型误差过大或负载变化过于显著时，这种基于反馈的控制策略可能会失效。这时需要采用自适应控制方法。自适应控制是根据要求的性能指标与实际系统的性能指标相比较所获得的信息来修正控制规律或控制器参数，使系统能够保持最优或次最优的控制方法。通常，就是控制器能够及时修正自己的特性以适应控制对象和外部扰动的动态特征变化，使整个控制系统始终获得满意的特性。其缺点是在线辨识参数需做大量计算，对实时性要求严格，实现比较复杂，特别是存在非参数不确定性时，自适应控制难以保证系统稳定和达到一定的控制性能指标。对于有些作业，如装配、研磨等工具与作业对象有直接接触的作业，只有位置控制是不够的，还需要有力的控制等。

8.3　变频式空调

变频式空调器是家用电器中典型的机电一体化设备。传统空调器在工作前需要人工选择各种方式、设定温度，然后才能投入工作。变频式空调器借助有关的传感技术，通过模糊逻辑准确地推断出了最佳的运转方式，取代了常规的 ON/OFF 控制的空调器：通过变频调速系统自动地、连续地调整压缩机的功率，室内外风机的速度以及制冷介质的流量实现了最佳技能控制。

8.3.1　变频式空调控制器的结构和主要功能

1. 控制器的结构

新型的变频式模糊控制空调器实际上是一个多 CPU 控制系统，如图 8-17 和图 8-18 所示，它主要包括 3 个部分：红外遥控发射系统、室内机组控制系统、室外机组控制系统。其中红外遥控发射系统是一个良好的人 - 机交互系统，便于用户选择相应的空调器工作方式和工作参数，控制空调器的开停；室内机组控制系统接收来自于发射系统的遥控指令，借助于传感技术，采用模糊逻辑推理自动设定风机的转速和压缩机的工作频率，控制室内风机的无级调速以及风门的格摆动作，并且将有关的决定信息通过串行通信方式传递到室外机组；室外机组控制系统接收室内机组的串行指令，利用 PWM 脉宽调制技术实现压缩机的制冷量连续调节。这 3 个部分既相互独立，又能有效地传递、交换信息，最终成为一个有机的整体，达到操作方便、工作可靠、技术性能稳定、性价比高等期望结果。

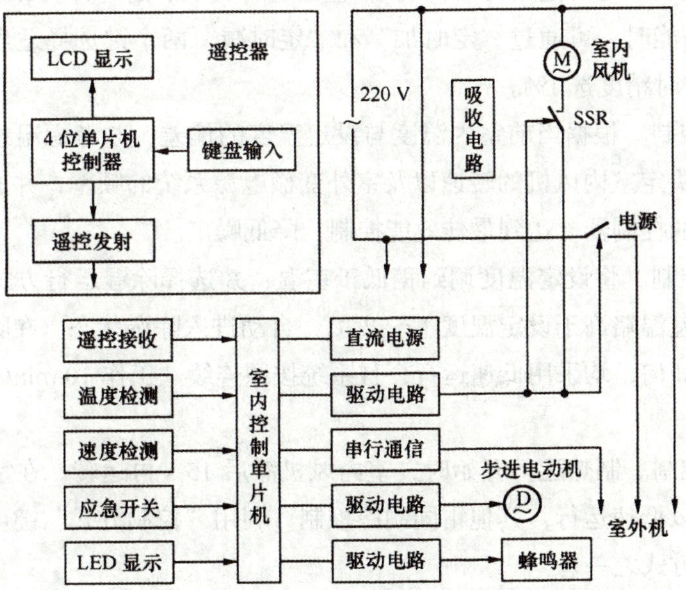

图 8-17　室内系统结构图

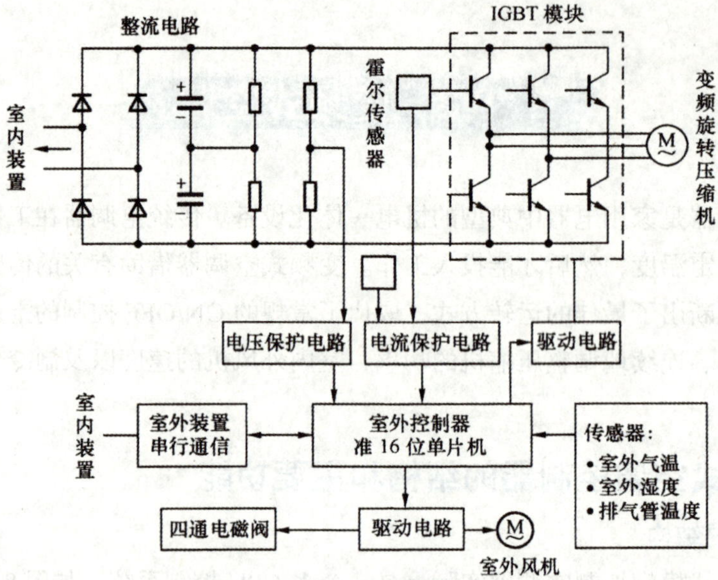

图 8-18　室外系统结构图

上述控制器是针对当前流行的红外遥控式空调器而设计的，其主要特点是将一部分噪声移到室外，以满足人们对室内保持安静的要求，其中室外机组主要有压缩机、室外热交换器、室外风机等，室内机组主要有室内风机和室内热交换器以及红外遥控发射、接收系统。

2. 控制器的主要功能

（1）温度控制。温度控制范围为 16 ～ 30 ℃，控制精度为 ±15 ℃。温度设定为每度一档，即在 16 ～ 30 ℃共有 15 档，应急状态定为约 24 ℃。

（2）定时控制。定时范围为 1 ～ 2 h，包括定时关机、定时开机和不定时 3 种功能。在选 择有定时功能时，可通过“定时加”和“定时减”两个键选择适当的定时时间，定时分档为 1 h，定时精度选 1%。

（3）制冷控制。根据当前室内温度与设定温度的偏差，并考虑温差的变化率等因素进行模糊推理，决定室内风机的转速以及室外变额电源系统的频率，并通过串行通信接口发送给室外机组的控制器，达到最佳效能控制，降低噪声。

（4）除湿控制。将设定温度调到稍低于室温，并选择除湿运行方式，空调器先进行制冷运行，直到室温略高于设定温度 1 ～ 2 ℃，自动进入除湿状态。在除湿状态下，不管风机的风速设定如何，均采用低速运行，且系统按照连续“工作 10 min/ 停止 5 min”的工作模式间歇运行。

（5）制热控制。制热运行开始时，室内风机滞后 15 s 再运转。在室外压缩机停止工作时，室内风机以低速运行，其他雷同制冷控制。利用“控制方式”键可选择上述制冷、除湿和制热 3 种方式之一。

（6）超静控制风机以“中速”吹出暖风大约 15 min。快速工作 15 min 之后空调器自动转入以前的正常工作状态。当人在阅读、睡眠时，可选择“超静”控制方式，此时，风机会以较低速度工作，保持室内宁静。利用“快速，超静”开关可依次选择快速、正常、超静 3 种方式。

（7）风向控制。按下“电源开关”键一次，使空调器开始运转，风门自动打开到最大位置，再次按下“电源开关”键，空调器停止运转（关机）、风门自动关闭。在空调器运转过程中，按一下“风向”键，垂直百叶在一定范围内摆动，步进电机的正反转实现风门“开大，开小”控制。

（8）风速控制。利用“风速”键可以选择风机速度，分别为“自动”“高”“中”“低”。其中“高”“中”“低”3 挡是固定风速，而自动状态由模糊推论自动设定。风速的控制是通过固态继电器 SSR 来完成的，通过使该相角 α 在 0° ～ 180° 变化达到移相控制、交流调压的目的。

（9）遥控 / 应急控制。在正常情况下，可用红外遥控器在远距离实现遥控功能，在遥控器丢失等异常情况下，按一下应急开关也可在自动风速下启动空调器进行制冷，此时无定时功能。

（10）状态指示。设有电源指示、运转指示、定时指示 3 个 LED 指示灯，分别表示空调器的工作状态。当遥控信号接收有效时，蜂鸣器响一下，持续时间约 1 s，若自检异常，电源指示灯闪烁（0.5 sON/0.5 sOFF）。

（11）延时保护。在发出停机操作后，自动进行 3 min 延时保护。

3．室内红外遥控系统设计

红外遥控发射器设有 LCD 指示和若干功能键，其中 LCD 可显示设定温度、定时方式和定时时间、风机风速、风门、工作方式、制冷 / 制热方式、超静 / 快速工作等，其中功能键如下。

（1）电源开关。按一下为开机，并再按一下则为关机，依次循环。

（2）温度设置键。有“加 1”和“减 1”两个键，按“加 1”键，设定温度上升 1 ℃；按“减 1”键，设定温度下降 1 ℃，设定温度的范围为 16 ℃～ 30 ℃。

（3）定时方式键。在关机状态下接电源开关，定时方式为不定时。若按一下为定时关机“OFF”；若再按一下则为定时开机“ON”，继续按一下又为不定时方式，依次循环。

（4）定时时间键。也有“加 1”和“减 1”键，按“加 1”键，定时时间增加 1 h; 按“减 1”键，定时时间减 1 h，定时范围为 1 ～ 12 h。

（5）工作方式键。由此键可队依次设定“自动”“除湿”“加热”“制冷”工作方式。

（6）超静 / 快速键。可设定超静、快速、正常 3 种方式之一。

（7）风门控制键。可设定循环开 / 关摇摆工作方式和定位吹风方式。

（8）风速设定键。可选择“自动”“高”“中”“低”4 挡风速。

4．室内机组控制系统设计

（1）硬件系统设计。模糊控制变频式空调器室内机组的硬件控制系统如图 8-19 所示。

（2）室内机组软件系统设计。空调器室内机组软件控制系统的子程序包括高、中、低 3 个层次：高层次有制冷子程序，除湿子程序，快速、超静子程序，应急控制子程序；中间层次有风帆速度控制子程序，风门步进电机控制子程序，红外遥控指令输入捕捉中断服务子程序，实时时钟中断服务子程序；低层次有串行通信程序，数据采集及滤波子程序，延时子程序，报警提示子程序，模糊推理机等。

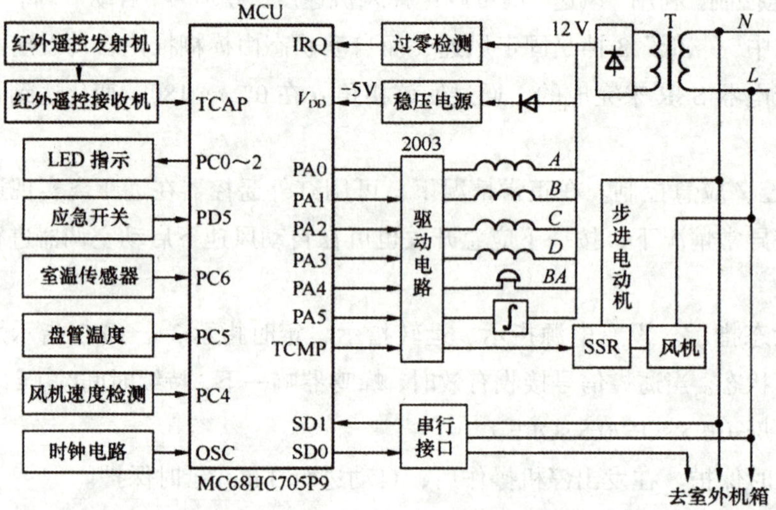

图 8-19　模糊控制变频式空调器室内机组硬件控制系统框图

为了克服噪声的影响并考虑一定的时间差，提高遥控的可靠性，降低误码率，可利用单片机的输入捕捉功能设计一个高效的红外遥信号译码程序。

5．空调器室外机控制系统设计

传统空调器的温度控制由温度传感器感受室内温度变化来控制压缩机的运行和停止，风扇则在设定的速度下进行，这就造成受控环境温度有较大的变化范围，使人们在使用空调时亦不断感受冷热的变化。因压缩机采用 ON、OFF 控制方式，空调器自身的结构特点造成室内机的输出比压缩机的输出有一定的滞后，而且压缩机处于全开或全关状态，其制冷（热）量也对室内温度有冲击，势必影响空调的温度控制精度和舒适性。变频模糊控制空调器，是将传感器测定的实际环境状态和空调系统状态与人们所期望达到的状态进行比较，通过模糊逻辑控制技术使空调器控制系统具有自调整的智能特性，从而得出最佳的动态控制参数，并对空调器的变频电源及各执行单元实施控制，使空调器的工作状态随着人们要求的变化和环境状态而自动变化，迅速、准确地达到人们的要求并调整空调器的工作状态保持在最合理的状态下，因而变频模糊控制空调器符合室内外的要求。

8.3.2　控制电路方案设计

变频调速的关键是如何产生 SPWM 控制信号，以驱动逆变电路的功率开关器件 IGBT。就硬件组成来讲，常常有以下 3 种方法：采用微处理器（单片控制机）；采用全数字式 PWM 调制器；采用微处理器和集成电路相结合。每种控制电路配以适当的软件就能实现对逆变电路的控制。通过对各种方案进行分析比较后，最后确定了智能变频空调的控制电路——单片机 +IPM 控制电路，如图 8-20 所示。

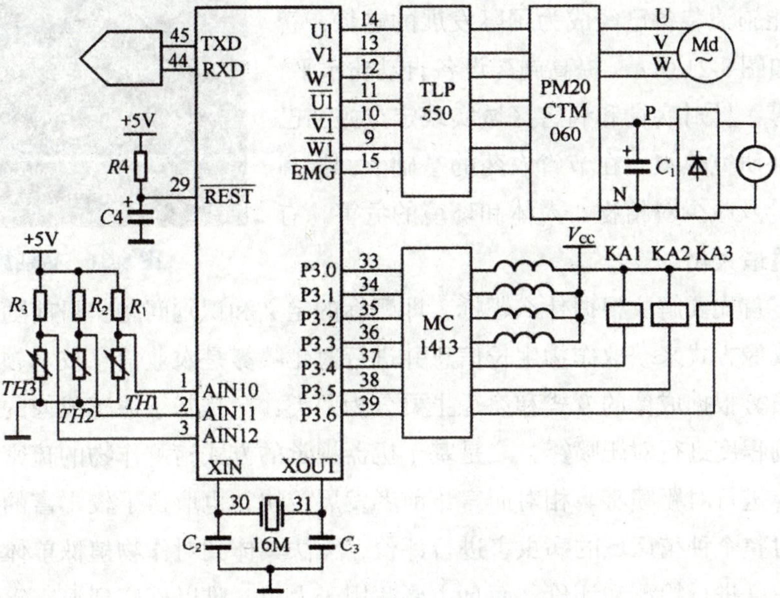

图 8-20　控制电路原理图

单片机为东芝 TLCS-870/X 系列 TMP88CK48/CM48 高速高性能的 8 位单片机。它是一种最适合空调机的压缩机等电机的控制芯片，其内部设有无传感器 / 带传感器的直流电机控制器、交流电机变频控制功能、10 位 A/D 转换器、高速 PWM、串行接口等，其最小指令时间为 0.25 μs（晶振 16 MHz 下）。

8.4　智能农业装备

机电一体化技术对于农业生产的机械化与农业装备的自动化和智能化有着重要推动作用，是降低农业生产成本、提升农产品产量与质量、提高农产品附加值等的技术基础。农业装备中运用机电一体化技术具有明显的优势：机械故障率下降，保障操作者人身安全；工作效率提高，产能增加；操作性能改善；功能增加，适应能力增强；安装维护较为简单。在电子信息化时代，农业装备所融合的机电一体化技术水平不断提升。

智能农业装备又称农业机器人。该类装备工作在非结构环境中，由于受自然光照、生物多样性等不稳定因素影响，目标果实、茎叶与土壤背景成多元信息叠加，成为农业机器人信息获取的难点。此外，农业机器人作业空间结构复杂，其信息多义性及强鲁棒性等也是传统的工业机器人技术不能完全代替与解决的。下面主要介绍在农业生产中田间作业的农业机器人技术。

8.4.1 智能施药机器人

高端智能施药装备已经成为国际发展的趋势，智能施药设备如图 8-21 所示。提高施药设备自动化水平，实现对靶喷雾，针对病情和病害区域实现定点施药已经成为国内外研究热点。在节省农药的基础上，提高农药的沉积量及减少对植物、人体和环境的危害，有利于实现效益最大化。

图 8-21 智能施药设备

对靶喷雾首先要解决根据什么靶标，即靶标的定义和识别问题。目前随着成像技术的发展，利用成像方式来获取作物生长信息并进行对靶喷雾是农业信息技术领域的一个研究热点。对靶喷雾根据成像的方式和途径主要分为两类：一是基于遥感成像的方式诊断作物的病虫害影响程度进行对靶喷雾，二是基于机器视觉的方式检测作物的疏密程度、叶面积指数和杂草等进行对靶喷雾。相对而言，前者发展较快，也取得了较丰富的研究成果，但其主要是针对整个种植区域的病虫害进行评价，无法具体到对作物植株单体，甚至是单个叶片的受害程度进行检测和评价，而且主要适用于大田，难以推广到温室等设施环境中使用，而后者能实现对单株作物的对靶喷雾，但目前仅针对作物的苗期或者株型较小的作物进行了较多的研究，且主要用于大田的作业。由于设施农业的快速发展，如何对设施农业中的作物，尤其是对架式栽培的作物（如黄瓜、西红柿）等要针对每株作物进行对靶喷雾是当前的一大难题。

智能对靶喷雾系统可在获得靶标信息后控制喷雾单元实现无级变量对靶喷雾。例如，压力式喷雾需要控制比例减压阀、电磁阀喷杆、压力式变量喷雾装置、压力传感器和流量传感器等。因此，整个对靶喷雾系统集成了靶标识别、自主导航系统、病虫害识别和诊断系统及变量喷雾系统。

8.4.2 田间锄草机器人

20 世纪 90 年代初，随着人们对环境污染、食品安全、健康质量的关注及对化学除草潜在危害的认识，回归精耕细作的机械锄草方式得到重视，机械锄草装备如图 8-22 所示。21 世纪初期，发达国家率先在机械锄草装备中引入计算机技术、智能控制技术、机器

图 8-22 机械锄草装备

视觉技术，极大地提高了农田锄草装备的自动化水平、设备可靠性与工作效率，实现了以智能化机械锄草为主的耕作模式，不仅在蔬菜田间作业中大大减少了化学除草剂使用，而且降低了人工成本。智能化蔬菜田间锄草作为“智能、增效、精细、环保”的耕作方式是发展精细耕作的可持续农业发展的重要技术手段，正在被全世界重新认识。田间锄草机器人如图 8-23 所示。

图 8-23 田间锄草机器人

我国目前在智能化机械锄草装备技术方面还处于起步阶段。中国农业大学、南京农业大学、中国农业机械科学研究院在智能锄草关键技术方面进行了探索性研究，在机器视觉苗草识别、移动式锄草割台等方面取得了一些成果。

采用机器视觉进行苗草识别是目前智能化蔬菜田间锄草公认的最为可行的方式。从锄草装备的整体关键技术（包括机器视觉苗草定位与伺服控制技术、苗间和行间混联锄草机械手智能控制技术、锄草机械手与动力系统集成控制技术等）来看，其最核心的问题是如何实现高速运动中苗间的精确锄草。

1．机器视觉苗草定位与伺服控制技术

精确锄草的关键是如何精确而又快速地获得杂草和作物苗当前位置信息。机器视觉伺服控制技术就是通过视觉传感器获取苗草当前位置信息，并将这一当前位置信息经计算机处理变成锄草机械手执行动作的控制指令。

2．苗间和行间混联锄草机械手智能控制技术

该技术能够在锄草过程中，将机器视觉系统获取的苗草位置信息结合牵引机具的速度、方向角、位置信息，实时调节锄草末端机械手的速度，通过最优的轨迹规划，达到既不伤害苗株又尽可能多的覆盖杂草生长区域，从而实现护苗和锄草的智能控制。

3．锄草机械手与动力系统集成控制技术

该系统集成控制既要保证机械手的侧向对行，随时根据牵引机具的行驶偏移量及时对锄草机械手进行侧向补偿，又要进行地面仿形控制。锄草机械手由拖拉机等动力机械牵引，机械手与动力系统的有机集成控制是影响系统整体性能的关键。该集成控制系统具有控制点多、集成程度高、控制精度高的特点。

8.4.3　果蔬采摘机器人

日本与欧美等发达国家对果蔬采摘机器人的研究起步较早，采摘对象主要涉及番茄、黄瓜、草莓、苹果、葡萄、柑橘、西瓜、蘑菇、甘蓝和樱桃等多个品种。日本冈山大学农业系统工程实验室研制出了多种果蔬采摘机器人样机，包括番茄采摘机器人、葡萄采摘机器人和气吸式草莓采摘机器人等。日本国立蔬菜茶叶研究所与岐阜大学联合研制出了 5 自由度茄子采摘机器人。日本国立农业研究中心研制出了甘蓝采摘机器人等。欧洲较具有代表性的有荷兰农业环境工程研究所（IMAG）研制的一种黄瓜收获机器人，其可用于高拉

线缠绕方式吊挂生长的黄瓜采摘。英国 Silsoe 研究院研制出的蘑菇采摘机器人采摘成功率为 75%，采摘速度为 6.7 s/ 个。以色列和美国科技人员联合开发研制的一台甜瓜采摘机器人可采用黑白图像处理的方法进行甜瓜的识别和定位，并可根据甜瓜的特殊性来增加识别的成功率。

国内果蔬采摘机器人的相关研究起步较晚，现多处于识别算法研究与模型样机开发阶段，能够进行实际田间测试的较少。中国农业大学研制的国内第一台黄瓜采摘机器人采用机器视觉识别黄瓜目标，通过双目立体视觉测定目标位置，控制四自由度机械臂由柔性手指抓取黄瓜目标，目标识别率达 97%，采摘成功率达 95%。东北林业大学研制的林木球果采摘机器人主要由五自由度机械手、行走机构、液压驱动系统和单片机控制系统组成，工作效率达 500 kg/ 天，是人工的 30 ～ 50 倍。

果蔬采摘机器人涉及移动平台技术、视觉识别定位技术、采摘执行器设计技术等关键难题，这也是目前果蔬采摘机器人研究中需要重点突破的问题和方向。

移动平台负责承载机器人其他功能部件，其对农田、温室的路面需具有较强的适应性，并具有较高的自治行走和管理能力。

视觉识别定位系统是果蔬采摘机器人的大脑，是机器人完成采摘任务的关键环节，对果实采摘成功率的影响最为明显。目标识别的难点在于分割果实与背景，特别是颜色相近的果蔬与背景，如黄瓜和西瓜等。对于较难分割的目标，需借助更多的信息，如果实与茎叶的光谱特性差异等。视觉识别定位技术是目前的研究热点。

空间定位目前主要有激光测距仪与 PSD 直接成像法、视觉传感器与测距传感器结合法、双目立体视觉法三种方式。

果蔬采摘机器人的采摘执行部件多由机械臂与末端执行器组成。与工业机器人相比，果蔬采摘机器人通常需要更灵活、更轻巧的机械臂，因此设计出适合果蔬采摘的机械臂往往成为采摘机器人研制的关键前提。由于成熟果蔬一般较容易破损，因而对采摘机器人末端执行器的要求是既能抓牢目标又不至于损坏目标。如何实现果蔬形状的自适应及抓持力度的控制，如何有效将果蔬从生长植株上分离下来而不损伤植株其他部位，是末端执行器研究目前面临的瓶颈。

本章小结

随着计算机技术的迅猛发展和广泛应用，机电一体化技术获得前所未有的发展，目前正向智能化、模块化、网络化、微型化以及光机电一体化方向发展，应用范围愈来愈广。本章主要介绍了数控机床、工业机器人、变频式空调、智能农业装备等机电一体化技术应用热门领域的发展现状与趋势、主要类型、特点以及典型产品等，体现了机电一体化共性关键技术的充分融合，是对前面各章知识的总结和系统化运用。

实践活动

典型机电一体化系统——四自由度机器人的认识

1．任务要求

（1）认识四自由度工业机器人的结构组成。

（2）会分析工业机器人的运动形式。

2．任务内容

以四自由度工业机器人为例，认识工业机器人的结构及运动组成，并了解其应用。

3．任务实施

（1）了解工业机器人的概况

工业机器人作为典型的机电一体化产品，具有机电一体化系统的所有特点。它是一种可编程的智能型自动化设备，是应用计算机进行控制的替代人进行工作的高度自动化系统。标准化组织采用的机器人的定义是“一种可以反复编程的多功能的、用来搬运材料、零件、工具的操作机”。在无人参与的情况下，工业机器人可以自动按不同轨迹、不同运动方式完成规定动作和各种任务。机器人和机械手的主要区别在于：机械手没有自主能力，不可重复编程，只能完成定位点不变的、简单的重复动作；机器人由计算机控制，可重复编程，能完成任意定位的复杂运动。

机器人是从初级到高级逐步发展完善起来的，可以分为以下三代。

第一代机器人是目前工业中大量使用的示教再现型机器人。它主要由夹持器、手臂、驱动器和控制器组成。它的控制方式比较简单，应用在线编程，即通过示教存储信息，工作时读出这些信息，向执行机构发出指令，执行机构按指令再现示教的操作。

第二代机器人是带感觉的机器人。它具有一些对外部信息进行反馈的能力，如力觉、触觉、视觉等。其控制方式较第一代机器人要复杂得多，这种机器人从 1980 年开始进入实用阶段。

第三代机器人是智能机器人。目前还没有一个统一和完善的智能机器人定义。国外文献中对它的解释是“可动自治装置，能理解指示命令，感知环境，识别对象，计划其操作程序以完成任务”。这个解释基本上反映了现代智能机器人的特点。近年来，智能机器人发展非常迅速，如机器人竞技、机器人探险等。

（2）认识工业机器人的结构

工业机器人一般由主构架（手臂）、手腕、驱动系统、测量系统、控制器及传感器等组成。图 8-24 为工业机器人的典型结构。机器人手臂具有三个自由度（运动坐标轴），机器人作业空间由手臂运动范围决定。手腕是机器人工具（如焊枪、喷嘴、机加工刀具、夹爪）与主构架的连接机构，它具有三个自由度。驱动系统为机器人各运动部件提供力、力矩、速度、加速度。测量系统用于机器人运动部件位移、速度和加速度的测量。控制器用于控制机器人各运动部件的位置、速度和加速度，使机器人手爪或机器人工具的中心点以给定的速度沿着给定轨迹到达目标点。通过传感器获得搬运对象和机器人本身的状态信息，如工件及其位置的识别、障碍物的识别、抓举工件的质量是否过载等。

（3）工业机器人的运动组成分析

工业机器人运动由主构架和手腕完成，主构架具有三个自由度，其运动由两种基本运动组成，即沿着坐标轴的直线移动和绕坐标轴的回转运动。不同运动的组合形成各种类型的机器人（图 8-25）：① 直角坐标型［图 8-25（a）］；② 圆柱坐标型［图 8-25（b）］；③ 球坐标型［图 8-25（c）］；④ 关节型［图 8-25（d）］。

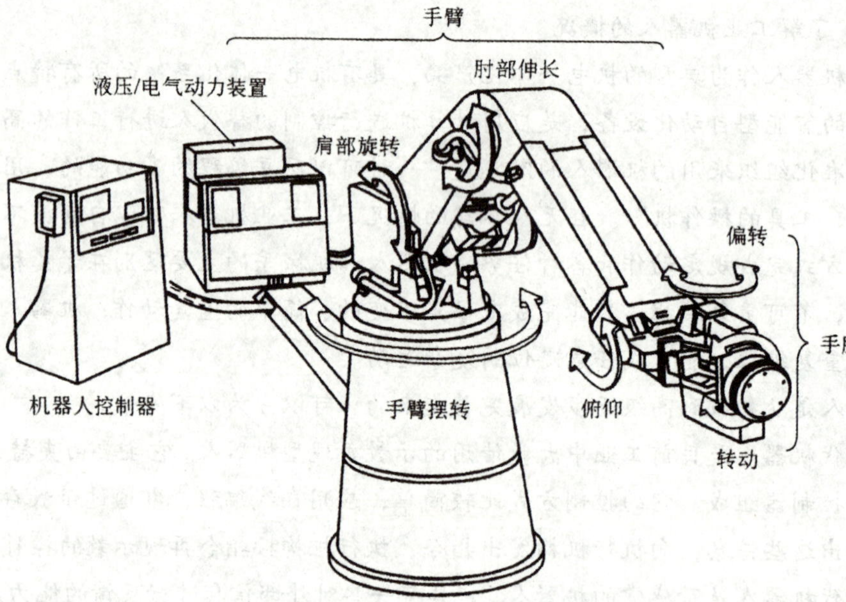

图 8-24　工业机器人的典型结构

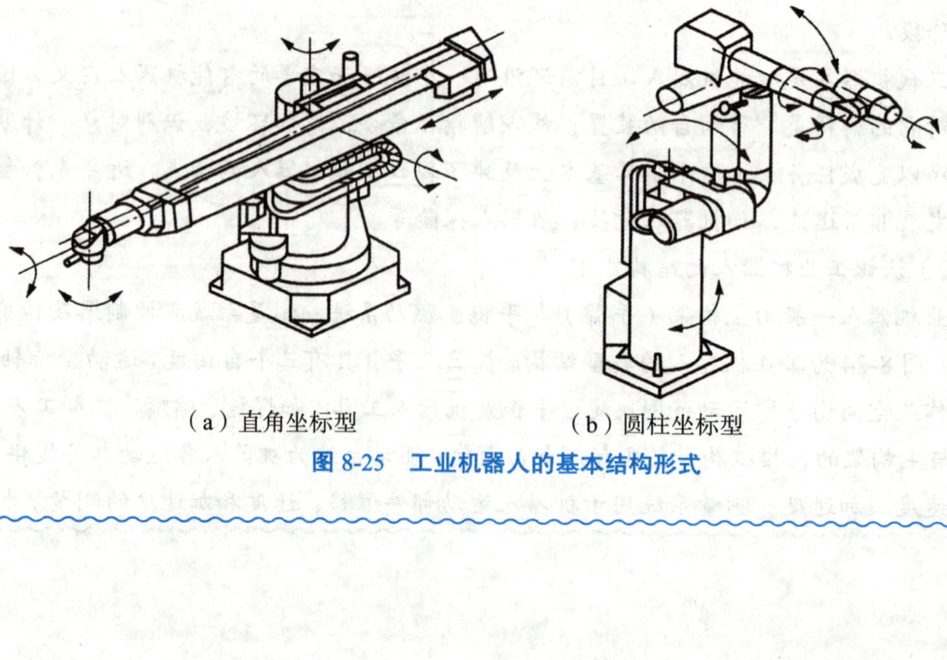

（a）直角坐标型　　（b）圆柱坐标型

图 8-25　工业机器人的基本结构形式

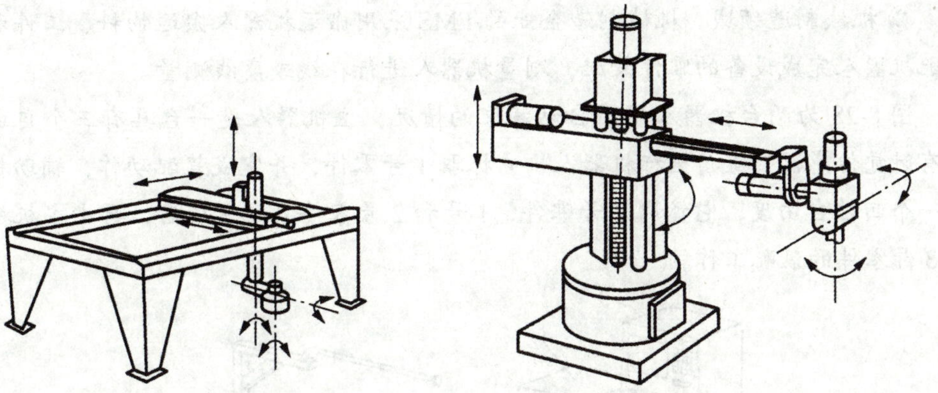

（c）球坐标型　　（d）多关节型

图 8-25　工业机器人的基本结构形式（续）

（4）了解工业机器人的应用领域

目前，工业机器人主要应用于汽车制造、机械制造、电子器件、集成电路、塑料加工等较大规模生产企业。下面介绍几种机器人的典型应用。

① 汽车制造领域。汽车制造生产线中的点焊和喷漆工作量极大，且要求有较高的精度和质量，由于采用传送带流水作业，速度快，上下工序要求严格，采用焊接机器人和喷漆机器人作业可保证质量和提高效率。图 8-26 为喷漆机器人系统示意图。喷漆机器人的运动采用空间轨迹运动控制方式。图 8-27 为焊接机器人系统示意图。焊接机器人分为采用点位控制的点焊机器人和采用轨迹控制的焊接机器人两种。

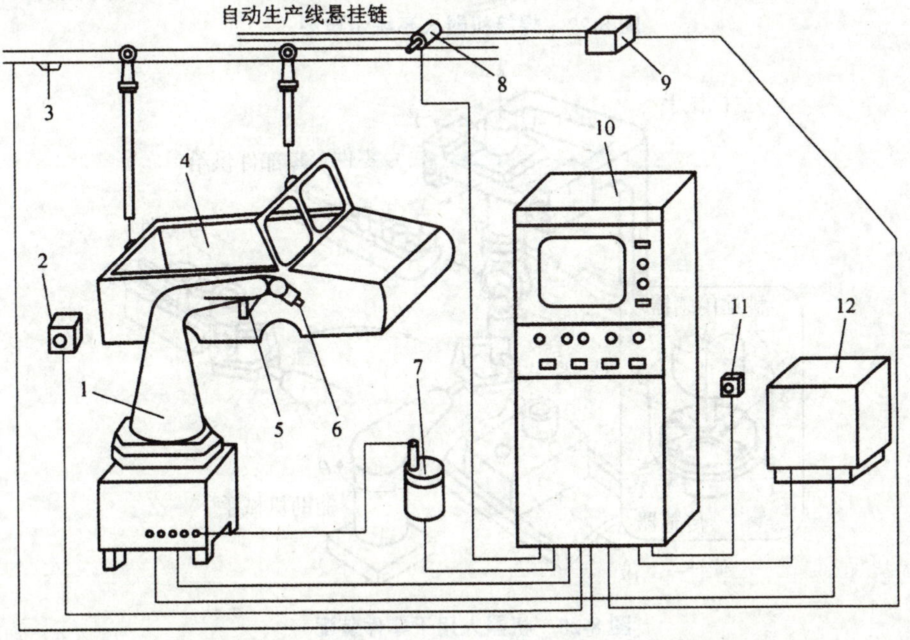

1- 操作机；2- 识别装置；3- 外启动装置；4- 喷漆工件；5- 示教手把；6- 喷枪；
7- 漆罐；8- 外同步控制；9- 生产线停线控制；10- 控制系统；11- 遥控急停开关；12- 油源。

图 8-26　喷漆机器人系统示意图

②机械制造领域。机械制造企业的FMS采用搬运机器人搬运物料、工件和工具，装配机器人完成设备的零件装配，测量机器人进行在线或离线测量。

图8-28为两台机器人用于自动装配的情况，主机器人是一台具有三个自由度，且带有触觉传感器的直角坐标机器人，它抓取1号零件，并完成装配动作，辅助机器人仅有一个回转自由度，它抓取2号零件，1号和2号零件装配完成后，再由主机械手完成与3号零件的装配工作。

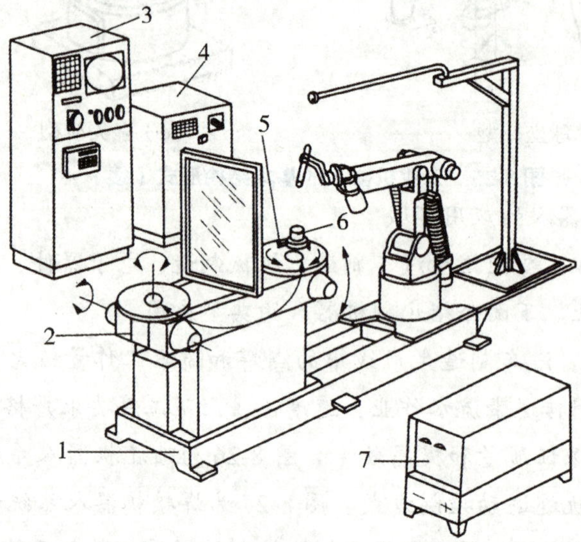

1-总机座；2-轴旋转换位器；3、4-控制装置；5-工件夹具；6-工件；7-焊接电源。

图8-27 焊接机器人系统示意图

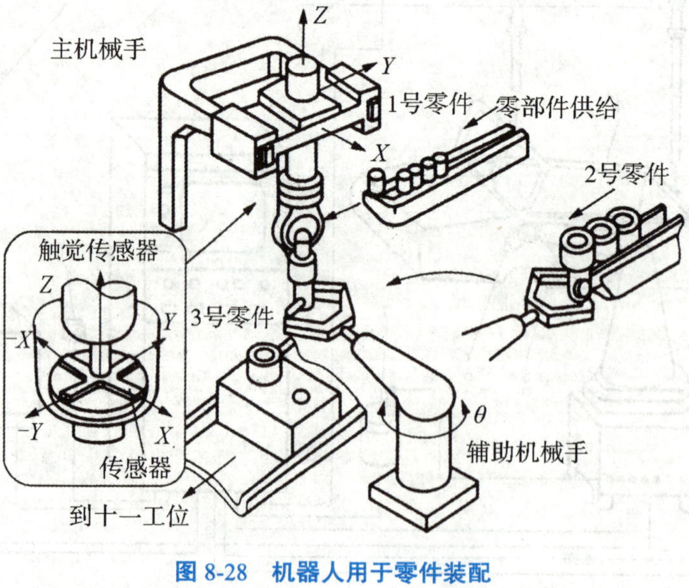

图8-28 机器人用于零件装配

图 8-29 为机器人上下料，是教学型 FMS，由一台 CNC 车床、一台 CNC 铣床、工件传送带、料仓、两台关节型机器人和控制计算机组成。两台机器人在 FMS 中服务，一台机器人服务于加工设备和工件传送带之间，为车床和铣床装卸工件；另一台位于工件传送带和料仓之间，负责上下料。

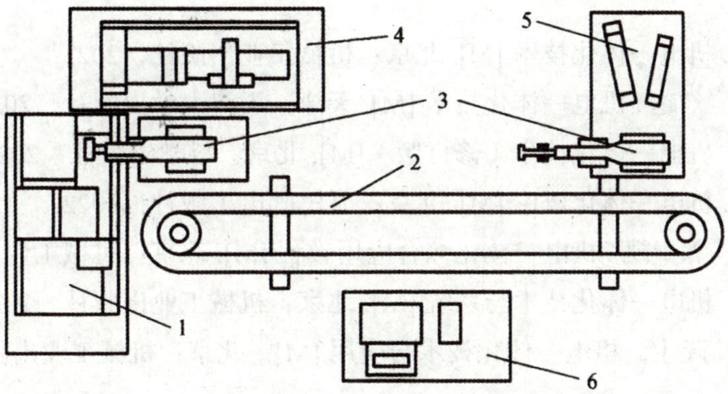

1-CNC 铣床；2- 工件传送带；3- 关节型机器 A；4-CNC 车床；5- 料仓；6- 控制计算机。

图 8-29 机器人上下料

在电路板生产流水线一般使用插装机器人完成器件的查找、搬运和装配。它主要有搬运器件手臂的摆动和抓取插装过程的上下运动两个动作。

③ 其他领域。机器人在其他领域应用也非常广泛，如工业机器人可以取代人去处理一些在放射性、火灾现场、海洋、宇宙等环境中的危险作业。

思考练习

1. 数控机床的特点是什么？
2. 工业机器人系统主要包括哪些基本组成单元？
3. 简述工业机器人技术特点与性能要素。
4. 简述控制器的结构。

参 考 文 献

[1] 刘宏新 . 机电一体化技术 [M]. 北京：机械工业出版社，2023.
[2] 梅文涛，刘越 . 机电一体化技术 [M]. 天津：天津大学出版社，2023.
[3] 刘龙江 . 机电一体化技术（修订版）[M]. 北京：科学出版社，2023.
[4] 冯细香 . 机电一体化概论 [M]. 北京：人民邮电出版社，2022.
[5] 段彩云，郭奉凯 . 机电一体化综合应用教程 [M]. 北京：机械工业出版社，2023.
[6] 周德卿 . 机电一体化技术与系统 [M]. 北京：机械工业出版社，2023.
[7] 齐龙，傅隆生. 机电一体化技术与应用 [M]. 北京：机械工业出版社，2024.